어려운 수학을 맛있게 즐겨보는

수학

겉핥기

어려운 수학을 맛있게 즐겨보자!

<유튜브 구독자 21만 명, 명품 수학 채널 12math>

• 저자 : KAIST 수학과를 최우등 졸업하고,

수학계 최고의 명문 프린스턴에서 박사학위를 받은 김일희 박사

- 공교육에도 사교육에도 없는 수학의 참 재미

- 수포자도 수학이 재미있어지고,

수학의 동기부여를 확실하게 불어넣어 주는 책

"수학을 잘하려면 수학의 재미를 느끼는 것보다 좋은 방법이 없습니다.

재미가 있으면 시키지 않아도 스스로 찾아서 하게 되고,

수학의 맛을 알수록 세상을 보는 관점과

세상을 해석하는 시야가 달라집니다."

서문

재미있고 흥미 있는 것에 몰입하게 되면 배가 고픈 줄 모르고, 밤을 새워도 졸리지 않죠. 새로 접한 게임이 될 수도 있고, 기타를 치는 것일 수도 있습니다. 누가 시켜서 하는 것이 아니라 주체적으로 하게 되면 열심히 하게 됩니다.

열심히 한다는 것은 熱心이라는 한자에서 볼 수 있듯이 "뜨거운 가슴"으로 한다는 것입니다. 쿵쾅대는 열정으로 무언가를 하는 사람을 막을 수 있는 것은 없습니다. 하루 15시간을 앉아서 공부한다고 하더라도 뜨거운 가슴 없이 등 떠밀려 억지로 하는 공부라면 "열심"히 하는 공부라고 하기 어렵겠죠.

열심히 하기 위해 재미와 흥미는 지속가능성이 가장 큰 동기가 됩니다. 재미와 흥미가 없으면 뜨거운 가슴을 가지고 하기 어렵고, 따라서 열심히 하기 어렵습니다. 해야 할 수밖에 없어서, 또는 상황이 절박해서 어쩔 수 없이 하는 일은 하는 동안 행복하지 못할뿐더러 그 동기는 목적을 달성하면 언제든 잃어버릴 수 있는 동기입니다. "대학 진학", "시험 합격"이라는 소기의 목적을 달성하게 되면 더 이상 공부를 해야 할 동기를 찾지 못합니다.

우리나라는 수학 강국입니다. 땅도 좁고 인구도 적은 우리 나라의 고등학생들은 매년 국제올림피아드에서 최상위권 성적을 기록하고 있습니다. 이렇게 세계적으로 수학 실력이 좋은 학생들이 막상 대학이나 대학원에 가면 스스로 학습할 동기를 잃어버리는 경우가 많습니다. 대학에 진학하는 것이 가장 큰 동기였기 때문이죠. 대학 진학이라는 동기 자체를 없애기는 어렵습니다. 하지만 또 다른 주요한 동기로 재미와 흥미를 학생들에게 불어넣어 주는 것은 가능한 접근이 아닐까 생각합니다.

이런 재미와 흥미는 어디에서 생기는 것일까요? 태어나면서 기질적으로 어떤 것을 좋아할 수도 있지만, 처음 그 대상을 접할 때 어떤 식으로 배우고 어떤 학습경험을 하게 되느냐가 아주 큰 부분이라 생각합니다. 사람은 보통 대상에 대해 처음 두세 번의 경험으로 좋다/싫다, 재미있다/재미없다는 것을 판단하게 됩니다. 저는 수학의 세계에 직관을 벗어나는 마술처럼 신기하고 흥미로운 사실과 게임처럼 몰입할 수 있는 요소들이 많다고 믿습니다. 하지만, 많은 학생이 숨 막히는 수식과 공식들에 압도되어 참맛을 느끼지 못한 채 수학에 흥미를 붙이지 못하는 현실이 안타까웠습니다. 학교에서든 학원에서든 가정에서든 말이죠.

이렇게 맛있는 음식이 있다는 것을 알고 경험해 볼 수 있도록 맛집 소개를 하고 싶었습니다. 마음껏 상상의 나래를 펼쳐 사고가 자유로워지는 경험, 직관을 깨는 사실들에서 오는 충격, 이런 것들이 삶을 더 재미있고 풍요롭게 만들기를 바라고, 인생을 살아가면서 마주하게 될 여러 가지 다양한 문제들을 대함에 있어 이성적이고 논리적으로 해결할 수 있는 능력을 기를 수 있길 희망합니다.

김일희 (12math) 올림

목차

서문

Appetizer

CHAPTER 1 - 계산을 바라보는 새로운 접근

Main Dish

CHAPTER 2 – 궁금하지만 알기 어려웠던 "이름있는" 상수들

CHAPTER 3 – 큰 수와 무한, 그리고 상상

CHAPTER 4 – 정의가 중요한 이유

CHAPTER 5 - 상식을 깨는 차원 이야기

CHAPTER 6 - 생성 함수

CHAPTER 7 - 확률 이야기

CHAPTER 8 - 문제해결 테크닉

Dessert

CHAPTER 9 – 수학적 귀납법

CHAPTER 10 – 이산수학 / 그래프이론

math

Appetizer

chapter

1

계산을 바라보는 새로운 접근

CHAPTER 1-1

백분율 계산 : 25의 16%

유튜브 영상링크

25의 16%를 구해야 할 때 선뜻 1초 만에 답이 나오지는 않습니다.

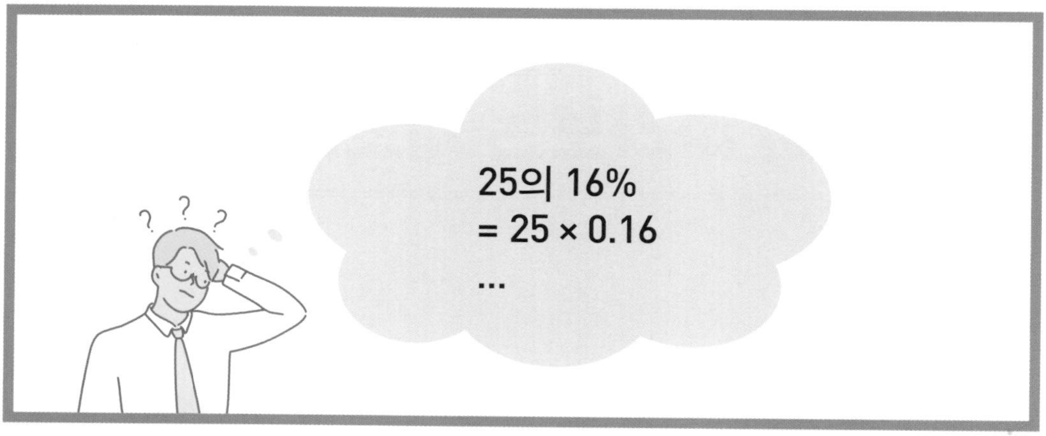

그런데, 두 수의 순서를 바꿔 16의 25%라고 하면 어떤가요? 25%가 1/4이기 때문에 16 나누기 4가 연상됩니다. 아마 16의 25%를 구해야 하면 즉각적으로 4라고 답을 하실 수 있는 분들이 많을 거예요.

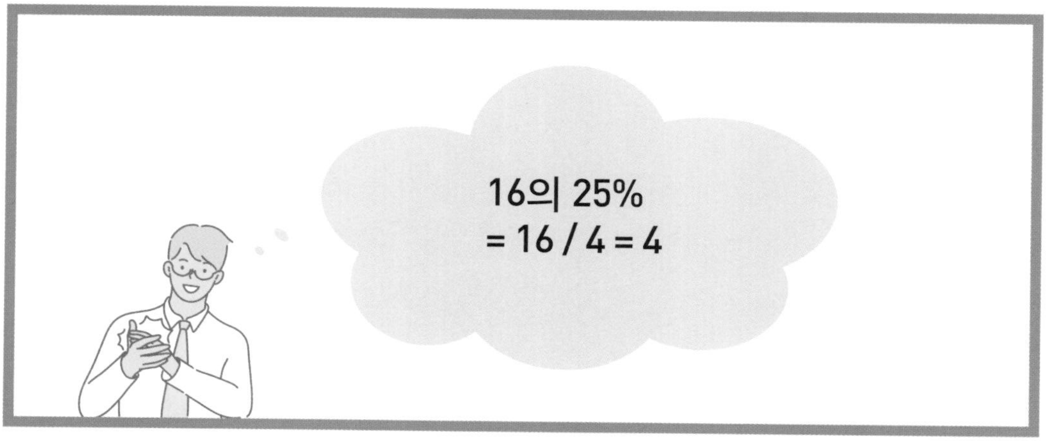

사실 16의 25%와 25의 16%는 같은 수입니다. 16 × 25를 계산하는 것이나 25 × 16을 계산하는 것이나 똑같기 때문이죠. 그래서 25의 16%를 한 값도 4가 됩니다.

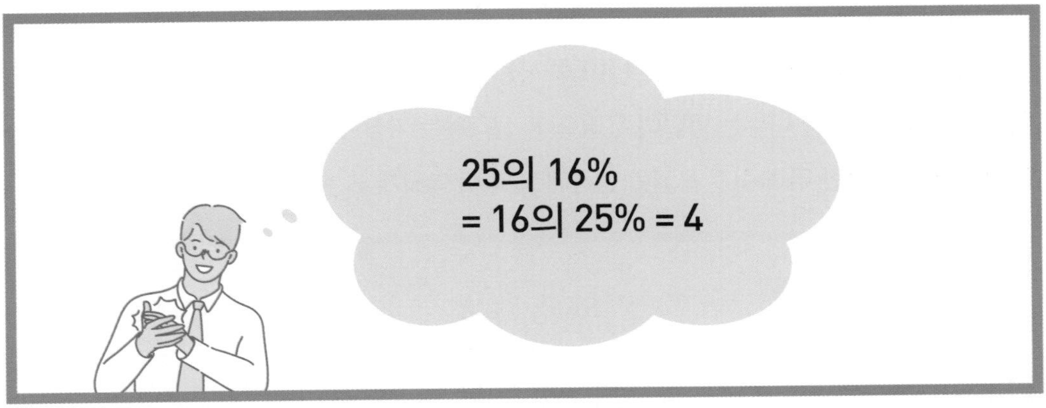

왜 한 계산은 빠르게 되고, 다른 한 계산은 빠르게 되지 않을까요? 컴퓨터가 같은 문제에 대해 연산한다면 필요한 시간은 똑같을 텐데, 우리의 뇌는 과연 어떻게 작동하고 있기에 두 문제를 해석하는 방법이 다를까요?

우리는 1%~100% 숫자 중에서 특히 50%, 25%, 20%, 10%와 같은 수치들을 주로 사용합니다. 우리나라 GDP의 10% 정도, 전체 유권자의 50% 이상 등 이런 식으로 말이죠. 특히 많이 쓰는 이런 숫자들에 대해 우리의 뇌가 경험을 통해 자연스럽게 유리한 계산방식을 학습합니다.

특정 값에 25%를 취하는 것은 25를 곱하고 100을 나누기보다는 4로 나누는 방식이 보다 빠르고 용이하게 수치에 대한 감을 잡을 수 있기에 우리가 스스로 인지하지 못하는 사이 자연스럽게 학습된 것이죠. 화폐 단위까지 1/4달러, 즉 25센트를 1쿼터로 사용하는 서양에서는 25%를 취한다는 개념을 우리보다 더 자연스럽게 받아들입니다. 어려서부터 그런 연산을 한 경험이 상대적으로 많죠.

그에 비해 16%와 같은 개념은 상대적으로 사용하는 빈도가 적은 편이죠. 대상의 16%라고 하면 16을 곱하고 100을 나누는 방법이 우리 뇌가 생각하는 가장 첫 번째 방법일 것입니다. 그래서 25의 16%라고 하면 두 자릿수 곱셈할 생각에 숨이 턱 막히게 되는 것이죠.

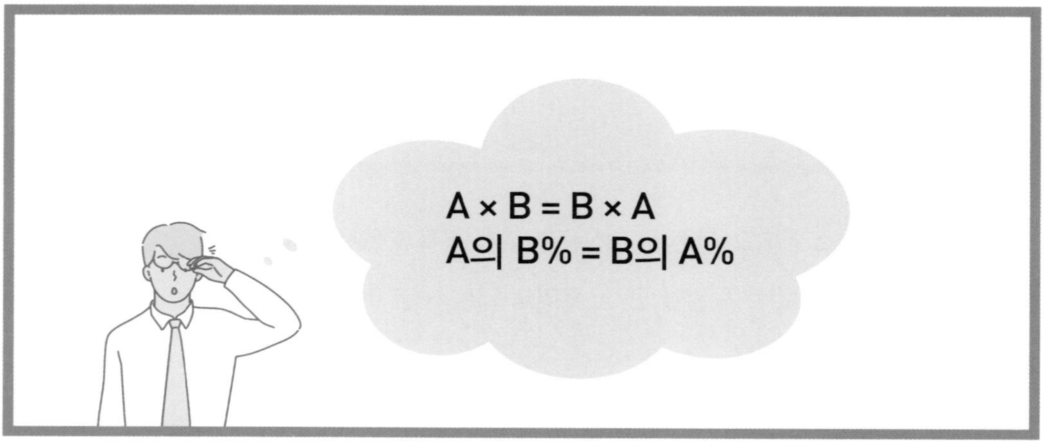

곱셈과 나눗셈이 어느 정도 익숙해진 아이들에게 다음 문제들을 내면서 때로는 순서를 바꿔 연산하는 것이 도움이 될 수 있고, 숫자의 순서에 따라 우리 뇌가 생각하는 방식이 다른 이유에 대해 이야기해 본다면 너무도 당연하게 느껴지는 곱셈의 교환법칙이 조금 더 재미있는 내용이 될 수 있습니다.

Let's Try

다음을 숫자의 순서를 바꾸어 쉽게 계산해 보아요!

㉠ 50의 38%

⌛ 기록:　　　　　초

㉡ 75의 44%

⌛ 기록:　　　　　초

㉢ 150의 12%

⌛ 기록:　　　　　초

CHAPTER 1-2

제곱 계산(1) : 근처에 좋은 수가 있을 때

유튜브 영상링크

98의 제곱을 구해 봅시다. 98 × 98로 98이 두 개이므로 하나는 작게 96으로 줄이고, 하나는 크게 100으로 바꿔 봅시다. 한쪽을 줄인 대신 다른 쪽을 키웠으니, 결과에 큰 차이가 나지 않을 수도 있겠다고 생각할 수 있습니다. 실제 그 차이는 위아래로 더하거나 빼준 차이인 2를 제곱한 4만큼이 됩니다. 98 × 98을 96 × 100 + 4로 볼 수 있고, 결괏값인 9604를 큰 어려움 없이 암산만으로 떠올릴 수 있습니다.

98에서 2를 빼서 96이 나온 뺄셈 연산과 2를 제곱한 4 두 연산이 되면 98의 제곱을 보는 순간 바로 9604라는 답이 나오는 것이죠.

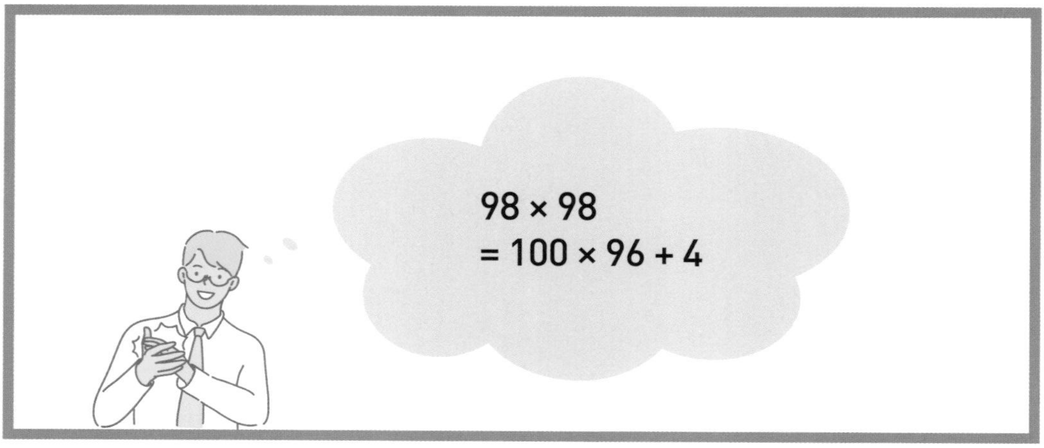

이번에는 102의 제곱을 구해 봅시다. 102가 두 개죠. 앞서 소개해드린 방식대로 하나는 작게, 하나는 크게 100과 104의 곱으로 인식해 보죠. 여기서 생기는 오차는 위아래로 벌린 차이인 2를 제곱한 4가 됩니다. 이 경우에도 102 × 102가 100 × 104 + 4로 보이면서 머릿속으로 10404가 계산이 됩니다.

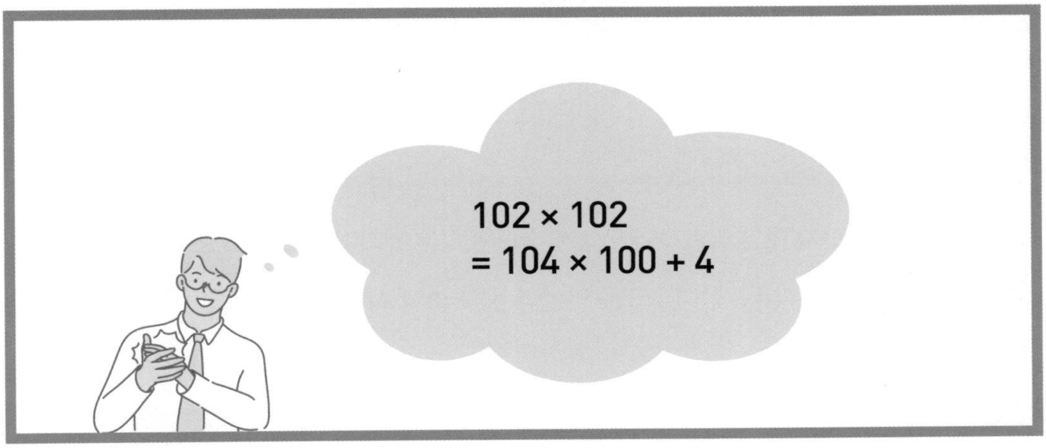

바로 a^2을 $(a - b)(a + b) + b^2$으로 보는 관점입니다. b가 비교적 작은 수이고, $a - b$나 $a + b$가 계산하기가 편한 수가 되면 연산을 빨리 할 수 있는 거죠. 근처에 계산이 편한 수가 있을 때, 특히 빠르게 제곱 연산을 할 수 있는 방법입니다.

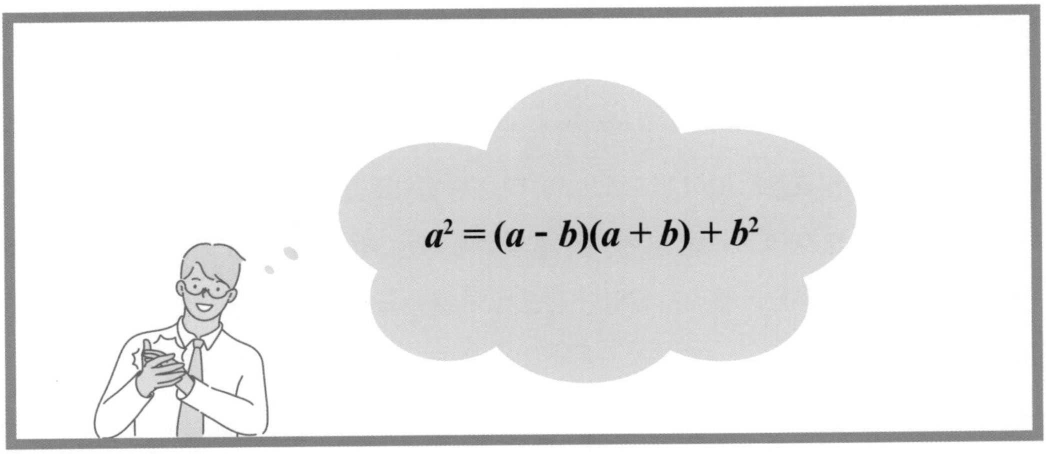

합차 공식 대신 제곱 공식을 사용하는 것도 괜찮은 방법이에요. 98의 제곱을 (100 - 2)의 제곱으로 보는 거죠. $(a-b)^2 = a^2 - 2ab + b^2$을 활용하는 거니까 a^2인 10000에서 $2ab$인 400을 빼고 b^2인 4를 더해서 9604를 얻습니다.

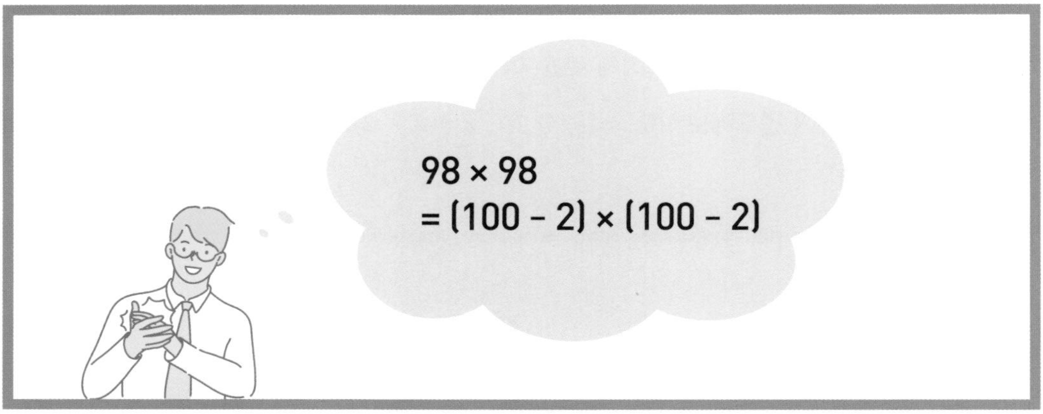

위 방법을 사용하지 않고 일반적인 두 자릿수 곱셈하는 것과 비교해 볼까요? 구구단 4번과 덧셈 연산 3번을 해야 합니다. 상대적으로 연산이 많다 보니 시간이 오래 걸릴 뿐만 아니라 계산 실수의 확률도 높아요.

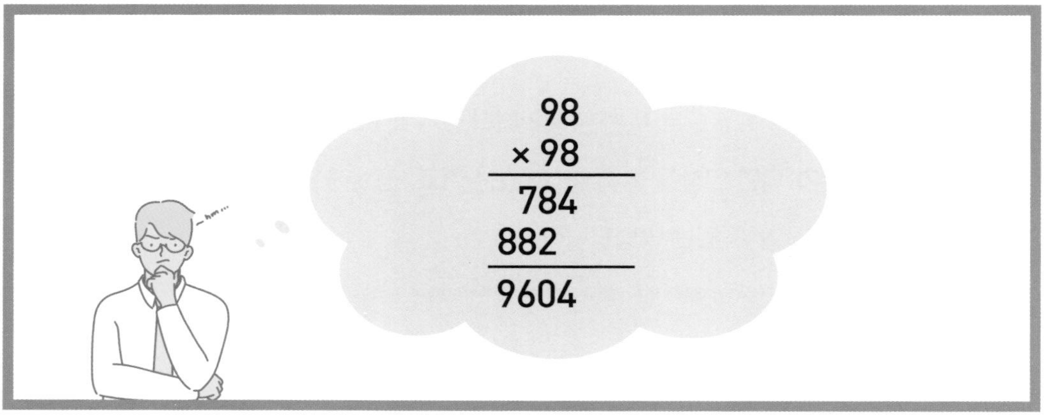

이렇게 계산하는 요령을 많이 알고 있으면, 빠른 방법으로 연산할 수 있어 시간이 단축됩니다. 제한된 시험시간이라고 하면 남는 시간을 활용해 처음 계산한 방식이 아닌 다른 방식으로 재계산해서 처음 한 계산이 틀리지 않았나 검산을 해 볼 수도 있어요. 그럼 계산 실수로 틀릴 가능성이 훨씬 줄어들겠죠.

동일한 방법으로 연산하면 같은 실수를 반복할 수 있겠지만, 다른 방법으로 연산하면 처음에 계산 실수를 했더라도 해당 부분을 잡아낼 가능성이 매우 높습니다. 그렇게 남는 시간은 검산하는 데 사용해도 되고, 어려운 문제를 더 고민해 볼 수도 있어요. 이러한 방법들을 익히는 것은 새로운 내용을 학습하는 것만큼이나 시험점수를 높이는데 도움이 될 수 있습니다. 게다가 다항식의 곱셈 연산을 이처럼 계산 테크닉에도 활용할 수 있다는 내용을 알게 되면, 다항식의 연산을 배울 때 동기부여가 될 수도 있겠죠.

마지막으로 108을 제곱해 볼까요? $108^2 = 100 \times 116 + 8^2$으로 놓고 $11600 + 64 = 11664$라고 계산할 수 있어요. 또는, 100 대신 110을 활용해서 $108^2 = 110 \times 106 + 2^2$으로 놓고 $11660 + 4 = 11664$라고 할 수도 있죠.

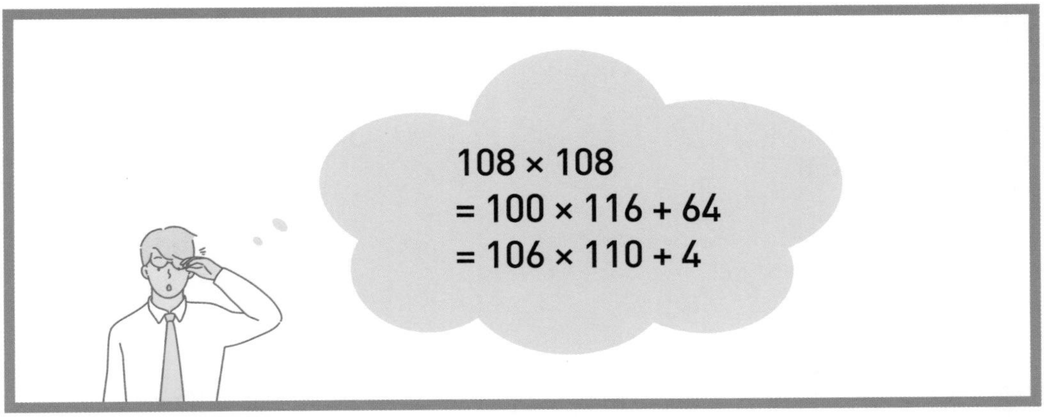

$(a-b)^2 = a^2 - 2ab + b^2$

$(a+b)(a-b) = a^2 - b^2$

위와 같은 문자식들을 전개할 줄 알거나, 인수분해를 할 수 있다는 걸로 만족하는 것이 아니라 두 자리 세 자리 계산을 어떻게 하면 빠르고 쉽게 할 수 있는 유용한 팁으로 활용할 수 있을까? 하는 고민을 해본다면 연산을 보다 재미있게 할 수 있고, 획일화된 방법으로만 계산하는 것보다 효율적일 수 있습니다.

Let's Try

다음을 쉽게 계산해 보아요!

㉠ 97의 제곱

기록: 초

㉡ 51의 제곱

기록: 초

㉢ 999의 제곱

기록: 초

CHAPTER 1-3

제곱 계산(2) : 다항식 전개를 계산에 활용하는 방법

유튜브 영상링크

제곱 연산을 할 때, 주변에 계산이 용이한 50, 100, 1000 같은 수들이 있는 경우 합차 공식을 활용하는 방법이 효율적이라는 것을 살펴보았습니다. 하지만, 주변에 계산이 편한 숫자가 없어 애매할 때 쓰기는 어렵겠죠. 그럴 때 쓸 수 있는 좋은 방법도 있어요.

EXAMPLE **724 제곱**

① 세 줄을 쓰는데, 첫 줄은 각 자릿수를 제곱해서 두 자리씩 순서대로 써 줍니다. 7 × 7= 49, 2 × 2 = 04, 4 × 4 = 16, 총 여섯 자리 490416을 첫 줄에 씁니다.

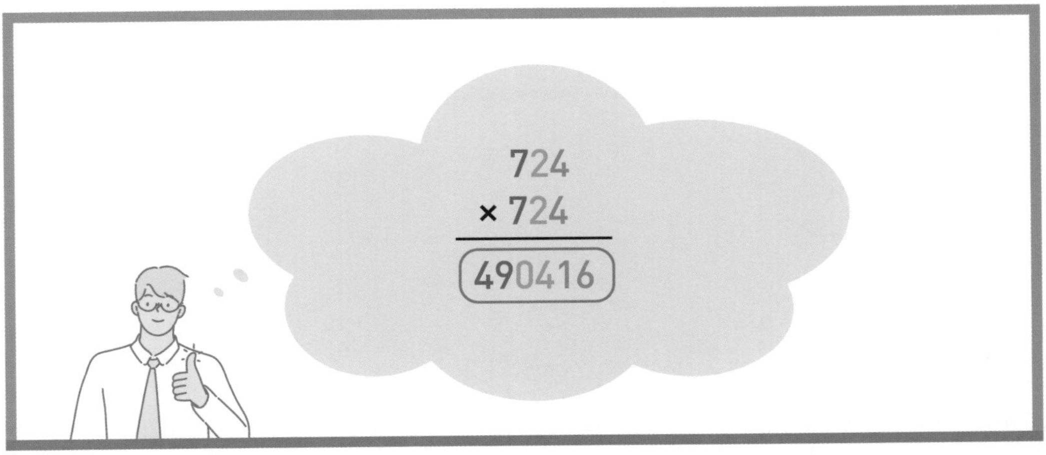

Step 1. 각 자리를 제곱해서 순서대로 두 자리씩 쓴다.

② 그 다음 줄에는 앞과 뒤 한 자리씩 남겨두고, 가운데로 맞춤하여 네 자리를 씁니다. 처음 두 자리에는 7과 2를 곱해서 두 배를 한 28, 그리고 2와 4를 곱해서 두 배를 한 16을 써 줍니다.

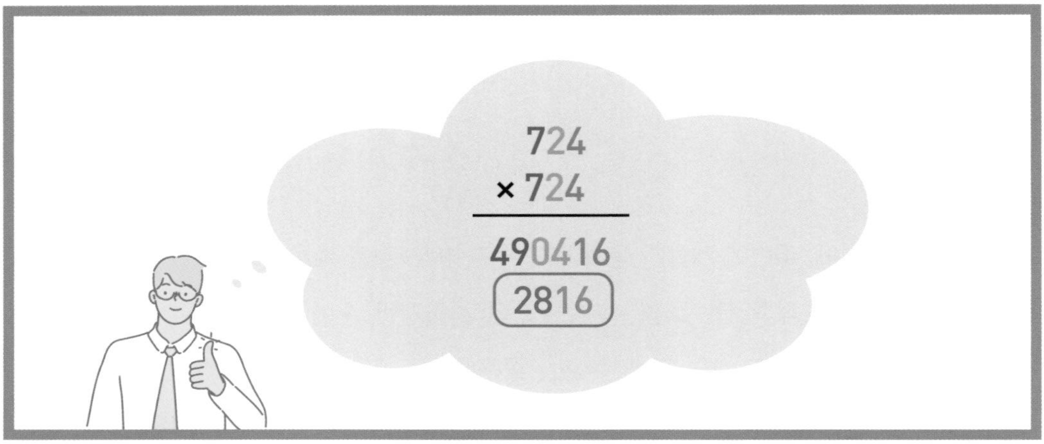

Step 2. 백의 자리, 십의 자리 곱한 것 2배, 십의 자리, 일의 자리 곱한 것 2배를 가운데 맞춤해 쓴다.

③ 그 다음 줄에도 마찬가지로 가운데 맞춤으로 두 자리를 쓰는데, 7과 4를 곱한 뒤 두 배를 한 56을 씁니다.

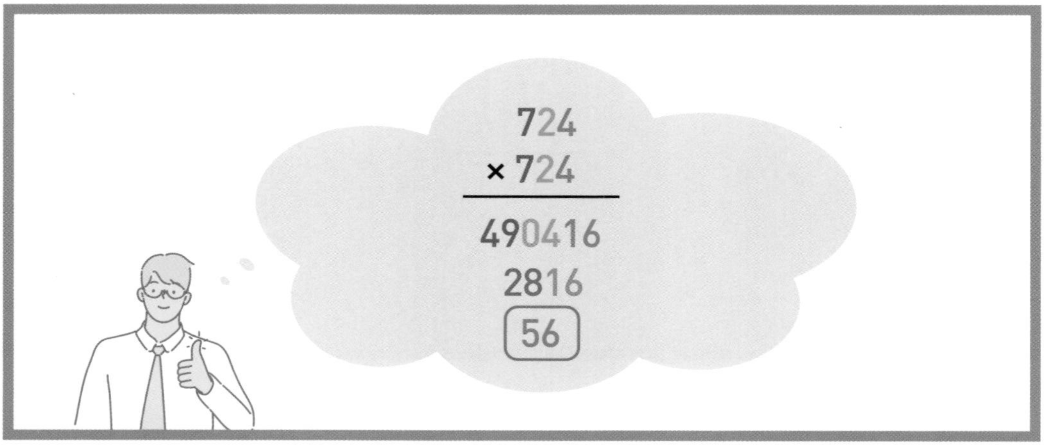

Step 3. 백의 자리, 일의 자리 곱한 것 2배를 가운데 맞춤해 쓴다.

④ 마지막으로 세 줄을 더하면, 524176이 나오고 이 값이 바로 724의 제곱입니다.

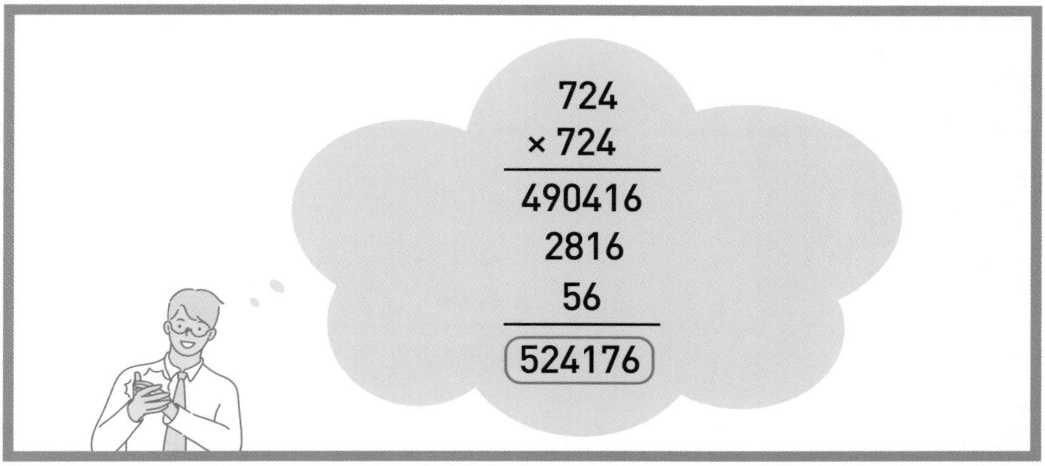

Step 4. 세 수를 더해서 결과를 얻는다.

원래 세 자릿수 곱셈하듯이 계산한다고 생각해 보면 724와 724를 곱해 구구단 연산이 총 9번, 그리고 매줄 계산할 때마다 올림 연산을 포함한 덧셈 연산들이 수반되고, 최종적으로 세 줄을 다 더하는 올림 연산을 포함한 덧셈 연산이 필요합니다.

그런데 새로운 방식을 적용하면, 구구단은 6번, 그리고 매줄 쓸 때마다 덧셈 연산 필요 없이 두 자리씩 쓰면 되니, 특별히 올림 연산을 포함한 덧셈이 없어 조금 더 효율적인 계산이 됩니다. 그냥 계산하는 것보다 시간을 절반은 단축할 수 있습니다. 만약 운이 좋아서 608의 제곱과 같이 가운데 0이 나오면 즉시 연산이 가능하기도 합니다.

6 × 6 = 36, 8 × 8 = 64이니 첫 줄에 360064를 쓰고, 둘째 줄은 가운데가 0이니 쓸 게 없습니다. 셋째 줄을 보면 가운데 맞춤해서 6 × 8 =48의 두 배인 96을 쓰겠죠. 그럼 369664라는 답을 쉽게 도출할 수 있습니다.

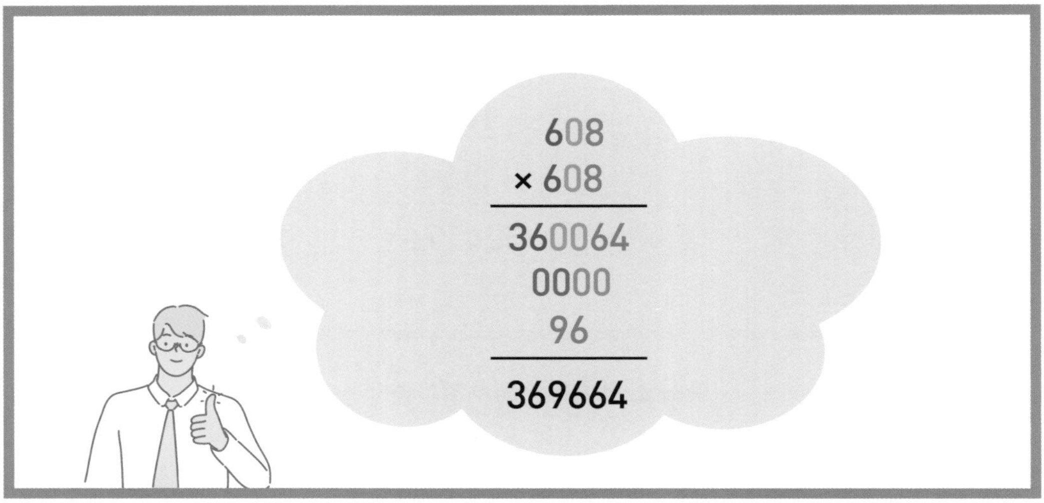

이런 방법이 어떻게 하면 가능할까요? 바로 724의 제곱을 (700 + 20 + 4)의 제곱으로 인식하고, 다항식을 제곱하듯이 제곱한 것들의 합부터 계산한 뒤에 서로 올림 연산이 필요 없는, 즉 자릿수가 겹치지 않는 항들끼리 먼저 합하는 형태로 효율적인 계산을 한 결과입니다.

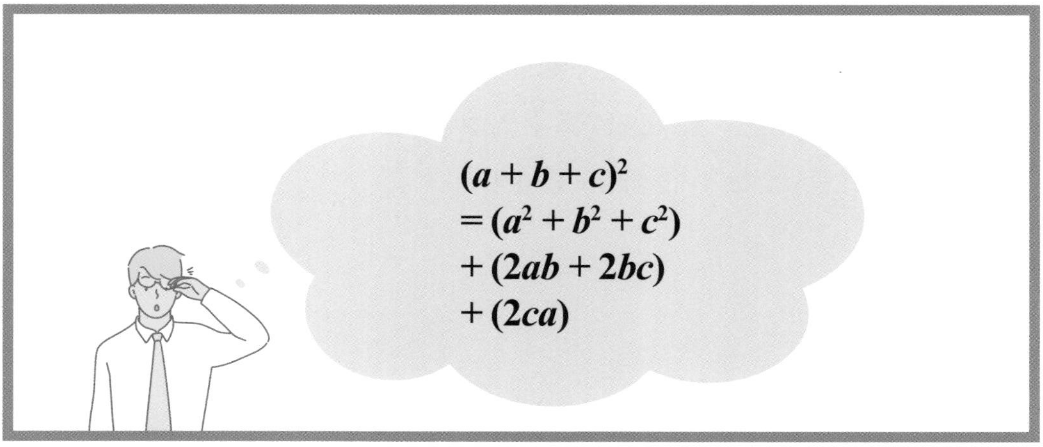

$(a + b + c)$의 제곱은 $a^2 + b^2 + c^2 + 2ab + 2bc + 2ac$입니다. 이 공식을 활용해 자릿수가 겹치지 않는 앞 세 개 항을 묶어보고, 그 다음 두 개, 마지막 한 개 이렇게 괄호를 씌워보면 $(a^2 + b^2 + c^2)$ 파트는 백의 자리 제곱에 10000을 곱한 것 + 십의 자리 제곱에 100을 곱한 것 + 일의 자리 제곱이니 각 자리를 제곱해서 두 자리씩 써 주면 됩니다.

그 다음 $2ab + 2bc$는 백의 자리와 십의 자리를 곱한 것에 두 배를 하고 1000을 곱한 것과 십의 자리와 일의 자리를 곱한 것에 두 배를 하고 10을 곱한 것이므로, 각 $2ab$나 $2bc$가 100을 넘어가게 되면 자릿수가 겹치는 상황이 일어날 수는 있죠. 하지만, 올림 연산이 없는 경우가 보통이고, 있다 하더라도 1 정도가 올림 연산으로 올라가기 때문에 어렵지 않습니다.

마지막에 있는 $2ac$는 백의 자리와 일의 자리 곱한 것에 두 배하고 100을 곱한 것이라 역시 가운데 맞춤해서 두 자리를 쓰면 됩니다. 이렇게 해 보면 그냥 세 자릿수 곱셈 연산을 하는 것 대비 복잡한 계산량이 많이 줄어듭니다. 필요한 구구단 횟수도 줄어들고, 무엇보다 불필요한 덧셈 연산 횟수가 줄어듭니다. 비슷하게 두 자릿수 제곱에도 같은 방법을 적용할 수 있습니다. 77제곱을 구하려면 4949를 쓰고 그 아래 49의 두 배인 98을 가운데 써서 더하면 5929가 바로 나옵니다.

Let's Try

다음 제곱 연산을 쉽게 해 보아요!

㉠ 87의 제곱

기록:　　　　초

㉡ 309의 제곱

기록:　　　　초

㉢ 324의 제곱

기록:　　　　초

CHAPTER 1-4

두 자리, 세 자리 곱셈 : 여러 줄 쓸 필요 없다?

유튜브 영상링크

이번에는 제곱 연산이 아닌 일반적인 곱셈을 조금 더 효율적으로 하는 방법에 대해 알아보겠습니다.

EXAMPLE 73 × 28

① 일의 자리끼리 곱한 3 × 8 = 24에 대해 4를 일의 자리에 쓰고 2를 올려둡니다.

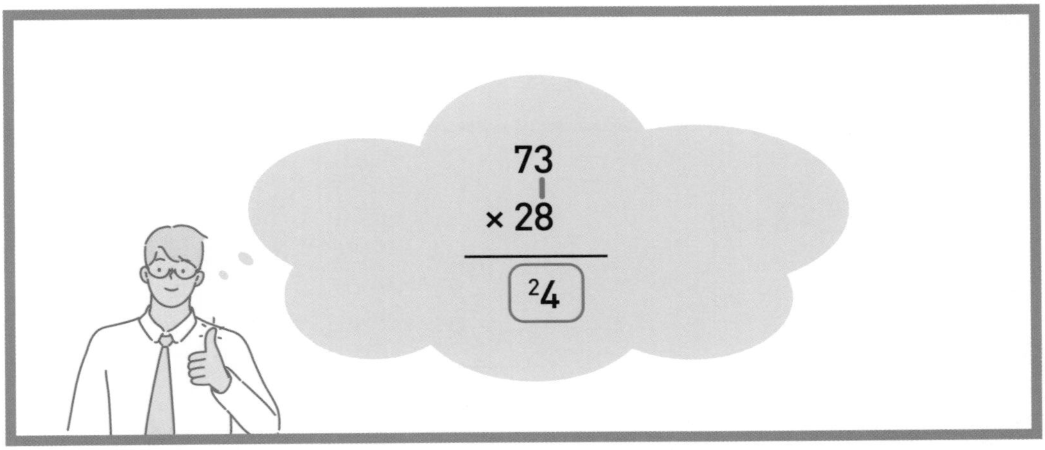

Step 1 일의 자리끼리 곱한다.

② 7 × 8 = 56과 3 × 2 = 6을 더해 62이니, 앞에서 올린 2와 함께 64를 얻고 4를 쓴 뒤, 6을 올립니다.

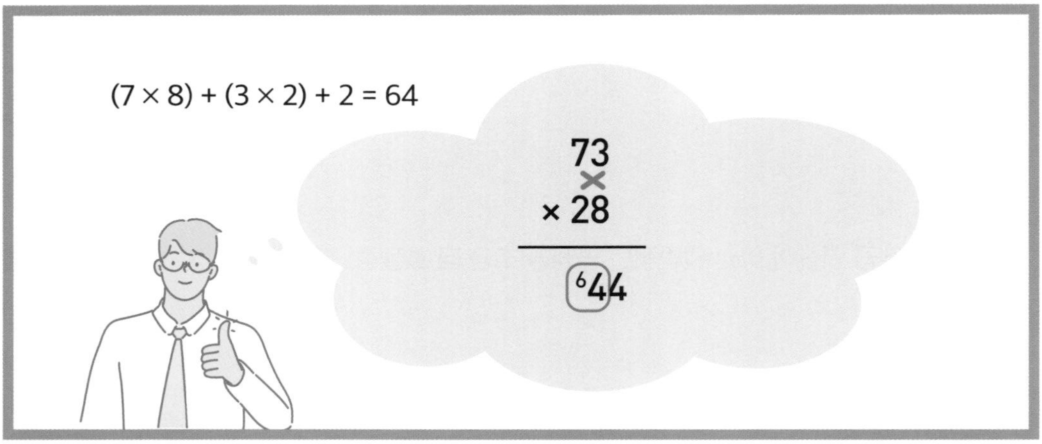

Step 2 십의 자리와 일의 자리끼리 곱한 수, 그리고 받아올림 했던 수를 더한다.

③ 7 × 2 = 14와 앞에서 올린 6을 더해 20을 씁니다.

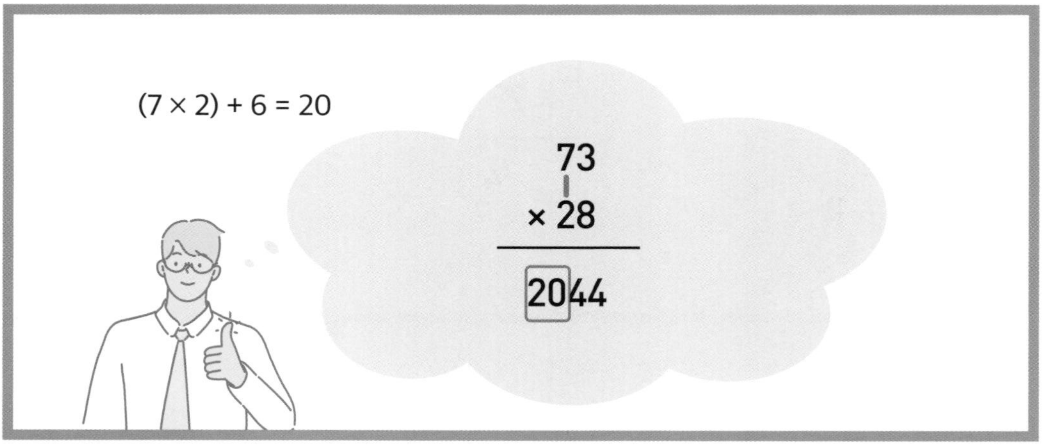

Step 3 십의 자리끼리 곱한 수와 받아올림 한 수를 더한다.

이렇게 곱셈할 때 두 줄, 세 줄을 일일이 다 쓰지 않고도 한 줄만으로 곱셈을 할 수 있습니다. 세 자릿수 곱셈도 해 보죠.

EXAMPLE **132 × 654**

① 8 쓰고 (Step 1)

② 12에 10 더하면 22니까 2 쓰고 2 올리고 (Step 2)

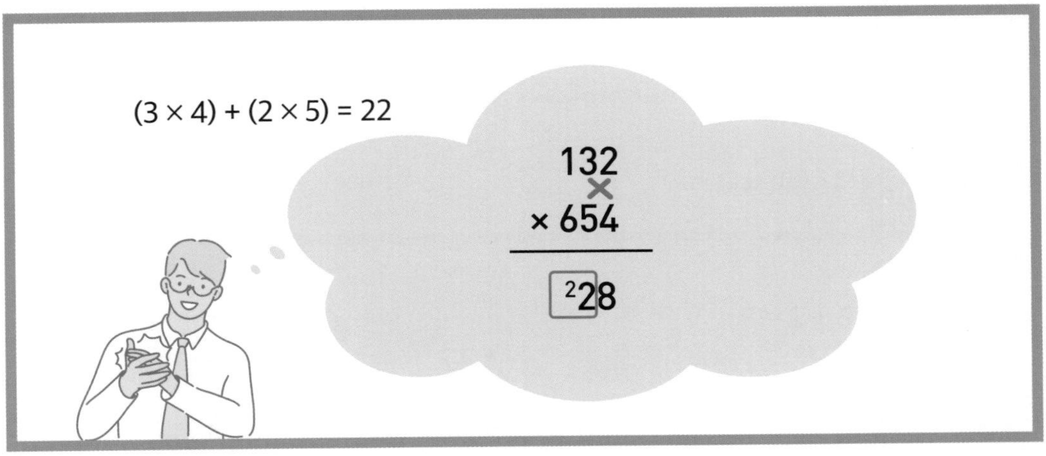

③ 4에 15에 12 더하면 31이니까 3 쓰고 3 올리고 (Step 3)

$$(1 \times 4) + (3 \times 5) + (2 \times 6) + 2$$
$$= 4 + 15 + 12 + 2$$
$$= 33$$

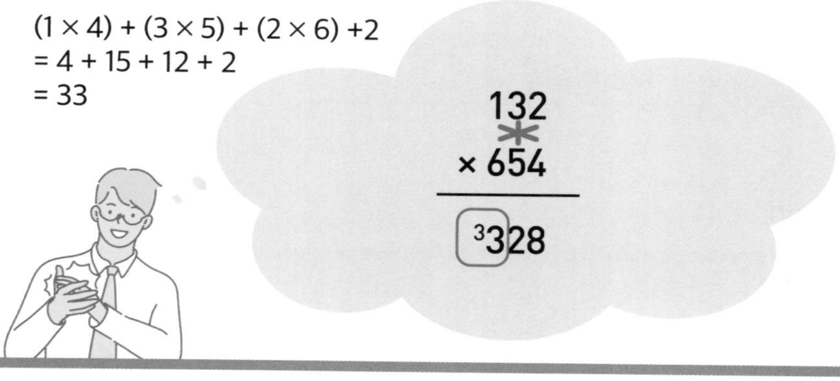

④ 5랑 18 더해 23이니 6 쓰고 2 올리고 (Step 4)

$$(1 \times 5) + (3 \times 6) + 3 = 26$$

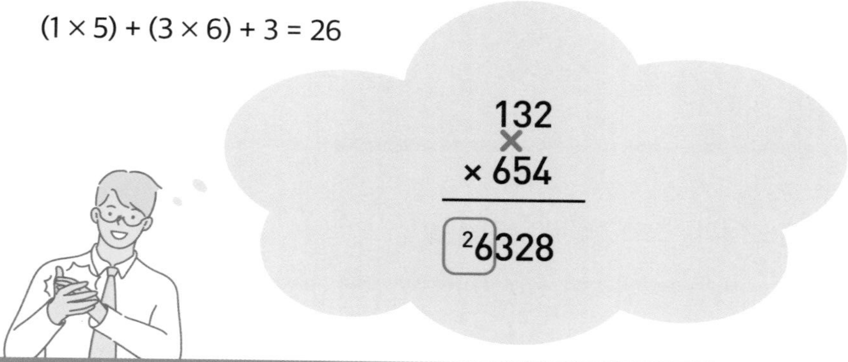

⑤ 6이랑 2 더해서 8 (Step 5)

$$1 \times 6 + 2 = 8$$

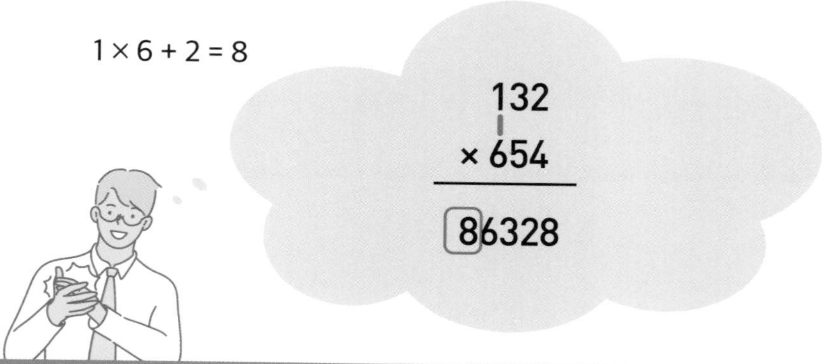

곱셈을 그냥 하게 되면 세 자리 곱하기 한 자리 곱셈을 자릿수 올림까지 포함해서 세 줄을 쓰고, 그 과정에서 아홉 번의 구구단과 여러 번의 덧셈 연산을 해야 합니다. 세 줄을 일일이 다 쓰고 그 세 줄을 다 덧셈하는 것보다 효율적으로 계산량을 줄여 약간이나마 손으로 계산하는 과정이 덜 괴로운 방법입니다.

다항식을 곱셈해서 전개하게 되면, 차수가 같은 동류항들끼리 분류하게 됩니다. 예를 들어, $(7x + 3) \times (2x + 8)$ 수식을 전개하면, 최고차항인 x^2항 앞의 계수가 14, 그리고 x항의 계수는 56과 6을 더해 62, 그리고 상수항인 24를 쓰죠. $14x^2 + 62x + 24$ 이렇게 세 덩어리로 쓸 것입니다. 즉 $(ax + b)(cx + d)$를 계산하면 acx^2을 한 덩이, $(ad + bc)x$를 한 덩이, bd를 한 덩이, 이렇게 총 세 덩이로 봅니다.

그런데 원래 우리가 하던 곱셈의 방식은 이렇게 세 덩이로 보고 계산을 하지 않습니다. $(7x + 3) \times (2x + 8)$에서 x가 10인 상황과 비교해 봅시다. 먼저 73 × 8인 $adx + bd$를 첫 줄에 적습니다. 그리고 73 × 2를 해서 한 칸 올려 둘째 줄에 적습니다. 즉 $acx^2 + bcx$를 둘째 줄에 적습니다. 이렇게 두 덩이로 묶어서 계산한 다음 더하죠. 항들을 어떻게 묶을지에 대한 방법이 다릅니다.

세 덩이로 묶어서 쓰게 되면 두 줄을 쓸 필요 없이 한번에 쓸 수 있습니다. 세 덩이 중 상수항부터 시작하면 bd는 24이니 4 쓰고 2 올립니다. 일차항은 56이랑 6 더해서 62이니 4 쓰고 6 올립니다. 14에 6을 더해 2044 이렇게 여러 줄 쓰지 않고 한 번에 답을 쓸 수 있겠죠. 연산량을 획기적으로 줄여주는 방법은 아니지만, 묶는 방법을 바꿈으로써 조금이나마 덧셈연산을 줄여줄 수 있고, 한방에 계산할 수 있습니다.

세 자리 곱셈도 마찬가지입니다. 132 × 654를 $1 \times 10^2 + 3 \times 10 + 2$와 $6 \times 10^2 + 5 \times 10 + 4$의 곱으로 봅니다.

$$(a_1x^2 + b_1x + c_1) \times (a_2x^2 + b_2x + c_2)$$

이런 형태의 x에 대한 이차식 둘을 곱해서 전개할 때, 먼저 최고차항은 x^4이고 그 앞의 계수는 a_1a_2라고 쓰게 됩니다. 그 다음 x^3 앞의 계수는 a_1b_2와 a_2b_1을 더하고, x^2의 계수는 $a_1c_2 + b_1b_2 + c_1a_2$ 이렇게 세 수를 더하게 됩니다. 일차항 계수는 $b_1c_2 + c_1b_2$가 되고, 상수항은 c_1c_2가 됩니다. 다섯 개의 덩어리로 묶는 것처럼 실제 곱셈에도 다섯 개의 덩어리로 묶어 한줄에 계산해 보는 시도를 해 볼 수 있습니다.

뒤에 상수항부터 8 쓰고, 그 앞에 12랑 10 더해 22니까 2 쓰고 2 올리고, 그 앞에 4 + 15 + 12는 31이니까 1에 앞에서 올린 2 더해서 3 쓰고 3 올리고, 그 앞에 5 + 18인 23이니까 3에 앞에서 올린 3 더해서 6 쓰고 2 올리고, 그 앞에 6에 2 더해서 8을 씁니다.

이렇게 86328이라고 쓰면 일일이 세 줄을 다 안 쓰고 계산이 되었죠. 우리가 곱셈하는 원래 방식을 보면, $(a_1x^2 + b_1x + c_1)$에 c_2를 곱해서 세 항을 더해 첫 줄에 쓰고, $(a_1x^2 + b_1x + c_1)$에 b_2를 곱해 한 칸 앞으로 당겨서 둘째 줄에 적은 후 $(a_1x^2 + b_1x + c_1)$에 a_2를 곱해 두 칸 앞으로 당겨서 셋째 줄에 쓰고, 그걸 다 더하게 됩니다.

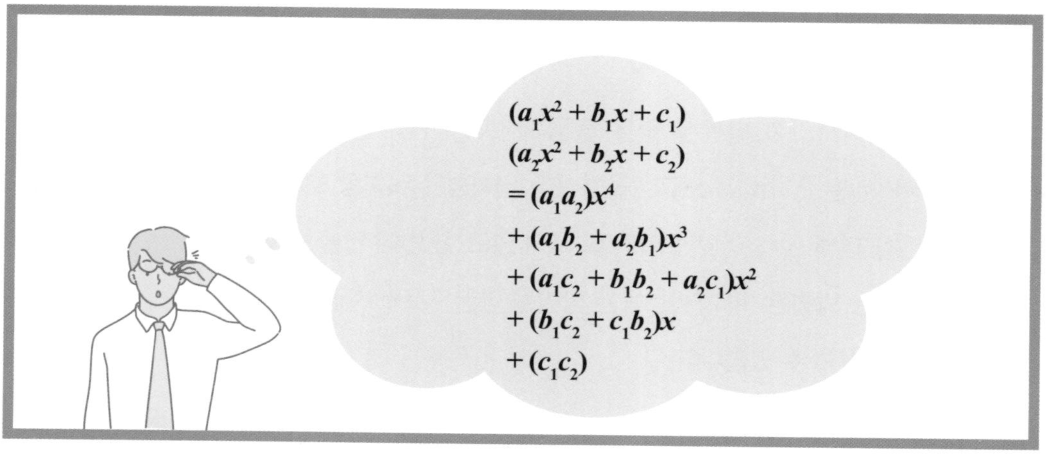

더하는 순서와 조합을 바꿔서 5개의 동류항으로 묶어 계산하는 것입니다. 이렇게 더하는 항들의 계산 순서만 바꿔서 한 줄에 계산을 다 해버리면 간편하게 세 자릿수 곱셈을 할 수 있습니다. 세 자리 곱하기 두 자리도 마찬가지입니다. 두 자리는 앞에 0이 있다고 생각하면 됩니다. 연습을 해보면 익숙해질 수 있습니다.

곱셈의 원래 방법이 익숙한 이유는 어려서부터 꾸준히 그 방법대로 훈련을 많이 거쳤기 때문이고, 그 방법을 배운 이유는 어떤 경우에건 범용적으로 쓰기에 손색이 없기 때문입니다. 앞에서 보았던 방법은 네 자리 다섯 자리 곱셈에서 활용하기엔 덧셈 연산이 점점 길어지는 단점이 있어 범용적으로 쓰기에 한계가 있는 방법입니다. 다만, 두 자리 혹은 세 자리 정도의 연산이 실제 시험이나 생활에서 많은 부분을 차지하고 있기 때문에, 이런 계산법을 익혀두면 제법 유용할 수 있습니다.

문제를 해결하는 방법은 정해져 있는 하나의 방법만 있는 것이 아니기 때문에 계산에 있어서도 다른 방식으로 계산을 해 보고 효율성을 비교해 본다면, 그리고 그 방법대로 훈련과 연습을 열 번 정도만 해 본다면, 내 방법으로 체화해서 다른 경쟁자들보다 비교우위에 있을 수 있습니다. 수영할 때 자유형으로 수영할 수도 있고 배영할 수도 있고 평영이나 접영도 배워서 한다면 수영을 보다 더 다양하게 즐길 수 있겠죠? 어떤 상황에서건 그때마다 유리한 수영법으로 헤엄을 칠 수 있습니다.

계산을 포함한 문제해결 능력도 마찬가지입니다. 때에 따라서 내 취향에 맞춰 문제를 해결할 수 있는 여러 방법을 고민해서 내 것으로 가지고 있으면 그만큼 다른 사람보다 유리할 수 있고, 그 계산 원리들에 대해서도 이해하고 있으면 수와 식에 대해 더 익숙해지고 편해질 수 있으며 수학을 포기하게 될 가능성이 줄어들 거예요.

Let's Try

한방에 곱하는 방법을 사용하여 다음 계산을 연습해 봅시다!

㉠ 365 × 41

⌛ 기록: 초

㉡ 234 × 12

⌛ 기록: 초

㉢ 123 × 321

⌛ 기록: 초

CHAPTER
1-5

근의 공식이 필요 없다?!

유튜브 영상링크

많은 학생들이 중학교 때 인수분해를 배우면서 어려움을 겪습니다. $x^2 - 10x - 144 = 0$을 예로 들어봅시다. 일반적으로 우리는 이 방정식을 인수분해 하기 위해 곱해서 -144가 되면서, 더해서 10이 되는 수를 찾기 위해 노력합니다. 곱해서 상수항이 되는 조합을 쓰고 더해서 1차항이 되는 조합을 추측해서 인수분해를 하는 방식이죠.

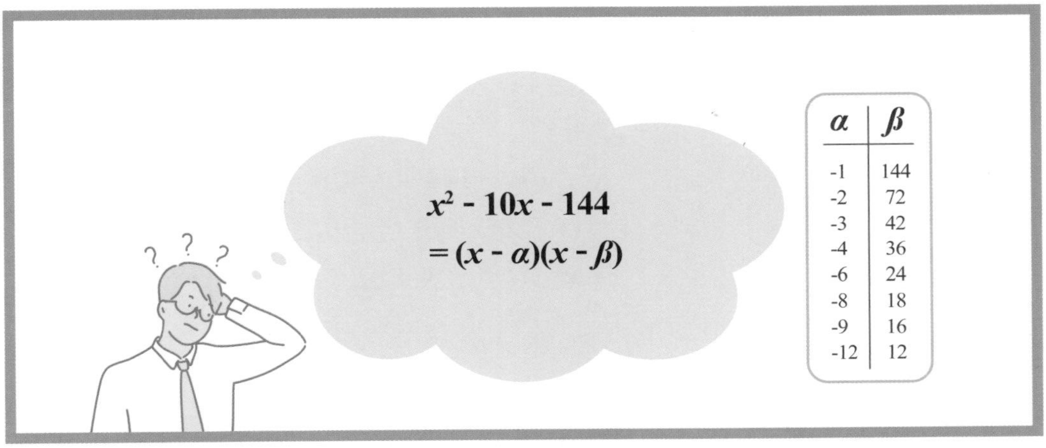

그런데 곱해서 -144가 되는 정수 조합은 많은데 그 중에 어떤 조합이 10이 될 수 있을지 쉽게 찾을 수 있을까요? 하나씩 체크해 보거나, 그래도 조합이 찾아지지 않으면 근의 공식을 쓰게 됩니다. 조합을 찾는 방식도 주먹구구식으로 하나씩 추측하는데, 그게 안 되면 공식을 외워 쓰라고 배우니 재미도 없고 하기도 싫어지죠. 무엇보다 문제해결 방법론을 이렇게 암기하게 되면 그 능력은 오래 가지 않습니다. 수능 시험이 끝나고 더 이상 그 방법을 빈번하게 사용하지 않게 된다면 외웠던 공식은 머릿속에서 사라지고 억지로 외운 건 긴 시간 활용하지 않으면 잊어버리게 됩니다.

사실 인수분해나 근의 공식을 사용하지 않고 쉽게 근을 찾을 방법이 있습니다. 먼저 두 근을 찾는다는 의미를 생각해 보죠. $ax^2 + bx + c = 0$의 양변을 최고차항 계수 a로 나누면 이차항의 계수는 1이라고 해도 되겠죠. 그럼 우리가 알고 있는 유의미한 정보는 일차항 계수값과 상수항 두 개인데, 이를 통해 두 근을 찾는 문제로 이해할 수 있습니다. 인수분해가 되어졌다고 했을 때, 두 근을 α와 β로 놓으면 일차항 계수는 $-(\alpha + \beta)$이고 상수항은 $(\alpha \times \beta)$이죠.

우리는 이 두 가지 사실을 이용할 수 있습니다. 첫 번째 사실인 두 근을 더해서 1차항의 부호를 바꾼 것이라는 말을 조금 다르게 이해해 보면, 두 근의 평균이 1차항 부호 바꾸고 2로 나눈 값이라고 할 수 있습니다. 두 수의 평균을 아는 것과 두 수의 합을 아는 것은 사실상 같은 정보이죠. 한쪽을 알면 2를 나누거나 2를 곱해서 다른 쪽을 쉽게 알 수 있으니까요.

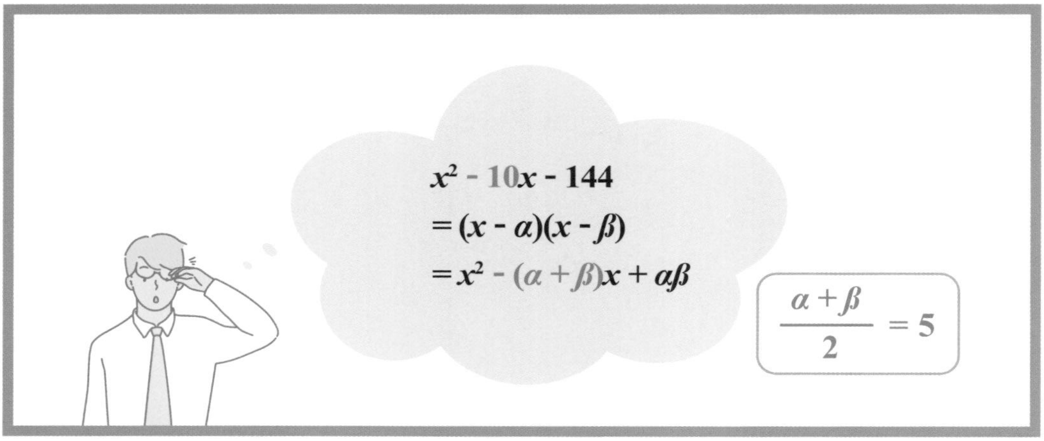

예를 들어 $x^2 - 10x - 144 = 0$이라는 2차 방정식을 보면 두 근의 평균이 5라는 것이 눈으로 쉽게 보입니다. 두 수의 평균이 5라는 것은 두 수가 5로부터 떨어진 거리가 같다는 의미겠죠. 두 수가 실수라면, 5를 기점으로 하나는 왼쪽, 하나는 오른쪽에 있고 그 거리가 같을 거예요.

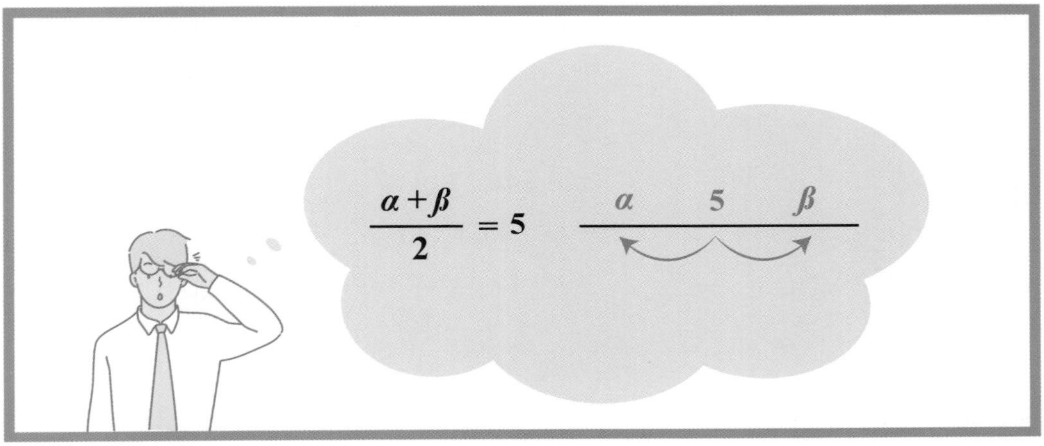

그래서 우리는 두 수를 $5 - t$와 $5 + t$로 이해할 수 있습니다.

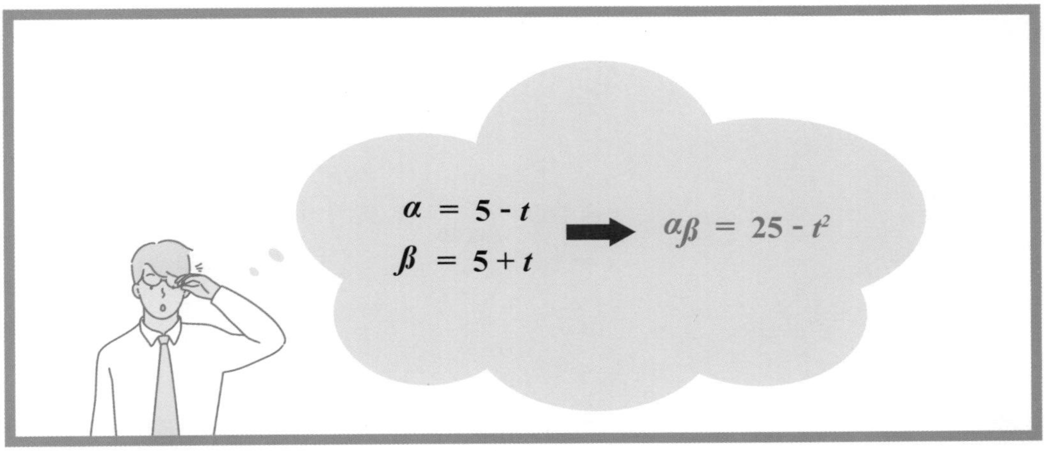

여기까지의 과정이 식을 보는 순간 나올 수 있어요. 1차항만 보고 평균이 5구나. 그럼 두 근을 $5 - t$와 $5 + t$ 이렇게 바로 인지할 수 있죠. 그럼 우리가 다음에 할 수 있는 건 하나죠. 이 둘을 곱해서 -144라는 사실을 활용하는 것이죠. 두 수를 곱하면 $25 - t^2$인데, 그 값이 -144인 것입니다.

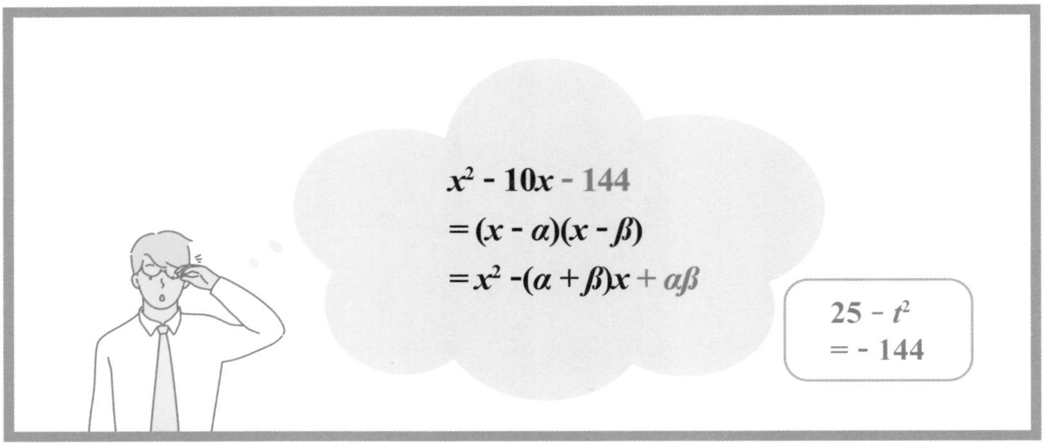

그래서 $t^2 = 169$가 되겠죠. 그럼 t는 ±13이 됩니다.

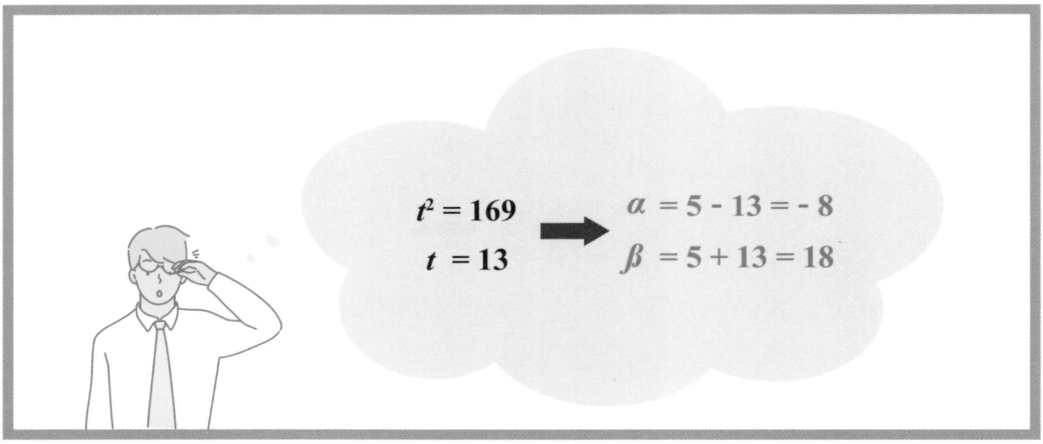

더하기를 취하건 빼기를 취하건 두 근인 $5 - t$와 $5 + t$는 수의 순서만 바뀌고 같겠죠. 이렇게 5 - 13과 5 + 13인 -8과 18을 구할 수가 있습니다. 인수분해 하려고 생각해 보면 -8과 18 두 수의 조합을 바로 찾아낼 수 있을까요? 곱해서 -144가 되는 조합들을 보면서 시간을 많이 허비할 거예요. 그렇다고 이 과정에서 근의 공식을 외워서 사용할 필요가 있었나요? 공식을 외우지 않고 원리만 활용해서 문제를 해결했죠?

두 번째로 $x^2 - 2x - 7/9$를 한번 봅시다. 이번에도 같은 방법으로 접근해 보죠. -2를 보는 순간 두 근이 1을 중심으로 같은 거리에 있겠구나. $1 - t$와 $1 + t$겠네. 두 수를 곱한 $1 - t^2 = -7/9$이구나.

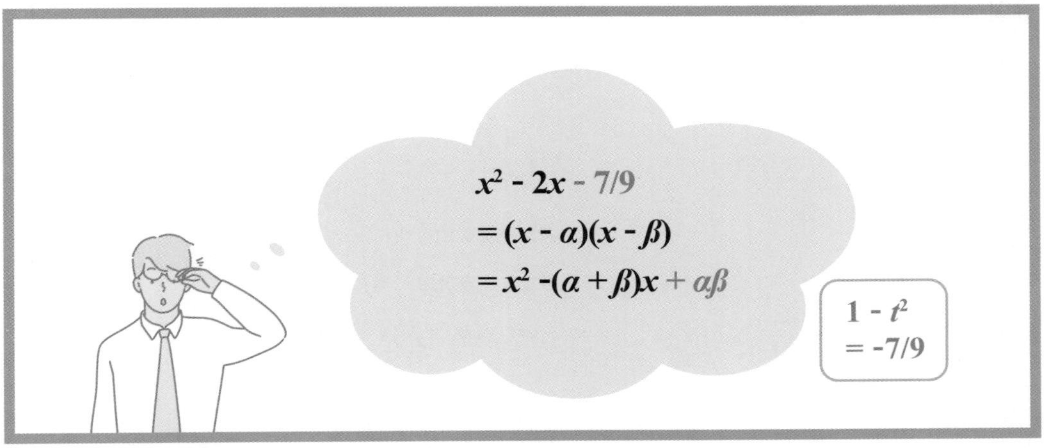

그럼 $t^2 = 16/9$이겠고, t를 4/3이라 해도 되겠네. 1을 기점으로 ±4/3 하면 하나는 $-1/3$, 하나는 7/3

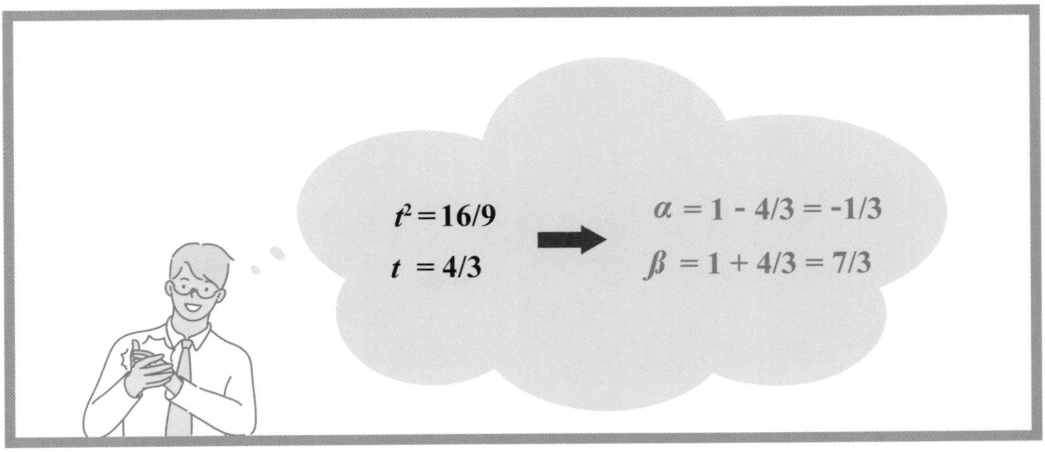

간단하죠? 이걸 인수분해 하려고 하면 분수를 보는 순간 쉬운 방법이 잘 떠오르지 않죠. 1/9로 묶어서 $9x^2 - 18x - 7 = 0$으로 만든 다음 곱해서 9가 되는 조합과 곱해서 7이 되는 조합을 추측하고, 어떻게 곱하고 더하면 -18이 되나 확인해야 하겠죠. 반면에 위 방법으로 하면 이미 답이 나오고도 시간이 남게 됩니다.

세 번째로 인수분해가 잘 되지 않는 경우도 살펴보죠. $x^2 + 4x + 1 = 0$과 같은 방정식도 단번에 인수분해하기 어려울 수 있으나, 근의 공식을 사용하지 않고 근을 찾을 수 있어요. 두 근의 평균이 -2입니다. 두 근을 $-2 - t$와 $-2 + t$로 나타낼 수 있고, 둘을 곱한 $4 - t^2 = 1$이 됩니다.

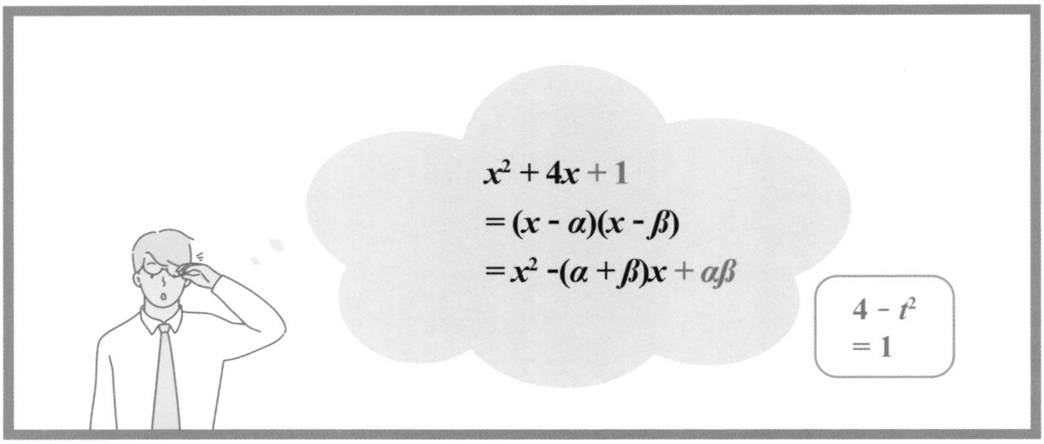

$t^2 = 3$이고 t는 $\sqrt{3}$이겠죠. 즉 $-2 + \sqrt{3}$, $-2 - \sqrt{3}$이 두 근이 됩니다. 근의 공식을 적용하면 식을 떠올리고 대입하고 있는 과정에 이미 답이 나오는 거죠.

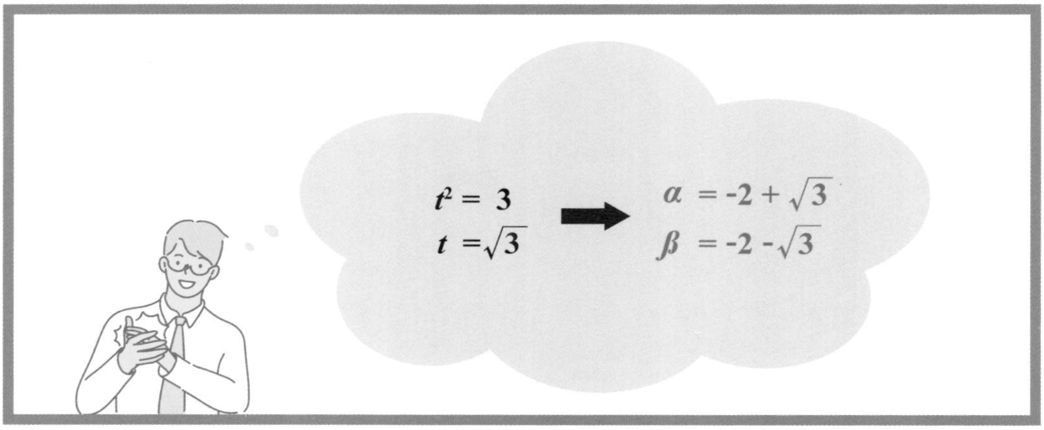

마지막으로 실근이 없는 경우에도 되는지 한번 볼까요? $x^2 + x + 1 = 0$과 같은 이차방정식의 두 허근은 1의 세제곱근이기도 해서 복소수와 복소평면을 배우게 되면 단위원 상에 동경이 120˚와 240˚인 이 두 점이라 $-\frac{1}{2} \pm \frac{\sqrt{3}}{2}i$라는 사실을 보자마자 아실 수도 있어요. 근의 공식을 쓰더라도 같은 답이 나오죠. 이런 2차식에 대해서도 적용이 잘 되는지 살펴봅시다. 두 근의 산술평균이 $-\frac{1}{2}$이니 두 근은 $-\frac{1}{2} - t$, $-\frac{1}{2} + t$일 것입니다. 두 근을 곱하면 $\frac{1}{4} - t^2$인데 그게 1입니다. 그럼 $t^2 = -\frac{3}{4}$이고, 그래서 t는 $\frac{\sqrt{3}}{2}i$가 되겠죠.

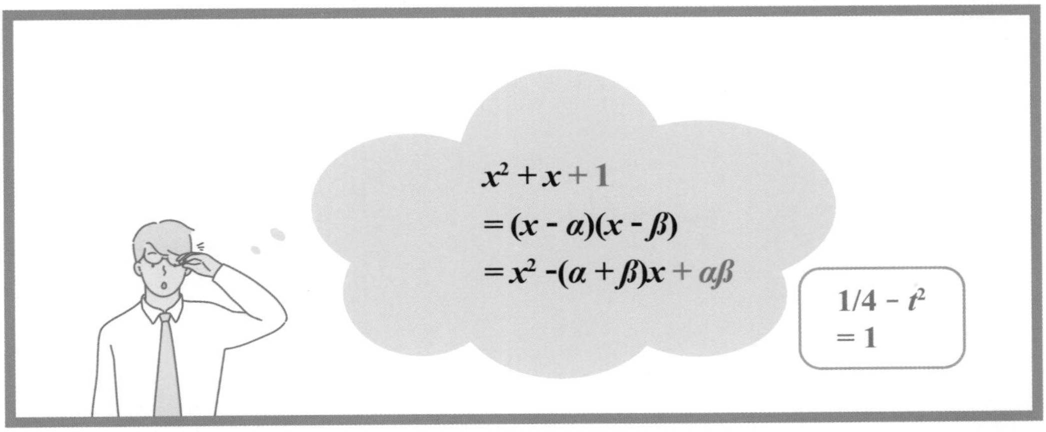

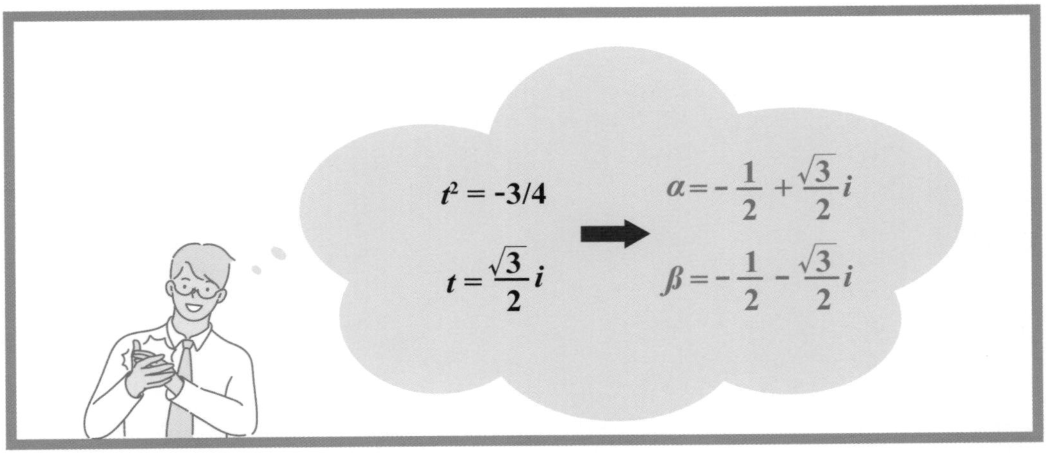

이와 같이 어떤 경우건 근을 구할 수 있습니다. 근의 공식이 있는 이유는 근을 구하기 위해서죠. 이렇게 두 근을 구할 때 근의 공식을 외우지 않고 원리를 생각해서 근을 구할 수 있는 방법이 있다면 공식을 일부러 외울 필요가 없겠죠?

이런 방법이 좀 익숙해지면, 근의 공식을 떠올리고 거기에 대입하여 넣는 방식보다 실수를 줄일 수도 있고 오랜 시간이 지나더라도 기억을 할 수 있어요. 인수분해나 근의 공식은 검산할 때 활용해 보면 좋겠죠. 이 방법[1]에 대한 기록은 고대 바빌로니아 시대에도 남아있다고 합니다.

단순히 근의 공식을 외움으로써 문제를 해결할 수 있는 것으로 끝이 아니라 그 내면에 있는 원리와 문제의 본질을 이해하고 어떻게 하면 문제를 더 빠르고 효율적으로 해결할 수 있을까 고민해 본다면 수학이 보다 재미있고 즐길 수 있겠죠. 이런 생각을 통해 수학을 빠르게 더 잘할 수 있고 연산에 있어서도 여러 요령을 가지고 있어 실수 확률을 줄일 수 있고, 실제 문제해결력과 사고력·논리력을 기를 수 있어요.

---

1 https://arxiv.org/abs/1910.06709v2

Let's Try

다음 이차 방정식의 근을 근의 공식 없이 구해보아요!

㉠ $x^2 + 2x - 24 = 0$

⏳ 기록 : 초

㉡ $x^2 - 2x - 48 = 0$

⏳ 기록 : 초

㉢ $9x^2 + 6x + 1 = 0$

⏳ 기록 : 초

CHAPTER 1-6

루트 계산(1) : 간편한 루트 근사

유튜브 영상링크

$\sqrt{18}$에 대한 근사 계산을 해 봅시다. 18보다 작은 가장 가까운 제곱수가 4의 제곱인 16이죠. 그럼 4와 5 사이의 수라는 것을 알 수 있으니 일단 4를 써 줍니다. 그리고 대분수 형태로 옆에 분수를 써 줄 텐데 분자에는 18에서 16을 뺀 2를 써 주고, 분모에는 4를 두 배 한 8을 써 줍니다. 그래서 4와 $\frac{2}{8}$, 즉 4.25라고 하면, 아주 유사한 값입니다. 실제 $\sqrt{18}$은 4.242641 ⋯ 이에요.

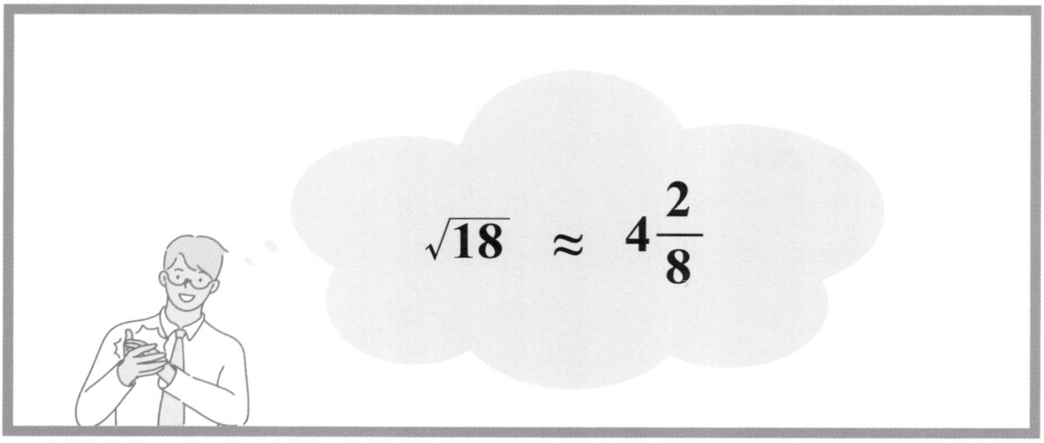

다른 예를 한번 볼까요? $\sqrt{113}$은 113보다 작은 가장 가까운 제곱수가 10의 제곱인 100이죠. 그래서 일단 10을 써 줍니다. 그리고 소수부분을 구하기 위해 분자에는 113에서 100을 뺀 13을 쓰고, 분모에는 10을 2배 한 20을 씁니다. 그래서 10과 $\frac{13}{20}$, 즉 10.65라고 하면 역시 아주 근사한 값입니다. 실제로 $\sqrt{113}$은 10.63015 … 이에요.

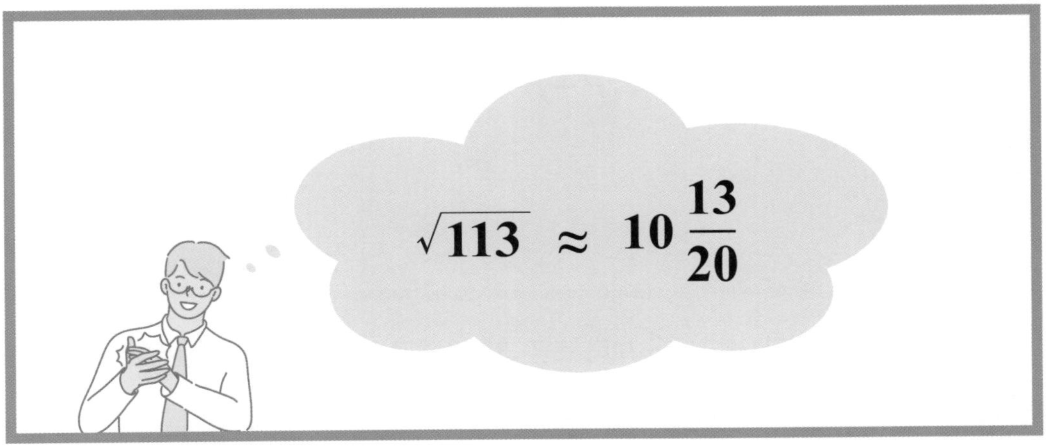

어떻게 이렇게 가까운 값이 나올까요? 루트 안의 값을 n이라고 하고, n보다 작은 가장 큰 완전 제곱을 a라 해 보죠. $n = a^2 + b$라고 표현해 볼게요. 우리는 $\sqrt{a^2 + b}$를 구하고 싶어요. 예를 들어 $\sqrt{102}$를 구한다고 하면 a는 10이 되고, b는 2가 되겠죠. 우리가 $\sqrt{102}$와 비슷할 거라고 추정한 값은 $a + \frac{b}{2a}$였습니다. $\sqrt{a^2 + b}$와 $a + \frac{b}{2a}$가 얼마나 가까운 값인지 살펴보면 되겠죠.

$a + \frac{b}{2a}$라는 값은 $\sqrt{(a + \frac{b}{2a})^2}$과 같은 값인데 루트 안의 제곱식을 전개해 보면 $a^2 + b + \left(\frac{b}{2a}\right)^2$으로, 원래 우리가 구하려고 했던 루트 안의 값과 형태가 매우 비슷하죠? 가장 뒤에 있는 항인 $\left(\frac{b}{2a}\right)^2$ 만큼만 차이가 납니다. 그런데 그 값은 항상 1이하의 작은 값이에요.

왜냐하면 $\frac{b}{2a}$가 1보다 크면 b가 $2a$보다 크다는 의미이고, 그 말은 b가 $2a+1$ 이상이라는 건데, 그 얘기는 애초에 $n=a^2+b=a^2+(2a+1+b')=(a+1)^2+b'$로 쓸 수 있어서 b가 $2a+1$ 이상이면 a^2이 n보다 작은 가장 큰 완전제곱이었다는 것에 모순이 되기 때문이에요. 그래서 $\left(\frac{b}{2a}\right)^2$은 항상 1 이하의 작은 값입니다.

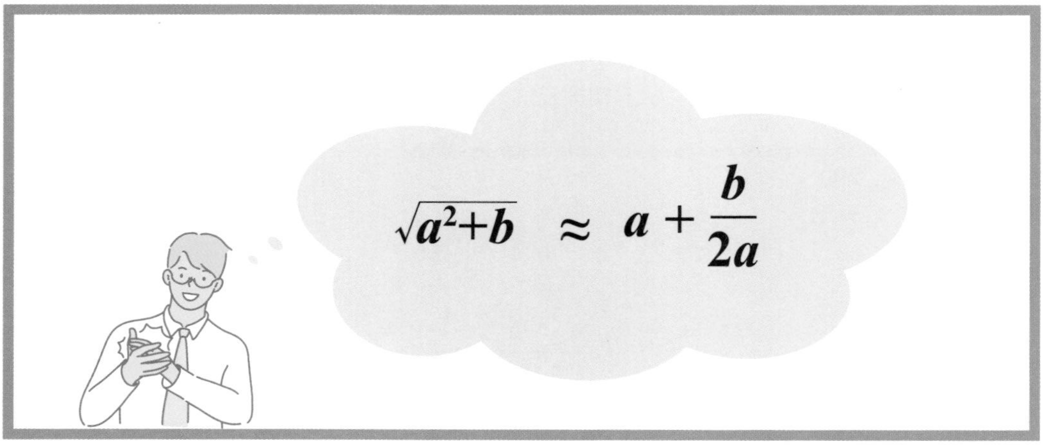

따라서 우리의 루트 근사법은 $\sqrt{n}$ 보다 조금 크지만, 최소한 $\sqrt{n+1}$을 넘지는 않는 값을 줍니다. 거의 $\sqrt{n}$에 가까운 근삿값을 주는 것이죠.

Let's Try

루트 근삿값을 찾는 연습을 좀 더 해볼까요?

㉠ $\sqrt{27}$

⌛ 기록 : 초

㉡ $\sqrt{37}$

⌛ 기록 : 초

㉢ $\sqrt{102}$

⌛ 기록 : 초

CHAPTER 1-7

루트 계산(2) : 완전제곱인 걸 알 때

유튜브 영상링크

정확한 값은 아니지만, 제곱근의 근삿값을 찾는 방법에 대해 알아보았습니다. 이번엔 주어진 수가 완전제곱수인 것을 알고 있을 때, 정확한 제곱근 값을 빠르게 찾는 법에 대해 살펴보겠습니다.

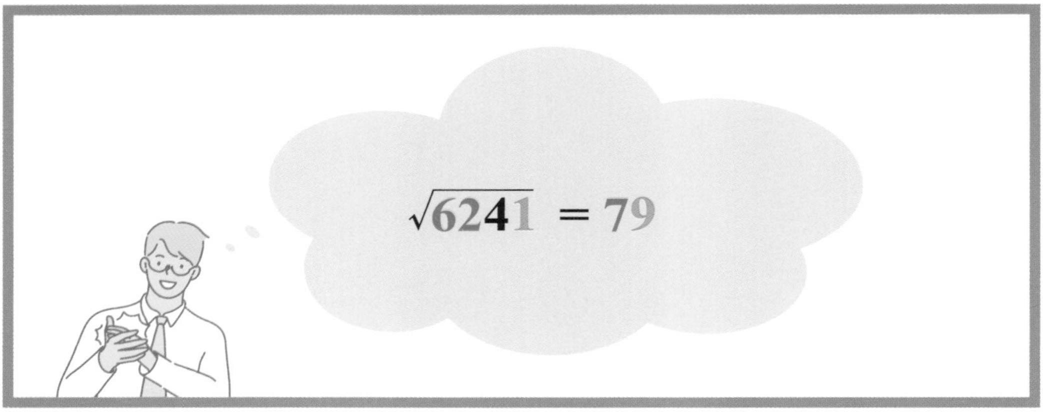

예를 들어, 6241은 무엇의 제곱일까요? 먼저 네 자릿수이니 그 제곱근이 두 자릿수라는 것을 알 수 있습니다. 10에서 100까지의 수를 제곱하면 100에서 10000 사이의 결과가 나오기 때문에, 3자리나 4자리 완전제곱수는 항상 두 자릿수의 제곱이 되죠. 앞의 두 숫자인 62를 보면 7제곱과 8제곱 사이의 수이니 제곱근의 십의 자리는 7이 됩니다. 70제곱인 4900과 80제곱인 6400 사이에 있다는 것을 생각해 보면 되겠죠. 일의 자리가 1이므로, 제곱근의 일의 자리는 1 아니면 9인데, 아무래도 4900과 6400중에서 6400에 더 가까우니 1보다는 9가 그럴듯합니다. 이걸 확실하게 알기 위해서 앞자리인 62를 십의 자리로 확정 지은 7과 그 7에 1을 더한 8을 곱한 $7 \times 8 = 56$과 비교하면 됩니다. 62가 56보다 크니 1과 9중에 큰 쪽인 9를 택하는 것이죠. 그래서 6241이 완전제곱이라는 사실을 알고 있을 때, 이 숫자가 79의 제곱이라는 사실을 어렵지 않게 생각해 낼 수 있습니다.

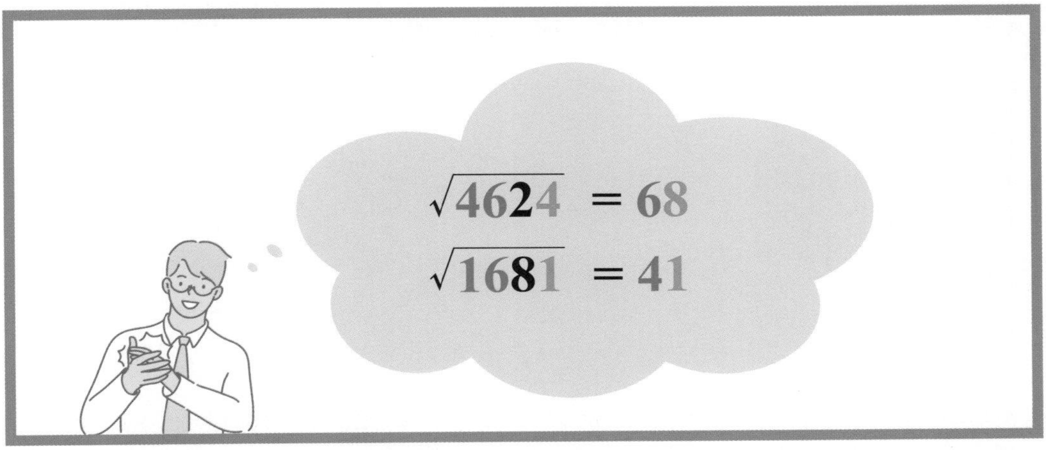

4624는 무엇의 제곱일까요? 46 이하인 가장 큰 완전제곱이 6제곱이니 앞자리는 6 뒷자리는 2 아니면 8인데 46이 6 × 7 = 42보다 크니 큰 쪽인 8을 택합니다. 그래서 4624는 68의 제곱입니다.

연습 한 번 더 해볼까요? 1681은 무엇의 제곱일까요? 16 이하의 가장 큰 완전제곱은 4제곱이니 앞자리 4입니다. 뒷자리는 1 아니면 9인데 16이 4, 5, 20보다 작으니 작은 수인 1입니다. 그래서 1681은 41의 제곱입니다.

(1) 천의 자리와 백의 자리 두 자리 X를 보고, 십의 자리 A를 결정한다.

(2) 일의 자리 Y를 보고, 일의 자리 B를 둘 중의 하나로 결정한다. (5나 0일 때는 바로 결정)

(3) B 후보 둘 중에 A(A + 1)이 X보다 큰지 작은지를 보고 결정한다.

Let's Try

연습 해 볼까요?

㉠ $\sqrt{1369}$

기록 : 초

㉡ $\sqrt{6241}$

기록 : 초

㉢ $\sqrt{8649}$

기록 : 초

CHAPTER 1-8

미분을 활용한 근사 계산

유튜브 영상링크

1001의 세제곱근이 얼마일까요? 1000의 세제곱근이 10이니까 10보다 약간 큰 수일 것 같다는 감은 오는데, 정확한 값을 계산하려고 하면 쉬운 일이 아니겠죠. 미분을 활용하면 간단한 계산으로 소수점 다섯째 자리 정도까지 아주 근사한 값을 얻을 수 있습니다.

"$f(x) = x^{1/3}$ 위의 점 (1000, 10)에 접하는 접선 방정식을 구하시오."라는 문제를 한번 생각해 봅시다. 미분을 배우게 되면 어렵지 않게 풀 수 있는 문제죠. (1000, 10)을 지나는 접선을 $y = a(x - 1000) + 10$이라고 하고, $x = 1000$일 때의 미분계수인 a를 구하면 되는 문제입니다.

도함수인 $f'(x)$을 구해보면 $(1/3)\, x^{-2/3}$이 되니까 $a = f'(1000) = (1/3)1000^{-2/3} = 1/300$이 되겠죠. 즉 접선 방정식은 $y = (1/300)(x - 1000) + 10$이 됩니다. 접선은 x가 1000 근처에서 실제 그래프와 오차가 매우 작기 때문에 x가 1001일때 접선에서의 y값이 얼마나 되는지를 구하면 실제 1001의 세제곱근의 값과 매우 유사하겠죠.

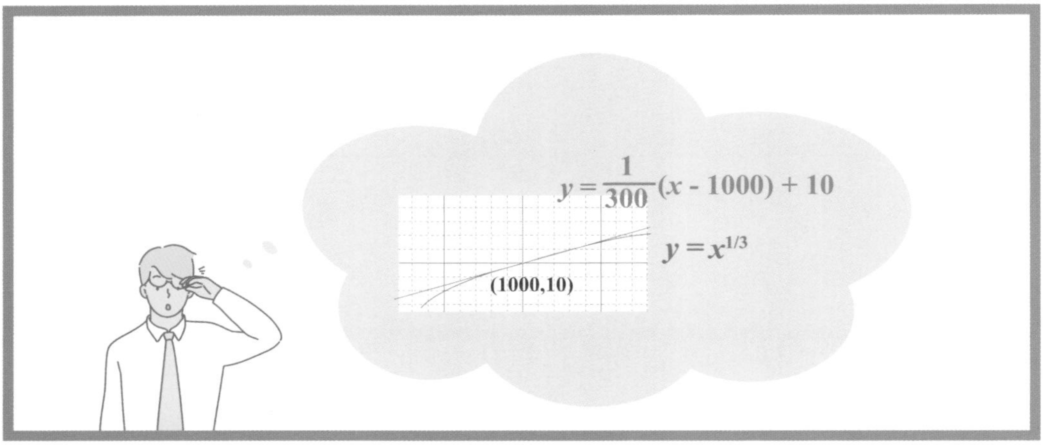

계산기로 1001의 세제곱근을 구해보면 10.003332 … 하고 나가는 무리수가 됩니다. 근삿값과 소수점 다섯 번째 자리까지 동일한 값이죠. 이렇게 계산기 없이 미분을 활용해 계산할 수 있습니다.

미분을 이용하면 사칙연산만으로도 복잡한 연산의 근삿값을 계산할 수 있습니다. 미분을 배우는 여러 가지 이유가 있지만, 이러한 계산상의 효용도 학습에 동기부여를 줄 수 있는 부분이 될 수 있겠죠.

CHAPTER
1-9

화씨를 섭씨로 간편하게

유튜브 영상링크

미국에선 화씨온도를 쓰죠? 체온이 108도를 넘어간다고 하면 얼마나 고열인지 감이 잘 오지 않습니다. 호텔 방의 온도를 섭씨 25도 정도로 설정하고 싶은데 화씨로 설정해야 해서 몇 도로 할지 감을 못 잡을 때, 머릿속으로 빨리 어림짐작할 방법이 있습니다.

먼저 산식을 한번 살펴볼까요? 화씨온도 x를 섭씨온도로 바꾸고 싶을 때, $(x - 32) \times \frac{5}{9}$라는 식을 통해 계산을 할 수 있습니다. 32를 빼고 $\frac{5}{9}$를 곱하면 되는 거죠.

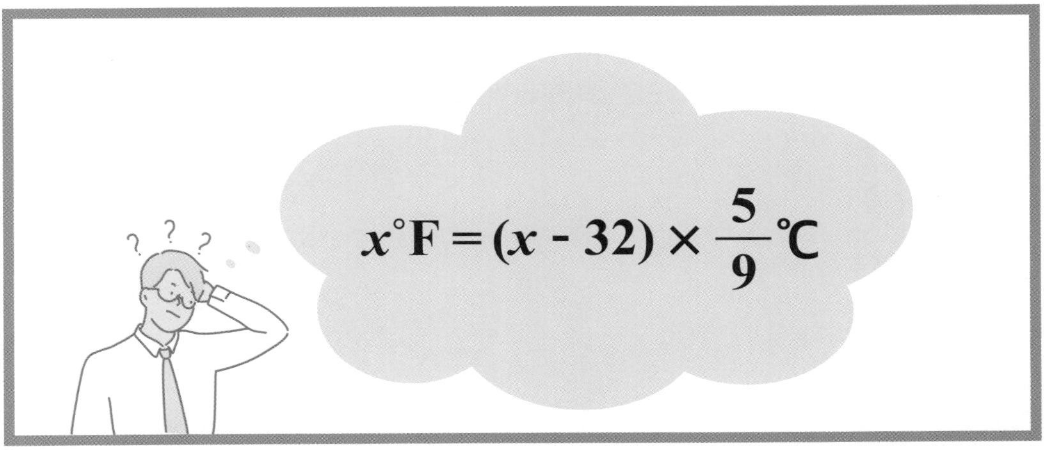

32를 빼는 건 어떻게 암산을 한다고 하더라도 $\frac{5}{9}$를 곱하는 것이 쉽지 않습니다. $\frac{5}{9}$를 잠깐 이렇게 풀어서 써 봅시다.

$$\frac{5}{9} = \frac{1}{2} \times \frac{10}{9}$$

그리고 이걸 소수 표현으로 고쳐보죠. 앞의 $\frac{1}{2}$은 절반이라 0.5가 되고, $\frac{10}{9}$은 1.11111 … 형태의 무한소수로 표현이 됩니다. 즉 반토막을 하고 나서, 10퍼센트 더하고 1퍼센트 더하고 0.1퍼센트 더하고 하면 된다는 말입니다.

반토막도 암산으로 비교적 쉽게 되고 10퍼센트, 1퍼센트도 암산이 가능합니다.

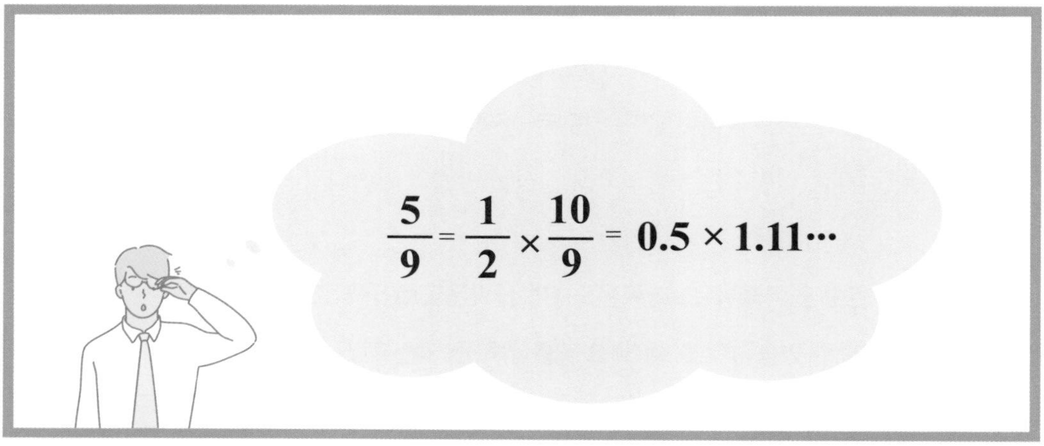

- **연습 한 번 해볼까요? 화씨 100도를 섭씨로 바꿔봅시다.**

1. 32 빼면 68
2. 68의 절반 취하면 34
3. 10% 더하면 34 + 3.4 = 37.4
4. 1% 더하면 37.4 + 0.34 = 37.74

여기까지 하면 37.7777 … 이라는 것이 암산됩니다.

정확한 값이 필요 없다면 좀 더 쉬운 방법도 있어요. 32를 빼고 $\frac{5}{9}$를 곱하는 것이 둘 다 숫자를 작게 만드는 연산이죠. 특정 수를 빼고 특정 비율로 할인합니다. 그럼, 숫자를 간단한 걸 쓰는데 뺄 때 덜 빼고 할인할 때 더 많이 할인하면 결국 비슷하지 않을까? 하는 생각을 해 볼 수 있습니다. 예를 들면 30을 빼고 $\frac{1}{2}$로 할인해 보는 거죠.

이렇게 하면 정확하진 않지만, 우리가 많이 쓰는 상온 온도에서는 오차가 크게 나지 않아서 대강 감 잡을 때 쓸 수 있습니다. 30 빼고 절반을 취하니 계산은 훨씬 쉽죠.

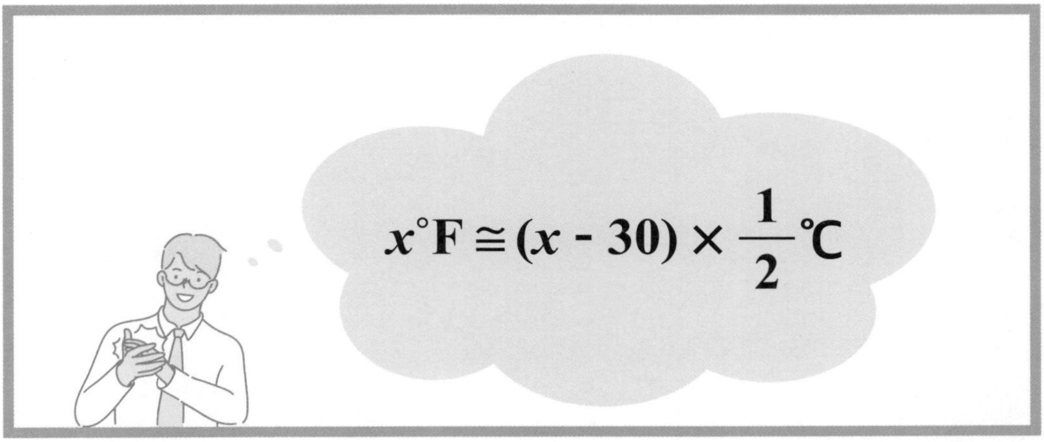

50°F는 10℃ 찬물 온도, 80°F는 26.67℃ 상온, 100°F는 37.78℃ 미열 상태, 이 정도 기억해 둔다면 더 효과적으로 계산할 수 있습니다.

math

Main Dish

chapter 2

궁금하지만 알기 어려웠던 "이름 있는" 상수들

CHAPTER 2-1

$i\,(\sqrt{-1})$는 왜 필요할까?

유튜브 영상링크

허수 i는 제곱해서 -1이 되는 수로 정의합니다. 하지만, i를 왜 배우는지 혹은 왜 i가 필요한지에 대한 설명 없이 일방적으로 새로운 수를 정의하는 건 학습 동기 부여에 좋지 않은 방법일 수 있겠죠. 제곱하면 항상 양수라고 알고 있었는데 제곱해서 음수가 되는 수도 있다는 걸 알게 되면 다음과 같은 의문이 생길 수도 있습니다.

'제곱해서 -1이 되는 수를 i라고 한다면, 제곱해서 i가 되는 수를 새로운 수 j라고 정의할 필요가 있지 않을까? 그리고 제곱해서 j가 되는 수를 k라고 정의할 수 있지 않을까?'

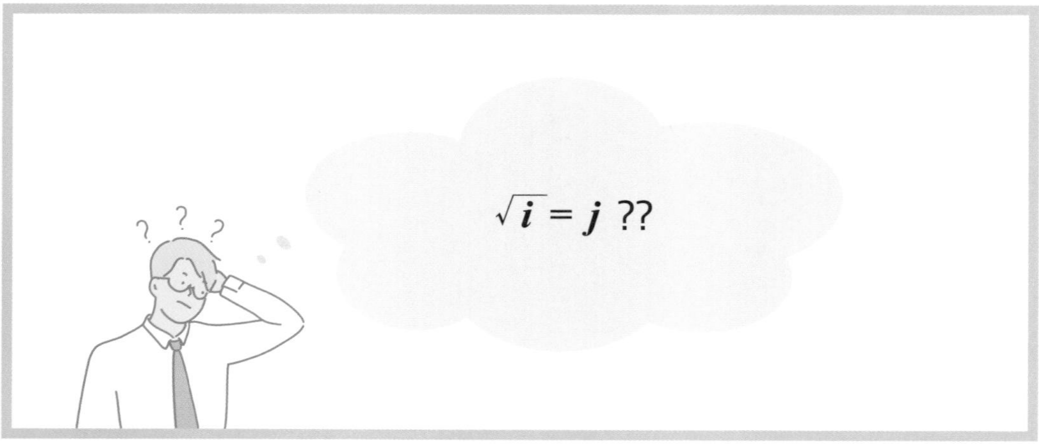

한 번이 어렵지 한 번 하고 나면 두 번 세 번 쉽잖아요? 이렇게 계속 새로운 수를 정의해 나가도 되지 않을까 하는 의문이 들 수 있겠죠. 그런데, 사실 그런 j나 k는 i처럼 별개로 정의할 필요가 없습니다. $\frac{\sqrt{2}}{2}(1+i)$라는 수를 제곱해 보면, i가 되어요. 그래서 제곱해서 i가 되는 수를 별도로 j 라고 정의하지 않고, 실수와 허수 i만을 활용해서 i의 제곱근을 충분히 표현할 수 있죠.

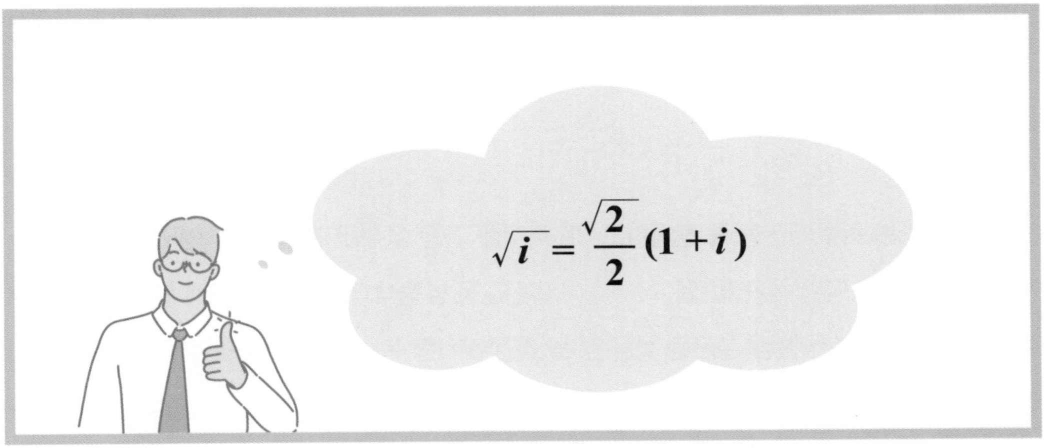

수학적인 관점에서 볼 때 "대수학의 기본정리"의 의미를 알게 되면 i의 개념이 왜 필요한지 왜 i를 배워야 하는지 동기부여가 될 수 있습니다.

대수학의 기본정리를 이해하기 위해 먼저 대수학이 뭔지 짚고 넘어가 보죠. 대수학은 방정식을 푸는 학문이라 할 수 있어요. 대수학에서 대는 큰 대(大)가 아닌 대신할 대(代)자죠. 특정 문자를 대신 사용해서 해를 찾는 방법을 말해줍니다. 쉬운 예를 들어 $x + 3 = 4$라고 쓴 방정식의 해를 $x = 1$이라고 찾는 방법을 상상할 수 있겠습니다. 덧셈, 뺄셈, 곱셈, 나눗셈 연산에 대해 배우고, 일차방정식, 문자가 두 개 이상인 일차방정식, 이차방정식, 인수분해 등이 문자로 나타낸 식에서 문자의 값을 찾는 방법에 대한 내용입니다.

그런데 방정식의 해를 찾기 위해서는 먼저 해가 있는지 없는지, 있다면 몇 개나 있는지에 대한 정보를 먼저 알아야 합니다. 해가 있지도 않다면 찾는 게 의미가 없을 수 있고, 해가 여러 개 있다면 하나를 찾아도 작업이 끝난 것이 아니니까요.

일차방정식에서는 항상 해가 있었는데, 이차방정식이 되니 해가 없는 경우들이 생깁니다. 허수를 접하기 전까지는 $x^2 + 1 = 0$ 같은 방정식에 해가 없다고 배우게 되죠. 해의 유무를 파악하기 위해서 $b^2 - 4ac$라는 판별식도 등장합니다. 2차 방정식은 판별식으로 알 수 있다 해도 고차방정식의 해가 있는지 없는지, 있다면 몇 개나 있을 지를 쉽게 알 수 없다는 것이 불편할 수 있겠죠.

그런데 i라는 허수의 존재를 정의하고, 수 체계를 기존 실수체계에서 한 차원을 더해 복소수 체계로 확장하게 되면 해가 없었던 $x^2 + 1 = 0$과 같은 방정식의 해가 존재하게 됩니다. 실수 계수의 일차방정식에서 항상 실근을 찾을 수 있었던 것처럼 복소수 계수의 이차방정식에서도 항상 복소수근을 두 개 찾을 수 있게 됩니다. 삼차방정식과 사차방정식의 근은 어떨까요? 복소수 계수의 삼차방정식은 복소수 범위 내에서 항상 3개의 해, 4개의 해를 찾을 수 있을까요? 대수학의 기본정리는 바로 이 질문에 대한 해답을 주고 있습니다.

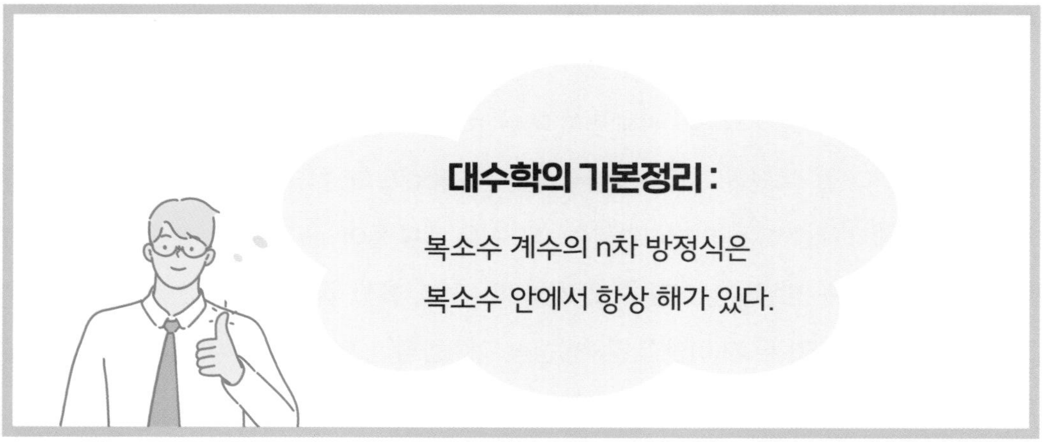

이 정리를 진리로 받아들인다면 주어진 n차 방정식에 항상 어떠한 복소수해 z_1이 있습니다. 그러면 이 n차 방정식이 $(x - z_1)$을 인수로 가진다는 말이기 때문에 $(x - z_1)$이라는 일차항과 $n - 1$차 식으로 인수분해 할 수 있습니다. 그럼, 이 $n - 1$차식을 0으로 만드는 방정식 역시 대수학의 기본정리에 의해 복소수 해가 있고, 그래서 연쇄적으로 $(x - z_1)(x - z_2) \cdots (x - z_n)$ 이렇게 n개의 1차항으로 원래의 n차식이 인수분해 될 수 있습니다. 실수체계만 가지고는 2차 방정식만 해도 인수분해가 안되는 경우들이 있는 데 비해, 복소수 체계에서는 어떠한 n차 방정식도 n개의 인수로 인수분해가 된다는 의미죠.

따라서 $\sqrt{i}$ 같은 수를 새롭게 j와 같은 수로 정의할 필요가 없다는 사실도 이해할 수 있습니다. $\sqrt{i}$ 라는 건 제곱해서 i가 되는 수이기 때문에 $x^2 = i$이라는 2차 방정식의 근이라고 볼 수 있어요. $x^2 - i = 0$이라는 복소수 계수의 2차 방정식의 해가 있다는 말을 대수학의 기본정리가 해주고 있습니다. 그래서 제곱하면 i가 되는 수를 별도로 다른 문자 j 등을 사용해 정의할 필요가 없습니다. 수 체계를 복소수까지 확장하고 나면 고차방정식을 푸는데 있어 새로운 수 체계가 필요하지 않은 것이죠. 우리가 실수만 가지고 놀 때에 비해 만족스러운 결과를 얻게 됩니다. 어떠한 고차방정식이 나오더라도 그 방정식의 해가 반드시 있는 것이 보장이 되는 것이죠.

그럼, 이 대수학의 기본정리는 어떻게 믿느냐 하는 문제가 남습니다. 참이라는 증명을 보고, 그게 납득이 되면 믿을 수 있겠죠. 그 증명을 이해하기 위해 1) 복소평면, 2) 복소평면 상에서 복소수끼리 곱하는 것의 기하학적인 의미, 3) 정의역과 공역이 복소수인 함수의 기하학적인 의미를 이해할 필요가 있습니다.

(1) 복소평면

우리가 실수를 표현할 때는 보통 수직선을 그려 점을 찍고 a라고 합니다. 그리고 2차원상에 좌표를 표현할 때는 평면을 그려 (a, b)라고 표현하죠. 복소수 $a + bi$는 실수부 a와 허수부 b로 나눠지기 때문에 이 복소수를 표현하려면 수직선이 아닌 (a, b)라는 2차원 좌표로 표현합니다. 2차원 평면상의 한 점 한 점이 복소수 하나를 의미하게 되는 것이죠. x축에 있는 점들이 실수가 되고, 원점이 0을 의미하며, $(0, 1)$ 같은 점이 i를 의미합니다. 이렇게 복소수를 평면에 대응하여 나타낸 것을 복소평면이라고 합니다.

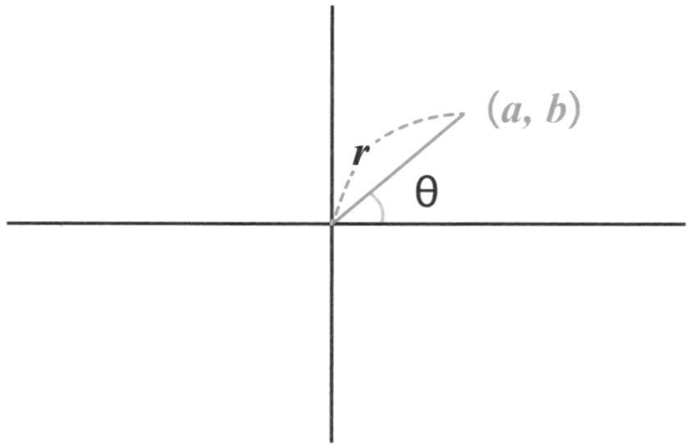

(2) 복소평면 상에서 복소수의 곱

복소수 $a + bi$를 (a, b)와 같은 직교좌표로 나타낼 수도 있지만, 원점부터의 거리인 $r = \sqrt{a^2 + b^2}$과 x축으로부터 올라간 $\theta = \tan^{-1}(\frac{b}{a})$로 나타낼 수도 있어요. (a, b)를 알면 (r, θ)를 알 수 있고, 반대로 (r, θ)를 알면 (a, b)를 알 수 있죠.

두 복소수 $a + bi$와 $c + di$를 곱하면 실수부가 $ac - bd$, 허수부는 $(ad + bc)i$가 됩니다. $a + bi$의 극좌표를 (r_1, θ_1), $c + di$의 극좌표를 (r_2, θ_2)라고 하면 $(ac - bd) + (ad + bc)i$의 극좌표는 $(r_1r_2, \theta_1+\theta_2)$로 표현됩니다. 그래서 두 복소수를 곱한 것을 원점으로부터의 거리는 거리끼리 곱하고, x축으로부터의 동경은 동경끼리 더하는 것으로 기하학적 의미를 이해할 수 있습니다.

예를 들어, $x^2 = i$라는 방정식의 해 중 하나가 $\frac{(1+i)}{\sqrt{2}}$로 나온 이유도 어떤 복소수를 자기 자신과 곱해서 반지름이 1이고 동경이 90°가 나오려면, 그 복소수의 원점으로부터의 거리 r은 $r^2 = 1$이니 $r = 1$이어야 할 것이고, 동경은 두 배해서 90°가 나와야하니 45°(혹은 225°)가 되어야 할 것입니다. 단위원상 45°에 있는 지점을 보면 $(\frac{1}{\sqrt{2}}, \frac{1}{\sqrt{2}})$이므로 $\frac{(1+i)}{\sqrt{2}}$가 제곱해서 i가 되는 것이죠. 비슷하게 반대쪽에 있는 $\frac{-(1+i)}{\sqrt{2}}$도 제곱하면 i가 되겠죠.

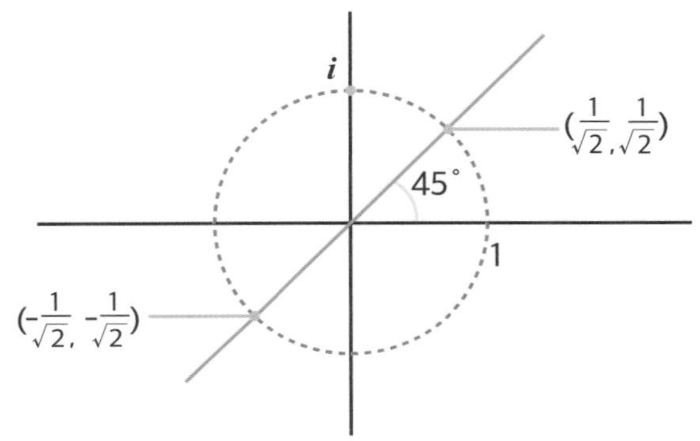

(3) 정의역과 공역이 복소수인 함수

$y = f(x)$라는 함수를 실수에서 실수로 가는 함수라고 한다면, 그림처럼 정의역에서 치역으로 가는 화살표 그림으로 표현합니다. 정의역도 실수 집합이고 공역도 실수 집합이면 정의역을 x축, 공역을 y축으로 놓은 좌표평면에 함수를 그래프로 그리기도 하죠.

방정식의 해를 알기 위해 이렇게 함수를 그려보는 것이 도움이 됩니다. $x^2 - 1 = 0$의 두 근을 구하라는 말과 $y = x^2 - 1$이라는 함수가 x축과 만나는 점을 구하라는 말이 같은 말이기 때문에, 함수 그래프를 그려서 x축과 만나는 점 두 개를 보고 두 근이 있다고 얘길 하기도 합니다. $y = x^2 + 1$이라는 함수는 x축과 만나는 점이 없으니 $x^2 + 1 = 0$이라는 방정식에 실근이 없다고 얘길 하기도 하죠.

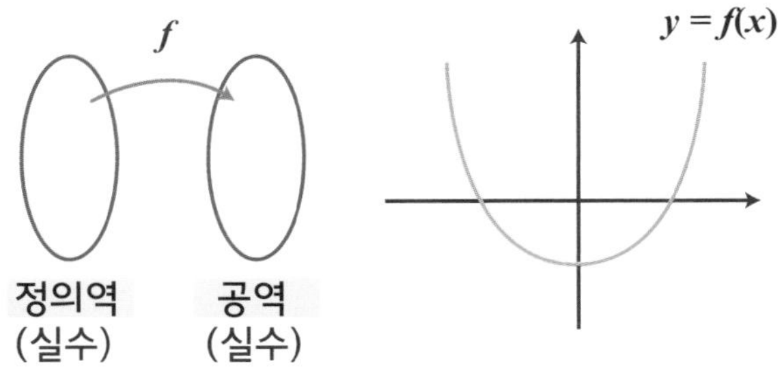

그런데 복소수에서 복소수로 가는 함수는 정의역 자체가 수직선이 아닌 평면이 되기 때문에 하나의 공간에 시각적인 표현을 하기 어렵습니다. 평면에서 평면으로 가는 함수이므로 시각화하기 위해서는 4차원이 필요하기 때문이죠. 그래서 정의역에서 함수로 화살표 그림을 가져와 이해해 봅시다. 좌표평면의 한 점에서 다른 한 점으로 이동하는 형태의 함수로 이해해 보죠.

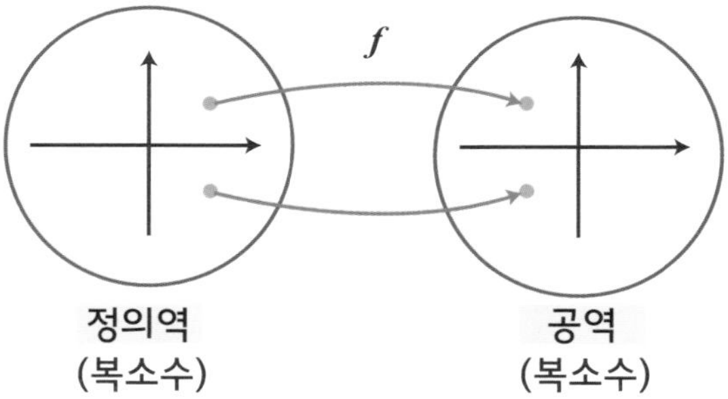

예를 들어서 3차 방정식 $x^3 + 10ix^2 + (1 + i)x + (-1 - i) = 0$의 근을 알고 싶다고 해 봅시다. 함수 형태로 바꾸어보면 방정식의 좌변을 $f(x) = x^3 + 10ix^2 + (1 + i)x + (-1 - i)$이라 하고, x가 무엇일 때 $f(x) = 0$이 되는지를 알고 싶다고 해 보죠.

정의역 복소평면에 있는 점들을 이 3차 함수에 넣으면 공역 복소평면에 있는 어떤 다른 점이 됩니다. 함수 $f(x)$에 $x = 0$을 넣으면 $-1 - i$가 나올 거예요. 그걸 좌표평면에서 좌표평면으로 가는 함수로 이해해 보면 왼쪽 정의역 평면에 있는 $(0, 0)$이 오른쪽 공역 평면의 $(-1, -1)$로 가는 그림입니다. 이렇게 평면에 있는 어떤 점을 넣으면 다른 어떤 평면에 있는 점으로 가는 그림에서 방정식의 해를 구한다는 개념은 과연 정의역 복소평면의 어떤 점이 공역 복소평면의 **원점**으로 갈 것이냐는 질문이라고 이해할 수 있습니다.

여기서부터 흥미로운 얘기가 시작됩니다. 정의역에서 0을 중심으로 원을 한번 쭉 그려보면서, 이 원 위에 있는 점들이 이 3차 함수에 의해 어디로 갈지를 상상해 봅시다. 반지름이 아주 큰 원과 반지름이 아주 작은 원 두 개를 잡아볼 거예요.

먼저 반지름이 100인 큰 원을 정의역에서 상상해 보고, 이 원 위를 한바퀴 돌면서 원 위에 있는 점들이 삼차함수 $f(x)$에 의해 어떤 점들로 가는지 그 궤적을 상상해 봅시다. 시작점을 100이라고 해 보죠. 3차항만 먼저 본다면 시작점인 100에 세제곱을 하면 100만입니다. x축상에 있는 $(1000000, 0)$이죠. 그리고 정의역에서 쭉 원을 따라 90° 돌아서 y축상의 $100i$, 즉 $(0, 100)$까지 가게 되면 매핑되는 점은 $100i$에 3승을 한 것이니까 반지름은 여전히 100을 세 번 곱해서 100만이 유지될 거고 동경은 90°의 세 배인 270°까지 회전하게 됩니다. 한바퀴를 마저 끝까지 돌면 공역의 복소평면상에서 반지름이 100만인 원을 세 바퀴를 돌게 됩니다.

2차항인 $10ix^2$은 어떨까요? 처음에는 $x = 100$에서 시작하니 10만 i 라는 점, 즉 $(0, 10만)$에서 시작합니다. 반지름이 10만이면서 동경이 90°인 점일 거예요. x가 90° 돌면, 시작한 점에서 90°의 두 배인 180°를 돌게 됩니다. 그리고 x가 마저 한바퀴를 돌면 두 바퀴를 돌아 원래 위치인 10만 i에 돌아올 거예요. 3차항에 비하면 반지름이 1/10만큼 작은 원을 돌게 됩니다.

1차항인 $(1 + i)x$는 반지름이 $100\sqrt{2}$ 짜리 원을 45°에서 시작해서 한바퀴 돌 것이고, 상수항인 $-1 - i$는 x가 한바퀴 돌 동안 그 자리에 그대로 있겠죠. 이제 3차, 2차, 1차, 상수항들을 다 더한 함수값이 어떤 궤적을 그릴지 합해서 생각해 보죠.

3차항은 반지름이 100만인 원을 세 바퀴 돌고, 2차항은 반지름이 10만, 1차항과 상수항은 그에 비하면 보잘 것 없는 정도입니다. 시작은 (1000000(백만), 100000(십만))에서 시작합니다. 사실상 (1000000, 0) 근처값이죠. 정의역에서 x값이 한바퀴를 도는 동안 공역에서 $f(x)$는 사실상 100만을 반지름으로 하는 원을 세 바퀴를 도는데, 도는 와중에 정확히 원이 아니라 원에서 조금 이탈한 점들을 휘청대며 도는 궤적을 그릴 거예요. 2차항, 1차항, 상수항이 약간 이탈한 정도가 얼마일지를 결정하는 그런 그림입니다.

애초에 원이 조금 더 컸다면 어떨까요? 정의역에서 1000에서 시작해 한 바퀴를 돈다고 해 봅시다. 그럼, 공역에서는 1000의 세제곱인 십억을 반지름으로 해서 세 바퀴를 크게 도는 그림일 것이고, 2차항, 1차항, 상수항이 기여하는 일탈의 정도는 상대적으로 더 보잘 것이 없어집니다. 줌 아웃을 해서 10억 반지름으로 큰 그림을 보면 사실상 10억짜리 원 세 바퀴 도는 것과 거의 같은 모습일 겁니다.

$$x^3 + 10ix^2 + (1 + i)x + (-1 - i) = 0$$

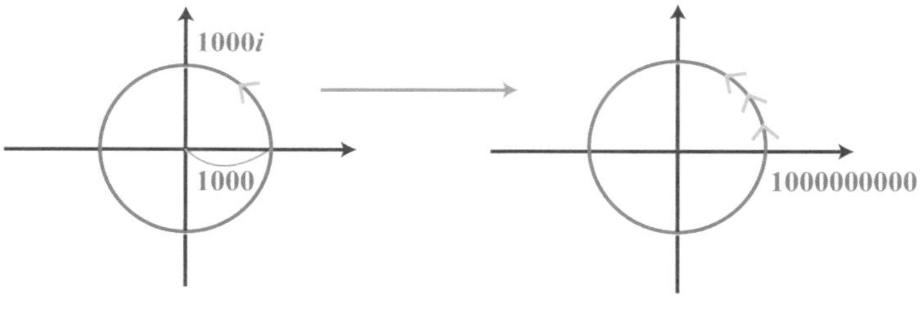

이 그림을 기억해 두고, 이번엔 미시 세계로 가보겠습니다. 정의역에서 반지름을 0.01로 작게 잡아서 한바퀴 돌아보겠습니다. 그럼 이번엔 반대로 3차항, 2차항이 보잘 것 없어지고 상수항, 1차항이 상대적으로 큰 역할을 하게 됩니다. 0.01에 세제곱을 하게 되면 반지름이 0.000001이 되어서, 작디작은 원을 세 바퀴 도는 그림이 나오고, 2차항은 그것보다는 크지만 0.0001의 10배인 0.001을 반지름으로 해서 90° 동경에서 시작해 두 바퀴 도는 그림이 나옵니다. 1차항도 0.01에 $\sqrt{2}$ 곱한 만큼을 반지름으로 해서 한바퀴 돌 거예요. 상수항인 $-1-i$에 비하면 다 아주 작은 값들이죠. 그래서 정의역에서 원점을 중심으로 아주 작은 원을 한바퀴 돌게 되면 이번엔 공역에서 상수항인 (-1, -1) 주변에서만 왔다 갔다 하는 어떤 궤적을 그리며 움직일 거예요.

$$x^3 + 10ix^2 + (1+i)x + (-1-i) = 0$$

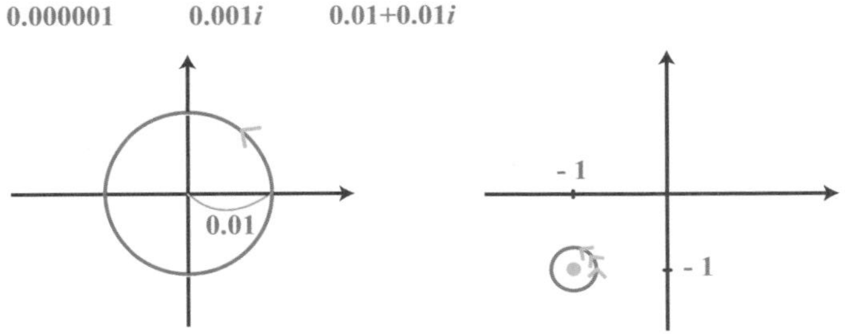

이 큰 원과 작은 원 두 그림을 기억하고, 방정식의 해를 찾는다는 의미를 다시 기억해 봅시다. 바로 공역에 있는 0으로 매핑이 되는 점이 정의역에 있느냐 하는 문제였죠. 정의역에서 반지름 100짜리 큰 원을 반지름을 점점 줄여가며 0.01까지 줄여본다고 상상해 볼게요.

그럼, 공역에서의 궤적 변화는 100만짜리 원을 세 바퀴 돌던 궤적이 점점 연속적으로 줄어들어서 (-1, -1) 주변을 도는 궤적으로 변화할 것입니다. 연속적으로 변할 것이므로 중간 어딘가에서는 원점을 언젠가 터치하는 시점이 반드시 존재할 수밖에 없겠죠. 그 의미를 잘 해석해 보면 함수값을 0 으로 만드는 점이 정의역에 반드시 하나 존재할 수밖에 없다는 말입니다.

$$x^3 + 10ix^2 + (1 + i)x + (-1 -i) = 0$$

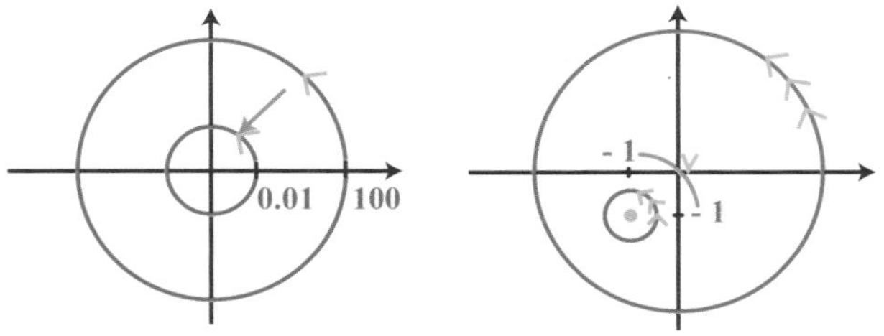

이해를 돕기 위해 특정 3차 함수의 예시를 들긴 했지만, 같은 이야기를 일반적인 n차 방정식에 대해서 할 수 있습니다. 주어진 계수에 따라서 충분히 큰 반지름이 100보다 클 수 있고 충분히 작은 반지름이 0.01보다 작을 수 있지만, 큰 반지름에서 원점을 안에 놓고 원을 n 바퀴 도는 그림으로 작은 반지름에서는 한 점 주변의 궤적인 그림을 그리도록 할 수 있겠죠.

정리해 보면 일반적인 경우에도 반드시 함수를 0으로 만드는 점이 정의역에 존재한다는 의미이고, 이를 방정식의 해의 관점으로 이해하면 복소수 계수의 n차 방정식에는 복소수해가 반드시 존재한다는 대수학의 기본정리가 됩니다. 그리고 그것이 바로 복소수 수 체계에 완결성이 있는 하나의 이유가 됩니다.

CHAPTER 2-2

로그를 배우는 이유

유튜브 영상링크

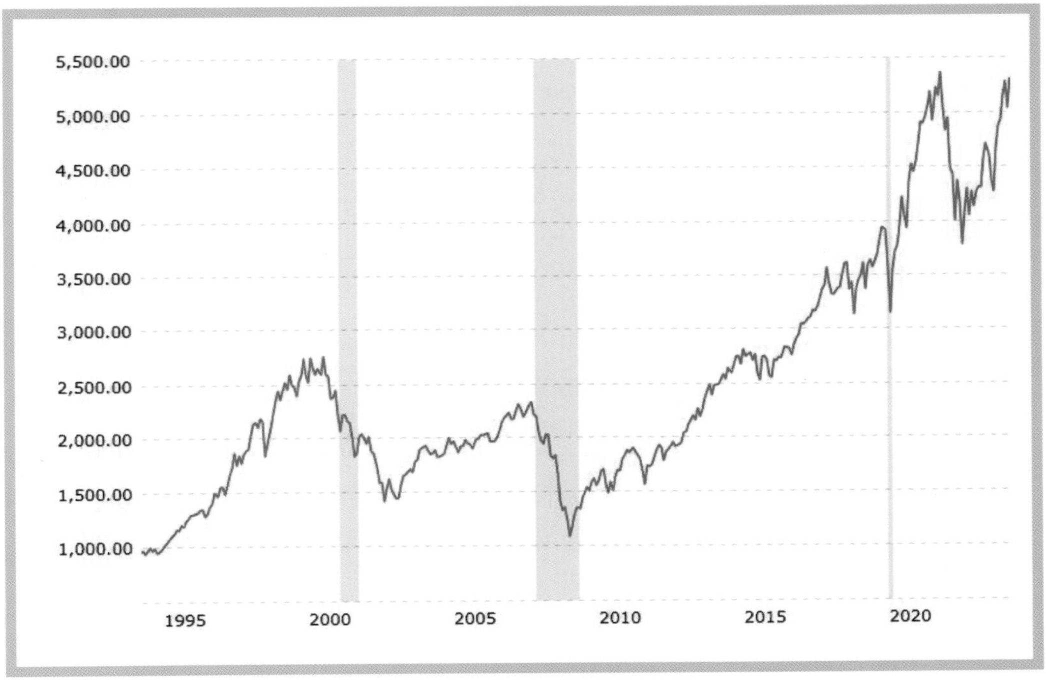

S&P500 30년 그래프

이 그래프는 지난 30년간 미국의 증시 지수인 S&P500을 나타낸 그래프입니다. y축 눈금을 보면 1,000에서 시작해 5,000 가까이 5배 정도가 올랐습니다. 특히 2010년대 이후로 증가 속도가 대폭 커진 것처럼 보이기도 합니다. 실제로 2010년 이후의 증가 속도가 훨씬 컸을까요?

S&P500 100년 그래프

조금 더 길게 100년의 그래프를 보면 1920년대부터 1970년대까지는 바닥에 깔려있어 비교적 평탄하게 보이는데 70년대 이후로 급격하게 그래프가 거칠어진 것을 볼 수 있습니다. 그렇다면 정말로 1970년대 이전의 증시 지수는 평탄하게 증가했을까요?

질문에서 이미 눈치 채셨겠지만 실제로는 그렇지 않습니다. 연도별 등락률을 보면, 한 해에 30% 이상씩 왔다 갔다 한 구간이 있고 오히려 요즘의 변동 폭보다 과거의 변동 폭이 더 컸던 것을 알 수 있습니다. 단순히 그래프만 봐서는 왜 알기 어려울까요?

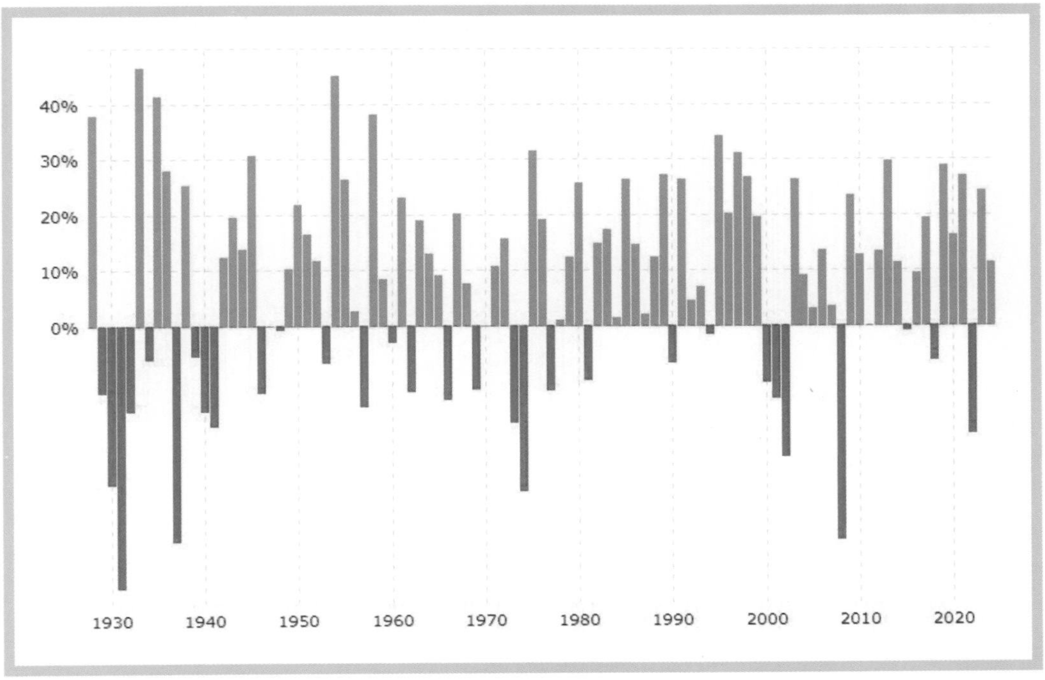

연도별 등락률 차트

첫 번째 그림에서 세로축의 한 칸은 500입니다. 500에서 시작하면 1,000이 되어 한 칸이 올라가고 1,000에서 시작하면 2,000이 되어 두 칸이 올라갑니다. 하지만 두 경우는 똑같이 2배가 성장한 경우라 상승률이 같죠. 동일한 상승률인데 시각적으로는 후자가 더 가파르게 오른 것처럼 보입니다. 즉 우리가 체감하는 등락률 변동성이라고 하는 것은 비율을 곱하는 것, 즉 곱하기 나누기의 개념으로 인지가 되지만, 그래프에서 시각적으로 인지될 때는 특정 수를 더하고 빼는 것으로 인지가 되는 차이가 있기 때문입니다.

실제로 2010년 이전 지수가 1,000에서 2,000까지 2배가 되기까지 5년 정도 걸렸고, 2,000에서 4,000은 5년이 더 걸렸습니다. 사실 상승 속도는 1,000에서 2,000까지의 속도가 더 빨랐던 거죠. 그런데 시각적으로는 2,000에서 4,000으로 가는 속도가 더 빠른 것처럼 오해할 수 있습니다.

이러한 착시현상을 해소하려면 y축 눈금 간격에 로그스케일을 적용하면 됩니다.

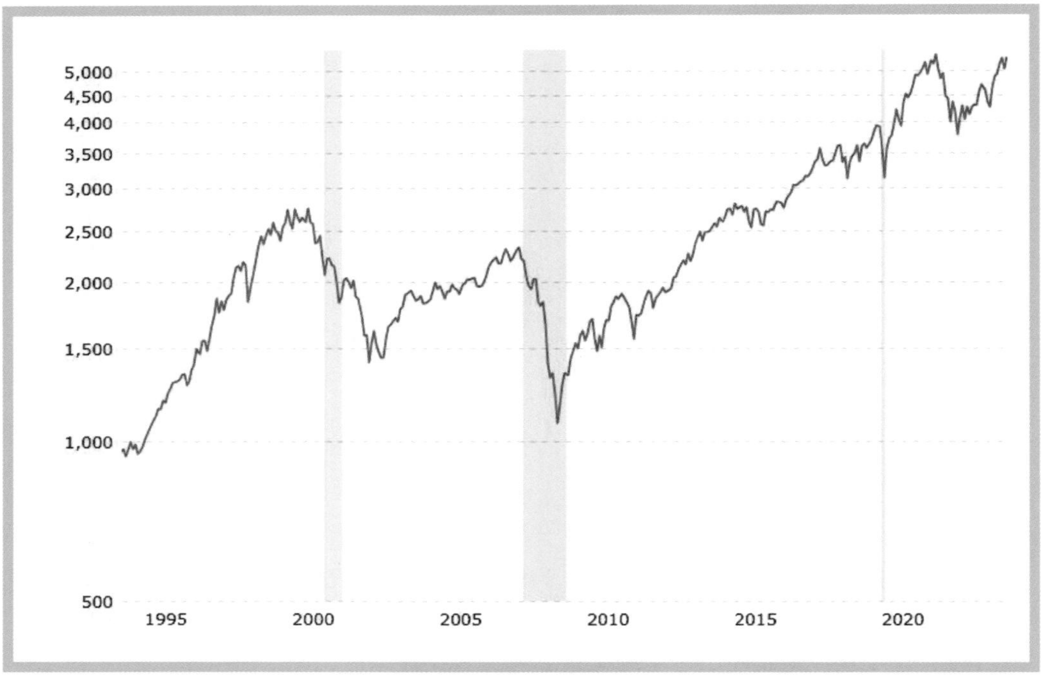

로그스케일 30년 그래프

똑같은 30년 그래프를 로그스케일로 보면 이런 그래프를 얻습니다. y축 눈금은 여전히 한 칸에 500이긴 하지만 위로 갈수록 그 간격이 좁아집니다. 500에서 1,000까지의 거리가 1,000에서 2,000까지의 거리, 그리고 2,000에서 4,000까지의 거리와 같게 조정이 되었습니다. 이제 2,000에서 4,000으로 가는 속도가 전처럼 더 가파르게 보이지 않습니다. 앞부분이 더 평탄해 보이는 현상도 사라졌습니다.

로그스케일 100년 그래프

보다 긴 기간 100년을 로그스케일로 볼 수도 있습니다. 10에서 100, 100에서 1,000이 다 같은 간격이죠. 그리고 실제 그 당시에 있었던 등락을 객관적으로 관찰할 수 있습니다. 1930년대 대공황으로 인한 낙폭이 2008년 금융위기보다도 컸던 것도 눈에 띄죠.

비단 주가 지수뿐만이 아니라 우리가 실생활에서 주로 활용하는 대부분의 숫자들은 특정 숫자를 더하고 빼서 나오는 숫자이기보다는 몇 배 곱해지거나 나눠서 나오는 숫자들이 많습니다. 내 연봉이 천만 원 늘었다고 얘길 해도 틀린 말은 아니지만, 내 연봉이 3천이면 많이 늘어난 반면, 기존 연봉이 3억이면 상대적으로 조금 늘어난 것이죠. 그래서 연봉이 천만 원이 늘었다는 말이 틀린 말은 아니지만, 연봉이 몇 퍼센트 올랐다는 것으로 논하는 것이 많이 올랐다, 적게 올랐다, 혹은 평가를 잘 받았다, 못 받았다, 혹은 만족한다, 불만족한다는 얘길 하기에 더 적절한 개념이겠죠.

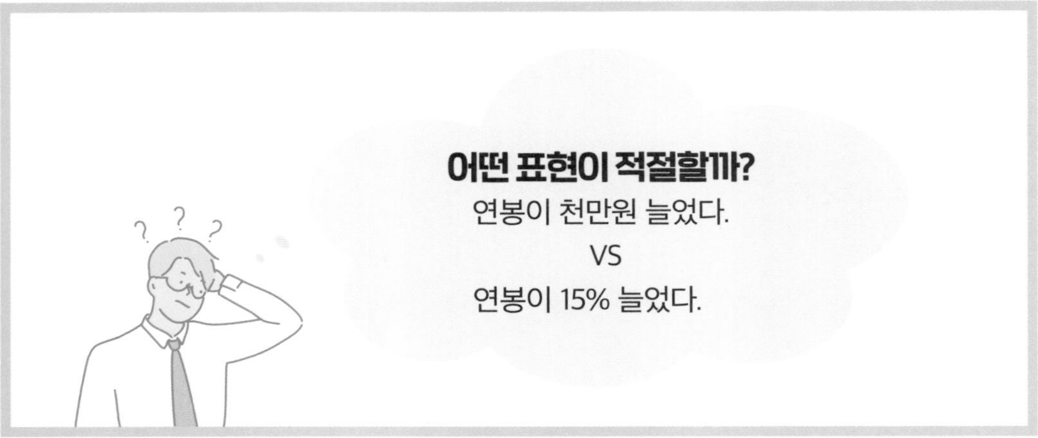

증감 혹은 변화에 관해 이야기할 때, 절대적인 값의 차이로 이야기하는 것과 상대적인 비율의 변화로 이야기하는 것에 큰 차이가 없는 경우들이 많습니다. 1,000에서 900이 되거나 1,100이 되거나 하는 절댓값 100의 변화는 비율로는 9/10배와 11/10배의 차이로 역수 관계에서 크게 차이 나지 않는 수치입니다. 9/10의 역수인 10/9과 11/10은 차이가 크지 않죠. 하지만 이 차이가 절댓값 500의 차이가 되어 500이 되거나 1,500이 되거나 하는 변화라면 비율적으로는 1/2배와 3/2배의 차이로 1/2의 역수인 2와 3/2에는 제법 큰 차이가 나게 됩니다. 실제로 1/2배가 되는 것과 동등한 변화는 많은 경우 3/2배가 되는 것보다는 2배가 되는 경우들이 많죠.

변화를 설명하는 데 있어 덧셈과 뺄셈 연산을 통한 설명이 자연스러운 개념과 곱셈과 나눗셈 연산을 통한 설명이 자연스러운 개념들이 있을 텐데, 우리 생활 주변에서 접하는 많은 숫자는 사실 곱셈과 나눗셈 연산을 통한 설명이 자연스러운 개념들이 많다는 얘기입니다. 우리가 일상에서 접하는 랜덤한 숫자 중 50% 가까이가 1이나 2로 시작하는 수라는 벤포드 법칙도 이와 관련이 있습니다. 덧셈과 뺄셈 연산이 자연스러운 개념들로 세상이 이루어져 있으면 1이나 2로 시작하는 수는 1~9까지 9개 중의 2개 정도로 20% 수준이어야 할 것 같지만, 실제로는 50% 가량이 1이나 2로 시작합니다.

코스피 200종목들의 현재 가격들을 살펴보거나 국가별 GDP나 인구 통계를 살펴보아도 상당히 높은 비율의 숫자들에 대해 앞자리가 1 아니면 2라는 사실을 관찰할 수 있습니다. 2의 거듭제곱을 10개 써 봐도, 2, 4, 8, 16, 32, 64, 128, 256, 512, 1024와 같이 1로 시작하는 수가 3개, 2로 시작하는 수가 2개로 전체의 절반을 차지합니다.

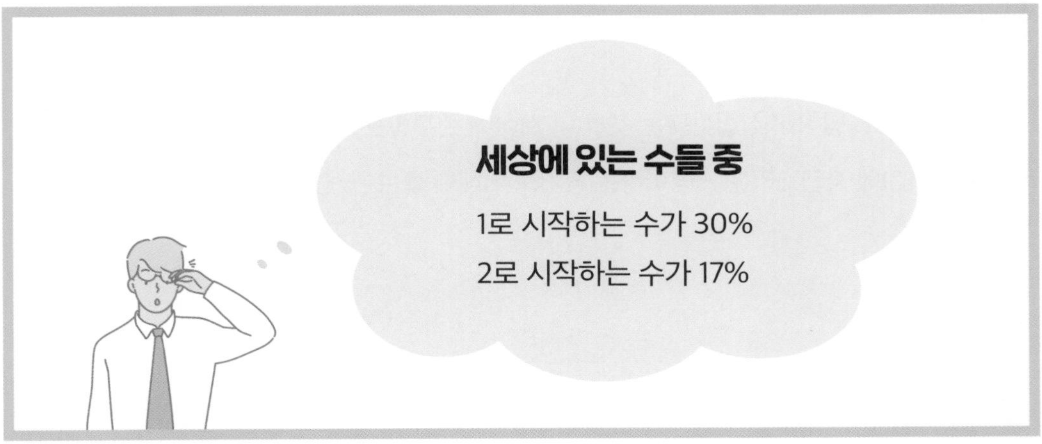

앞자리가 1로 시작하는 것이 30% 가량, 2로 시작하는 것이 17% 가량 되는데, 이는 밑을 10으로 하는 상용로그 2 값이 대략 0.30이고, (상용로그 3) - (상용로그 2) 값이 대략 0.17인 것과 관련이 있습니다. 이런 성질을 벤포드 법칙이라 하고, 이를 이용해 회계상의 부정을 체크하는 것에 활용하기도 합니다. 1이나 2로 시작하는 숫자의 비율이 적으면 누군가 일부러 장부를 조작했을 가능성이 크다는 거죠.

어떤 수가 곱셈연산을 통해서 형성된 수라고 생각해 봅시다. 몇 배 곱해지거나 몇 배 나눠지거나 하면서 자연스러운 곱셈·나눗셈 연산으로 형성된 수라고 생각해 보면 이 벤포드 법칙이 성립하는 것도 자연스럽게 이해할 수 있습니다.

랜덤한 수들을 무작위로 곱한 결괏값에 상용로그를 취한 것을 생각해 보면, 랜덤한 로그값들을 더한 것과 같으니, 소수부분이 0부터 1 사이 어디에 있어도 이상하지 않을 것으로 생각할 수 있습니다. 그래서 이 가수가 0부터 0.3010(=상용로그 2) 사이에 존재하면 원래의 값이 1로 시작한다는 의미고, 이 가수가 0.3010부터 0.4771(=상용로그 3) 사이에 존재하면 원래의 값이 2로 시작한다는 의미죠.

따라서 벤포드 법칙이 성립한다는 것을 이 세상에 존재하는 수들이 곱셈 나눗셈 연산으로 변화를 설명하기에 자연스러운 개념이라는 증거로 이해해 볼 수 있습니다.

CHAPTER 2-3

자연상수 e의 두가지 다른 정의

유튜브 영상링크

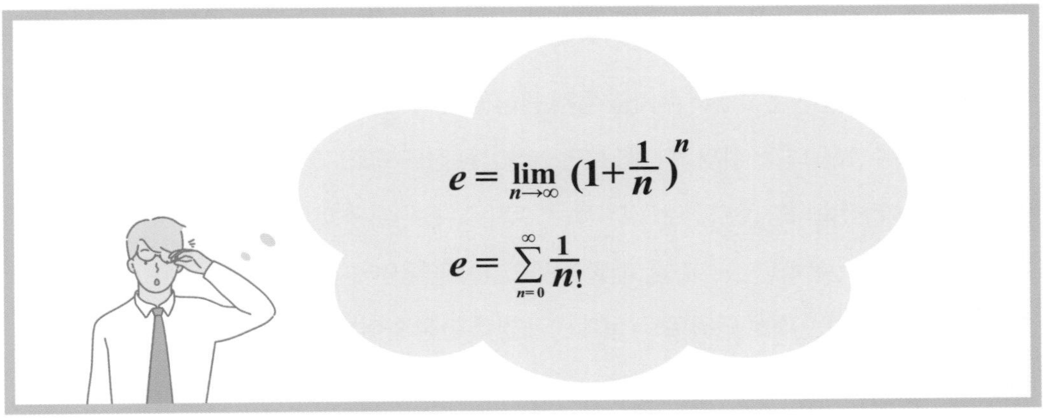

자연상수 e라고 하면 보통 첫 번째 정의로 배우는 경우가 많습니다. 첫 번째 정의를 사용하면 두 번째 식은 e의 성질이 될 것입니다. 반대로 두 번째 식으로 e를 정의해도 괜찮습니다. 그렇다면 이번엔 첫 번째 식이 e의 성질이 될 수 있겠죠. 정의하는 방법은 한 가지로 정해져 있지 않지만, 하나의 정의 방식을 택했을 때 다른 정의 방식이 성질로써 왜 같은 값이 되는지에 대한 이해는 어떤 정의를 사용하건 필요한 과정이라 할 수 있습니다.

원주율 π는 우리가 유아 때부터 인지하기 시작하는 원이라는 도형에 대해 둘레나 넓이의 개념을 접하면서 처음 등장하게 됩니다. 따라서 기하학적인 개념으로 이 상수를 인지하는 것이 보통의 경우입니다. 하지만 자연상수 e의 개념은 변화에 대한 개념에서 등장하는 상수이기 때문에 미적분학과 같이 변화를 이야기하는 고등수학에서 처음 그 개념이 인지됩니다.

은행에서 이자 받는 개념에 비유해 보죠. 맡긴 돈에 대해 1년 동안 이자를 100%를 준다고 했을 때 만 원을 맡기고 1년이 지나면 이자 1만 원을 더해 총 2만 원을 기대할 수 있습니다. 만약에 반년 만에 돈을 다시 찾으려고 하면 이자는 절반인 5천 원을 받을 수 있을 것입니다. 그런데 그 때 받은 만오천 원을 다시 원금으로 은행에 맡기고, 반년 뒤에 찾으면 1.5만 원에 1.5만 원의 50%를 더한 총 2.25만 원을 받을 수 있습니다. 아무것도 하지 않고 만 원을 그냥 은행에 예치한 것보다 더 이익이 되겠죠. 2.25를 수식으로 써보면 $\left(1+\frac{1}{2}\right)^2$이 될 겁니다.

만약 매달 은행을 방문하면서 주기를 짧게 원금을 늘려가면 이번엔 $\left(1+\frac{1}{12}\right)^{12}$이라는 금액을 1년 뒤에 찾을 수 있습니다. 실제 계산해 보면 26,000원 정도 되죠. 아까 받은 22,500원 보다 3,500원 정도가 더 커졌습니다. 한 달 보다 더 짧은 주기로 매주, 혹은 매일 반복하면 어떨까요? 계산을 해 보면 매주 반복하면 26,900원, 매일하면 27,140원을 얻을 수 있습니다. 이런 계산을 주기를 더 짧게 해서 매분·매초 단위로 더 잘게 쪼개면 무한정 늘어날까요?

실제 실험을 해 보면 아무리 잘게 쪼갠다고 해도 2.71828 ··· 이상으로 커지지는 않습니다. 이 극한값이 e의 첫 번째 정의에 해당하는 값이 됩니다. 변화에 관해 연구를 하다 보면 이 숫자를 활용해야 하는 경우들이 많고, 그래서 편의상 이 숫자에 e라는 이름이 붙은 거죠.

1년 동안 이자를 100% 준다고 했을때

ex) 1만 원을 맡기고 1년이 지나면
이자 1만 원을 더해 총 2만 원

1년 맡기는 기준

- 1만 원 → 1년 뒤 =2만 원
- 1만 원 → 반년 뒤 = 2.25만 원 $\left(1+\frac{1}{2}\right)^2$
- 1만 원 → 매달 = 2.6만 원 $\left(1+\frac{1}{12}\right)^{12}$
- 1만 원 → 매주 = 2.69만 원 $\left(1+\frac{1}{52}\right)^{52}$
- 1만 원 → 매일 = 2.714만 원 $\left(1+\frac{1}{356}\right)^{356}$

... 최대 2.71828...

이제 e의 두 번째 정의가 왜 첫 번째 정의와 같은지 개념적으로 살펴보겠습니다. 1년 뒤에 받게 되는 e만 원을 최초 원금이었던 부분과 원금에 대한 이자 부분, 그 이자에 대한 이자 부분 등의 형태로 분류해 보겠습니다. 원금은 1만 원이었고, 1년의 시간 동안 그 원금 부분은 변동이 없이 상수로 존재합니다. 시간에 따라 상수함수를 그리게 됩니다. 원금에 대한 이자 부분은 시간이 지날수록 선형적으로 증가해서 1년의 시간이 지나면 1이 됩니다. 즉 원금 함수를 시간에 따라 적분한 $y = x$라는 1차 함수가 되겠죠. 이 이자 부분에 대한 이자는 1차 함수를 시간에 따라 적분한 함수가 됩니다.

일차함수를 적분하면 $y = \left(\frac{1}{2}\right)x^2$이라는 2차 함수가 되고, 1년이 지난 시점에서 그 값은 x에 1을 대입한 1/2이 됩니다. 그 이자에 대한 이자는 이 2차 함수를 적분한 $y = \left(\frac{1}{6}\right)x^3$이라는 3차 함수가 되고, 1년이 지난 시점에서 그 값은 x에 1을 대입한 1/6이 됩니다. 이것을 수식으로 표현하면 1 + 1 + 1/2 + 1/6 + 1/24 + ⋯가 될 것이고, 일반항이 $1/n!$인 무한합으로 표현할 수 있습니다. (0! = 1이라는 것은 표기상의 약속이 될 것입니다.) 그래서 이렇게 표현한 1 + 1 + 1/2 + 1/6 + ⋯은 1년 후에 받게 될 원금과 이자를 합한 동일한 값이 됩니다. 또한 시점 x에 대한 일반항으로 보면 $1 + x + \left(\frac{1}{2}\right)x^2 + \frac{1}{6}x^3 + \cdots$ 이 되는데, 이 함수가 바로 지수함수 e^x입니다.

CHAPTER 2-4

e가 무리수인 이유

유튜브 영상링크

e가 무리수라는 증명은 사실 몇 줄만 쓰면 깔끔하게 증명이 됩니다. 증명 과정을 한 줄 한 줄 따라가 보면 수긍이 되긴 하는데, 아무것도 없는 상태에서 이런 생각을 어떻게 해 낼 수 있을지를 생각해 보면 수학이 어렵게 느껴지기도 합니다.

하지만 걸리버가 소인국에 가는 상상이나 우주공간을 머릿속에 상상해 보는 것과 같이 미시 세계나 거시 세계를 상상할 수 있다면 논리 조각들을 자연스럽게 맞추어 나갈 수 있습니다. e의 두 번째 정의였던 이 무한합을 통해서 각 항의 크기가 실제로 어떤 정도인지를 상상해 보는 것으로 시작해 봅시다.

$$e = 1 + 1 + \frac{1}{2} + \frac{1}{6} + \frac{1}{24} + \frac{1}{120} + \cdots$$

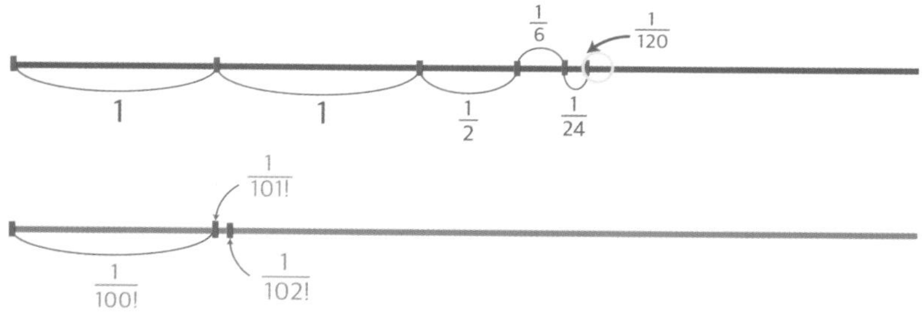

길이 1짜리 막대를 떠올려봅니다. 그다음 길이 1짜리 막대 하나를 추가로 더한 다음, 그다음은 반 토막짜리 막대기 하나를 더 더합니다. 그 다음은 1/6토막으로 방금 보았던 길이를 삼등분한 하나의 조각 정도입니다. 아주 작아졌죠. 그 다음은 그 작은 조각의 1/4토막이고, 그다음은 그 작은 조각의 1/5토막이 됩니다. 이런 과정을 쭉 … 진행해서 무한히 많은 조각을 더하는 과정이죠.

100번째 정도 가서 상상해 봅시다. 1/100!짜리 조각이라고 하면 처음에 우리가 길이 1짜리를 보던 것에 비하면 상대적으로 너무너무 작은 조각이 됩니다. 길이 1짜리 막대를 우리 은하의 지름으로 비유해 보았을 때, 1/100! 조각은 수소 원자의 지름에도 미치지 못합니다. (100!은 대략 9.33×10^{157}입니다. 우리은하의 지름이 10만 광년으로 9.46×10^{23}m 정도 되고, 수소원자의 지름이 대략 25×10^{-12}m 입니다.) 1/100!이 잘 보일 정도로 확대를 한 다음 그 다음 조각인 1/101!를 보면 방금 그 조각의 1/101배이니 100배 확대를 해야 보일 만큼 작은 조각이 됩니다. e는 이렇게 엄청나게 빠른 속도로 작아지는 조각들을 무한히 다 더한 값이 됩니다.

여기까지 상상한 후 무리수의 정의를 생각해 보죠. 무리수는 유리수가 아닌 실수로 정의되기 때문에 무리수임을 보이기 위해서는 유리수가 아님을 보여야 합니다. e가 유리수라고 가정했을 때 어떤 이상한 현상이 일어날 수 있을지를 생각해 보는 것이 자연스러운 생각의 흐름입니다. 만약 e가 유리수였다면 정수 분의 정수로 나타내어질 것입니다. 그렇다면 그 분모를 q라 하고 $1/q$를 한 눈금으로 잡고 수직선에 눈금들을 찍은 그림을 상상해 보겠습니다. 마치 자에 밀리미터 단위의 눈금이 있는 것처럼 한 눈금이 $1/q$인 눈금들을 상상합니다.

이제 e는 어떤 눈금 위에 있는 수가 됩니다. 대부분의 실수는 눈금 위에 있지 않지만, e를 유리수라고 하면 어떤 눈금 위에 정확히 존재하게 되겠죠. $1/q$ 단위로 나타내었을 때 눈금 위에 있다면, $1/q!$ 단위로 눈금을 찍었을 때도 눈금 위에 존재합니다. 마치 km 단위로 정수 단위면 mm 단위로도 정수 단위여야 하는 것과 같은 이치죠. 그러고 나서 원래 e의 무한합 정의에서 1부터 $1/q!$ 까지의 합을 살펴봅시다. 각각의 항들은 모두 $1/q!$ 단위로 보았을 때 정수 단위의 아주 큰 덩어리가 됩니다. 1이나 1/2, 1/6과 같은 덩어리들은 $1/q!$ 단위로 보면 아주아주 큰 덩어리겠죠. 어쨌든 정수배로 표현이 되는 큰 덩어리들입니다. $1/q!$은 정확히 한 단위가 될 테고요. 그러고 나서 그다음 $1/(q+1)!$을 보면 $1/q!$ 기준으로 보았을 때, 한 눈금이 채 안 됩니다. 사실 한 눈금이 안 되는 것을 넘어 한 눈금에 비교해 봤을 때 보잘 것 없이 작은 덩어리가 됩니다.

한 눈금의 $1/(q+1)$ 만큼밖에 안 되죠. 그 다음 더하는 덩어리는 그 작은 덩어리에 비해 봤을 때도 한참 더 작은 $1/(q+1)(q+2)$ 덩어리가 됩니다. 여기까지 상상이 되면 이 작은 덩어리들을 더해도 한 눈금이 채 되지 않을 수 있을 것 같습니다. 실제로 $1/(q+1)(q+2)$는 $1/(q+1)^2$ 보다도 작은 덩어리죠. 이렇게 $1/(q+1)!$ 이후로 더해지는 무한히 많은 조각은 $1/(q+1)+1/(q+1)^2+\cdots$ 보다 작게 됩니다. 그런데 이 무한등비급수는 $1/q$로 수렴하므로, 1보다 작은, 즉 한 눈금보다 작게 된다는 사실을 알 수 있죠.

그럼 e라는 값이 $1/q!$ 눈금 단위로 보았을 때, 정수 단위를 앞에 더하고, 뒤에 한 눈금이 채 안 되는 단위를 더한 곳에 있다는 사실이 결론입니다. 그런데 e는 애초에 $1/q$ 단위로도 눈금에 있었던 수였기 때문에 모순이 발생하죠.

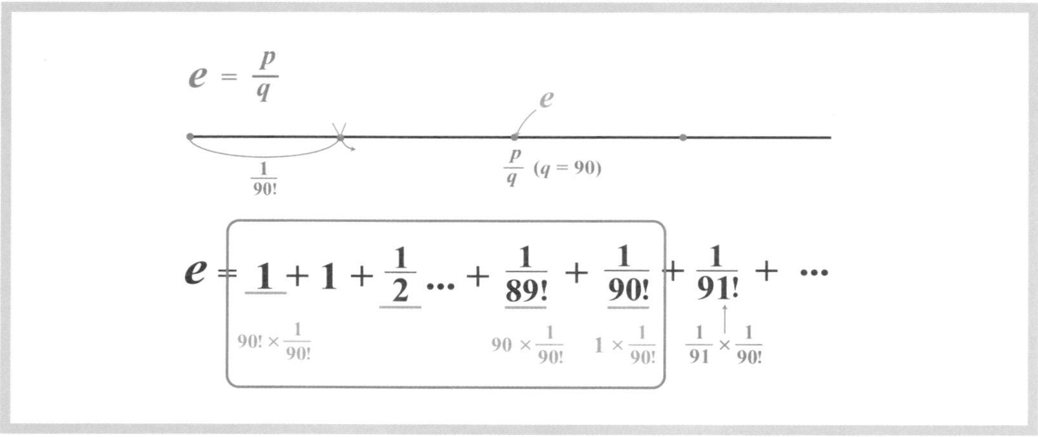

이렇게 증명이 되는 것입니다. 이런 상상 없이 단순히 주어진 증명을 읽는 것은 별 도움이 안 됩니다. 머리로 가만히 눈을 감고 상상을 해 보세요. 머릿속에서 우리가 살고있는 지구에서 줌아웃 되면서 태양계가 나오고, 우리 은하가 나오고 하는 것들을 상상하는 것처럼 말입니다. 눈을 감고 정수들이 있는 수직선에서 줌인 줌인 … 한 눈금이 $1/q!$인 미시 세계까지 줌인을 확 당겨서 그 다음 항인 $1/(q+1)!$은 한 눈금에는 너무 미치지 못하는 아주아주 작은 덩어리 그 덩어리에 비해 너무 보잘것없이 더 작은 $1/(q+2)!$ 이런 먼지 같은 부분을 다 더해 봐도 한 눈금에 미치지 못하겠네 … 여기까지 상상하실 수 있으면 다 한 거예요. 그 다음은 그 상상한 내용을 그럴듯하게 이야기로 잘 끌어내는 일만 남은 겁니다.

① e 를 유리수라 가정하자.

② 어떤 양의 정수 p, q에 대해 $e = \frac{p}{q}$ 라고 표현할 수 있다.

③ 그런데 $e = 1 + 1 + \cdots + \frac{1}{q!} + \frac{1}{(q+1)!} + \cdots$ 이고

④ 양변에 $q!$를 곱하면

$$\underbrace{(q-1)!\,p}_{\text{㉠}} = \underbrace{q! + q! + \cdots + 1}_{\text{㉡}} + \underbrace{\frac{1}{q+1} + \frac{1}{(q+1)(q+2)} + \cdots}_{\text{㉢}}$$

⑤ ㉠과 ㉡이 정수인데 ㉢은 $\frac{1}{q}$ 보다 작은 수이므로
0과 1 사이에 있는 실수라서 모순이 발생한다.

⑥ 따라서 ①의 가정이 틀렸고, e는 무리수이다.

CHAPTER 2-5

π가 무리수인 이유

유튜브 영상링크

π가 왜 무리수인지 증명하는 건 $\sqrt{2}$나 e에 비해서 난이도가 꽤 높은 편입니다. 그나마 상대적으로 이해하기 쉬운 두 가지 다른 방법의 증명을 살펴보겠습니다.

첫 번째 증명은 Lambert에 의해 1761년에 증명된 방법이고, 두 번째 증명은 Niven에 의해 1947년에 증명된 방법입니다. 먼저 두 가지 증명 각각에 대해 전체적인 증명의 골격을 보고 구체적으로 들어가 보는 것이 좋습니다.

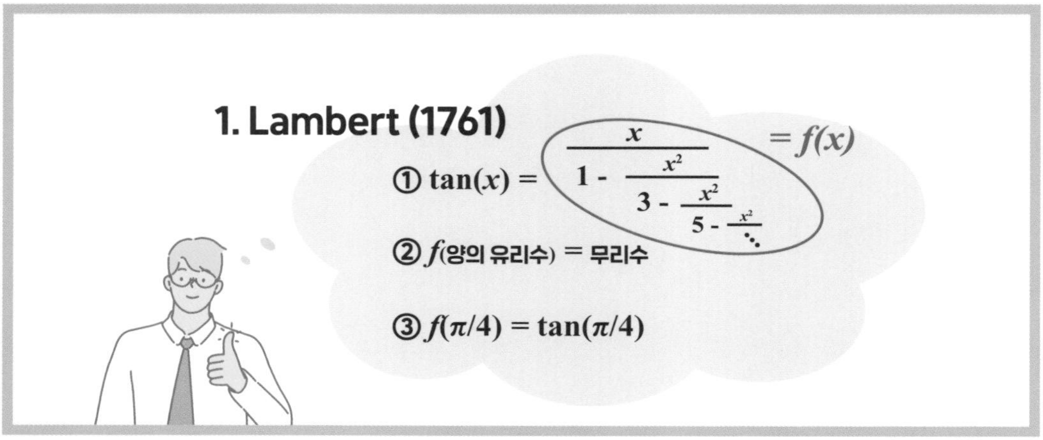

Lambert는 탄젠트 함수가 무한 분수 형태로 나타내진다는 걸 활용했습니다. 위 무한 분수식을 $f(x)$라 놓으면 $f(x)$와 $\tan(x)$가 같은 함수가 됩니다. 그리고 x가 양의 유리수이면 $f(x)$가 무리수라는 것을 보일 수 있습니다. 그럼 π가 무리수인 게 쉽게 증명이 됩니다. 왜냐하면 f에 $\frac{\pi}{4}$를 넣으면 $f(x)$는 $\tan(x)$랑 같은 함수이기 때문에 이 값은 $\tan 45°$가 되고, 이는 직각이등변 삼각형의 밑변과 높이의 비율이기 때문에 1이 됩니다. 그래서 유리수가 나오죠. 따라서 $\frac{\pi}{4}$는 유리수일 수가 없다는 결론을 얻습니다. $\frac{\pi}{4}$가 유리수였으면 답이 무리수로 나왔을 테니까요. 그래서 $\frac{\pi}{4}$가 무리수고 $\frac{\pi}{4}$가 무리수면 π 역시 무리수일 수밖에 없다는 논리입니다.

이 증명을 위해서 탄젠트 함수가 왜 무한 분수 형태의 $f(x)$와 같은지에 대해서 납득이 되어야 하고, 그리고 f에 양의 유리수를 넣으면 왜 무리수가 나올 수밖에 없는지에 대한 이해가 뒷받침되어야 하겠습니다. 첫 번째 증명의 디테일을 살펴보기 전에 두 번째 증명의 골격도 살펴봅시다.

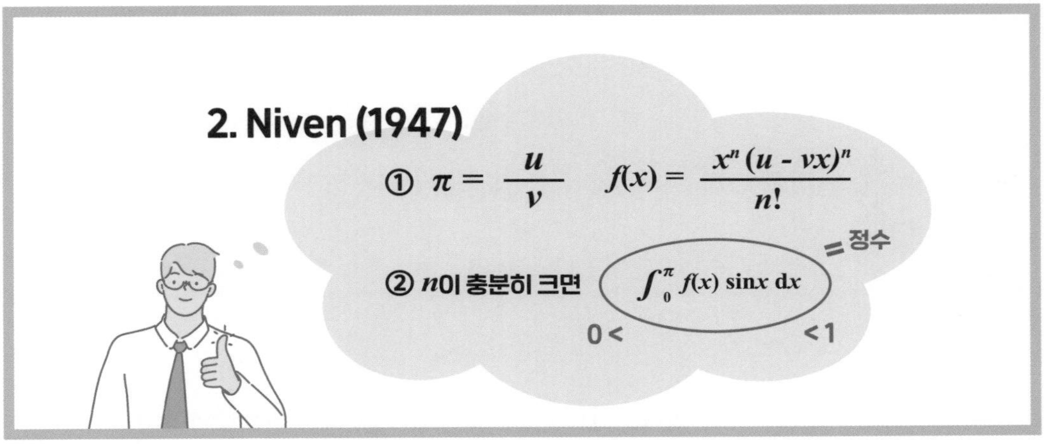

Niven은 파이가 유리수라고 가정하고 모순을 보였습니다. 유리수라 가정하면 기약분수 형태로 어떤 정수 u, v에 대해 $\frac{u}{v}$로 π를 표현할 수 있을 것이고, 그 때 함수 $f(x)$를 위와 같이 정의합니다. 그리고, 정수 n이 매우 크면 적분식의 값이 정수이면서 동시에 0과 1 사이에 있을 수밖에 없다는 것을 증명합니다.

당연히 어떤 수가 정수이면서 동시에 0과 1 사이에 있을 수는 없기 때문에 모순이 발생하고, 따라서 π가 유리수라는 가정이 틀렸다는 것이 증명의 골격입니다. 마찬가지로 마지막 적분식이 왜 정수일 수밖에 없으며 동시에 0과 1 사이에 있을 수밖에 없는지에 대한 논리가 필요합니다.

다음 네 가지 사실들을 살펴보겠습니다.

① Lambert의 증명에서 tan(x)가 왜 무한 분수꼴의 식과 같은가?

② Lambert의 증명에서 무한 분수꼴의 식에 유리수를 넣으면 왜 무리수가 나오는가?

③ Niven 증명의 적분식은 왜 0과 1 사이에 있는 수인가?

④ Niven 증명의 적분식은 왜 정수인가?

(1) Lambert의 증명에서 tan(x)가 왜 무한 분수꼴의 식과 같은가?

$\tan(x) = \dfrac{\sin(x)}{\cos(x)}$이죠. 그리고 $\sin(x)$와 $\cos(x)$ 각각을 테일러 전개식으로 바꿔보면 다음과 같이 나옵니다.

$$\tan(x) = \frac{\sin(x)}{\cos(x)} = \frac{x - x^3/3! + x^5/5! \cdots}{1 - x^2/2! + x^4/4! \cdots}$$

테일러 시리즈가 익숙하지 않으신 분들을 위해 간단하게 짚고 넘어가면 $f(x) = \sin(x)$라는 함수가 있다고 하면 (0, 0)에서 접선을 그릴 경우 $y = x$와 같이 0 근처에서 $\sin(x)$와 유사한 1차식을 얻을 수 있습니다. 조금 더 일반적으로 3차 다항식 중에 $\sin(x)$와 가장 비슷한 걸 찾아보면 $x - x^3/3!$이라는 3차식을 얻을 수 있습니다. (0, 0)에서의 함숫값, 1차, 2차, 3차 미분 계수값들이 다 같은 3차 함수를 구해보면 실제 (0, 0) 근처에서 $\sin(x)$와 매우 유사한 3차식을 얻을 수 있죠. 이런 과정을 무한히 반복해 보면 실제로 모든 x에 대해서 수렴 값이 $\sin(x)$와 동일하게 되는 항이 무한히 많은 다항함수 형태로 $\sin(x)$를 표현할 수 있게 됩니다. 조금 더 엄밀한 정의들이 필요하지만, 개념적으로 그렇게 이해할 수 있겠습니다.

마찬가지로 $\cos(x)$ 역시 테일러 전개해 볼 수 있겠고, 그렇게 $\tan(x)$ 함수를 위 그림의 식과 같이 표현할 수 있습니다. 분자를 x로 묶어내고 x 뒤에 묶이는 괄호 부분을 분모의 분모로 표현할 수 있습니다.

$$\tan(x) = \frac{x\left(1 - \frac{x^2}{3!} + \frac{x^4}{5!} \cdots\right)}{1 - x^2/2! + x^4/4! \cdots}$$

$$\tan(x) = \frac{x}{\left(\dfrac{1 - x^2/2! + x^4/4! \cdots}{1 - \frac{x^2}{3!} + \frac{x^4}{5!} \cdots}\right)}$$

그리고, 분모에 대해서 정리를 해주면 분모의 분자 부분에서 x^2 항을 묶어낼 수 있습니다.

$$\tan(x) = \frac{x}{1 - \dfrac{\left(\frac{1}{2!} - \frac{1}{3!}\right)x^2 - \left(\frac{1}{4!} - \frac{1}{5!}\right)x^4 + \cdots}{1 - \frac{x^2}{3!} + \frac{x^4}{5!} \cdots}}$$

이런 식으로 탄젠트 함수를 무한 연분수 형태로 표현할 수 있습니다.

(2) Lambert의 증명에서 무한 분수꼴의 $f(x)$에 유리수를 넣으면 왜 무리수가 나오는가?

유리수를 기약분수 형태의 $\frac{u}{v}$로 표현한 뒤 무한 분수꼴에 $\frac{u}{v}$를 넣었다고 하고 연분수 식을 정리해 볼 수 있습니다.

$$f\left(\frac{u}{v}\right) = \cfrac{u}{v - \boxed{\cfrac{u^2}{3 - \cfrac{u^2/v^2}{5 - \cdots}}}}$$

$$f\left(\frac{u}{v}\right) = \cfrac{u}{v - \cfrac{u^2}{3v - \cfrac{u^2}{5v - \cdots}}}$$

여기서 계속 반복되는 $\frac{u^2}{k \times v - \frac{u^2}{\cdots}}$ 꼴을 보면, $k \times v$ 부분에서 홀수 k가 계속해서 커지기 때문에 언젠가 전체 분수값은 0과 1 사이에 들어오게 됩니다. 그리고 그 0과 1 사이의 값을 무리수일 수밖에 없습니다. 왜냐하면 유리수라고 가정하면 어떤 정수 $0<b<a$ 에 대해 $\frac{b}{a} = \frac{u^2}{k \times v - \frac{u^2}{\cdots}}$로 나타낼 수 있을 텐데, 이 식을 정리해 보면 $\frac{kvb - au^2}{b} = -\frac{u^2}{(k+2)v - \frac{u^2}{\cdots}}$ 꼴이 되고, 우변이 b/a보다 작은 0과 1 사이의 값이기 때문에 좌변의 분자인 $kvb - au^2$을 c라는 정수라고 한다면 c는 b보다 작은 양의 정수가 됩니다. 그래서 $0<c<b<a$가 성립하게 되고 계속해서 c 보다 작은 양의 정수 d, d 보다 작은 양의 정수 e 등을 정의해나갈 수 있게 됩니다. 그런데 양의 정수를 무한히 작게 정의해나갈 수 없기 때문에 모순이 발생합니다. 다시 말해 이 모순은 애초에 유리수라는 가정이 틀렸다는 의미이므로 $\frac{u^2}{k \times v - \frac{u^2}{\cdots}}$ 값이 무리수라는 것을 의미합니다.

그렇게 되면 마이너스를 취한 값, 정수를 더한 것, 역수를 취한 것, 정수배를 취한 것 등이 전부 무리수가 되므로, 유한 번의 연산을 통해 거슬러 올라가면 $f\left(\frac{u}{v}\right)$ 역시 무리수라는 결론을 얻습니다.

(3) Niven 증명의 적분식은 왜 0과 1 사이에 있는 수인가?

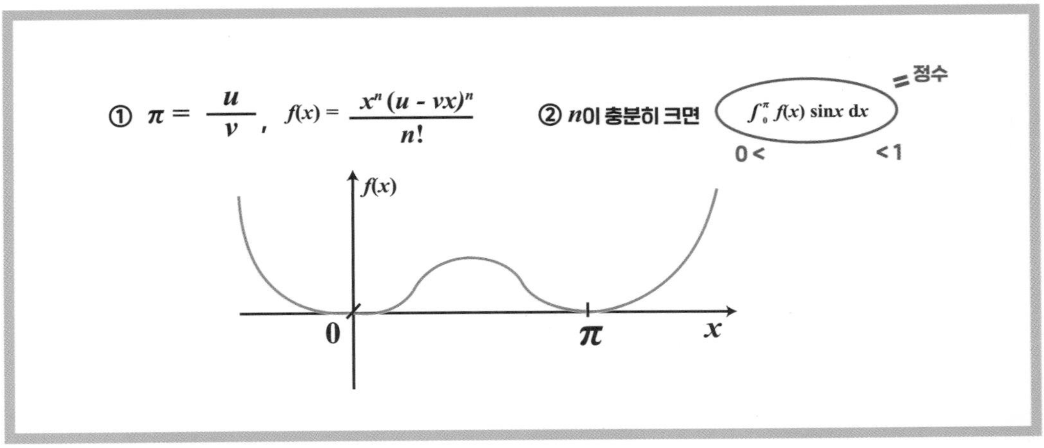

$f(x)$에 대해 잘 살펴보면 $2n$차 다항식이고 x가 0에서 n개의 중근을 가지고 x가 π에서도 n개의 중근을 가지는 것을 알 수 있습니다. 다른 예를 한번 볼까요? n이 커지면 0에서 굉장히 중복해서 중근을 많이 가지고 π에서도 굉장히 중근을 많이 가지고 다른 실근은 없으니 0 근처나 π 근처에서 x축에 달라붙어 있고, 그래서 가운데 봉분도 굉장히 납작하게 눌릴 것으로 예상할 수 있습니다.

그리고 적분식 안에 $f(x)$와 $\sin(x)$를 곱하고, $\sin(x)$는 0에서 π까지 1보다 작거나 같은 양수값이기 때문에 $f(x)$가 n이 매우 크면 납작하게 눌려있다는 사실을 통해서 적분값 자체도 그리 크지 않으리라는 것을 예상해 볼 수 있습니다.

정확하게는 $f(x)$에 있는 x^n은 0에서 π까지 최대 π^n이라는 값을 가지고, $(u - vx)^n$은 최대 u^n이라는 값을 가지기 때문에 $f(x)$의 상한은 $\frac{(\pi u)^n}{n!}$이 됩니다. 해당 상수를 0부터 π까지 적분한 값이 $\frac{\pi(\pi u)^n}{n!}$이 되는데, 분자는 상수의 n제곱이라 지수함수이며, 분모는 $n!$이기 때문에 지수함수보다 빠르게 증가하는 함수가 됩니다. (뒤에 $n!$에 대한 챕터와 증가함수의 계급 챕터 참고) 따라서, n이 커지면 이 적분값은 점점 작아져서 0에 수렴하게 되고, 매우 큰 n에 대해서 적분값이 0과 1 사이에 들어오게 됩니다.

(4) Niven 증명의 적분식은 왜 정수인가?

$$\mathrm{F}(x) = f(x) - f''(x) + f^{(4)}(x) \cdots + (-1)^n f^{(2n)}(x)$$
이라고 하면,
$$(\mathrm{F}'(x)\sin(x) - \mathrm{F}(x)\cos(x))' = f(x)\sin(x)$$

$\mathrm{F}(x)$를 위와 같이 정의해 봅시다. 그럼 $\mathrm{F}'(x)\sin(x) - \mathrm{F}(x)\cos(x)$라는 함수를 미분하게 되었을 때, $f(x)\sin(x)$라는 함수를 얻게 된다는 사실을 알 수 있습니다. 따라서 $f(x)\sin(x)$의 부정적분이 $\mathrm{F}'(x)\sin(x) - \mathrm{F}(x)\cos(x)$이 되고, $f(x)\sin(x)$를 0부터 π까지 적분한 정적분 값은 $\{\mathrm{F}'(\pi)\sin(\pi) - \mathrm{F}(\pi)\cos(\pi)\} - \{\mathrm{F}'(0)\sin(0) - \mathrm{F}(0)\cos(0)\}$이 됨을 알 수 있습니다. $\sin(\pi) = \sin(0) = 0$이고, $\cos(0) = 1$, $\cos(\pi) = -1$이므로, 위 값은 $\mathrm{F}(\pi) + \mathrm{F}(0)$이 됩니다. 이걸 $\mathrm{F}(x)$의 정의에 넣어보면, 다음 값을 구하는 문제가 됩니다. $f(x)$의 정의상 n번 이하로 미분했을 때 π나 0에서의 미분 계수값은 모두 0이 되고, n번 이상 미분했을 때는 분모의 $n!$이 상쇄되어 정수 계수 다항식이 되므로 π나 0에서의 미분 계수값이 모두 정수가 됨을 알 수 있습니다. 따라서 위 값을 계산하면 정수가 됩니다.

$$f(\pi) - f''(\pi) + \cdots + (-1)^n f^{(2n)}(\pi)$$
$$+ f(0) - f''(0) + \cdots + (-1)^n f^{(2n)}(0)$$

이렇게 π가 무리수라는 증명이 가능합니다. 주어진 설명을 보면 쉽게 느껴질 수 있으나, 처음에 이런 생각들을 어떻게 떠올릴 수 있을지 생각해보면 어려운 문제겠죠. 여러 가지 상상의 나래를 펼쳐보고, 다양한 생각들을 해 보면서 어떤 특징들과 어떤 함수를 잘 이용하면 좋을지 스스로 고민해 보면 좋습니다. 과거의 선대 수학자들 또한 π와 연관된 수식들을 어떻게 잘 활용하면 π가 유리수일 수 없다는 것을 증명할 수 있을까 등을 생각하고 또 생각하는 과정들을 통해 π는 무리수일 수밖에 없다는 증명을 한 것이겠죠.

math

Main Dish

chapter 3

큰 수와 무한, 그리고 상상

CHAPTER 3-1

곱셈, 지수, 다음은 테트레이션. 상상을 초월하는 큰 수

유튜브 영상링크

덧셈 및 곱셈과 같은 연산 기호의 개념이 없는 원시시대로 돌아가서 우리가 원시인류라고 가정해 봅시다. 사과를 3개 따서 가져왔는데 식구가 넷이라 하나를 더 따오고 싶어요. “하나 더”라는 개념을 정의하고 싶을 수 있겠죠. 3이 인풋으로 들어가면 4를 아웃풋으로 내놓는 그런 함수의 개념이죠. 이런 “하나 더”의 개념을 손쉽게 쓸 수 있으면 비록 덧셈이나 곱셈을 모르는 원시인이라도 소통이 편리해질 거예요.

a를 넣으면 a 다음 수를 뱉어주는 함수를 a'이라고 표기해 봅시다. $a + 1$이라고 표현하고 싶지만, 아직 우리에게 덧셈 연산의 개념이 없기 때문에 그냥 점 하나를 찍어서 a' 같은 형태로 표현해 보죠. 예를 들어 $3'$은 4를 의미하고, $4''$은 6을 의미합니다.

이렇게 우리는 “하나 더”라는 표현을 프라임 하나를 써서 표현하기 시작했어요. “두 개 더”라는 표현도 프라임 두 개를 써서 표현하고, “3개 더”는 프라임을 세 번 써서 쓸 수 있게 되었습니다. 이제 농사도 짓고 많이 열린 사과를 내다 팔려고 하다 보니 3개, 4개 정도가 아니라 10개 더 혹은 20개 더를 표현하기도 해야 했어요. 기존 5개에다가 10개 더한 것을 표현하고 싶은데, $5''''''''''$ 처럼 쓰려니 조금 불편해졌습니다. 그래서 '프라임을 몇 번 반복한 것이다'라는 표현을 프라임을 반복하는 대신 반복하는 수만큼 표기하고, 더하기 기호를 쓰기로 합니다. 프라임을 10개를 붙이는 대신에 $5 + 10$이라고 표현한 거죠.

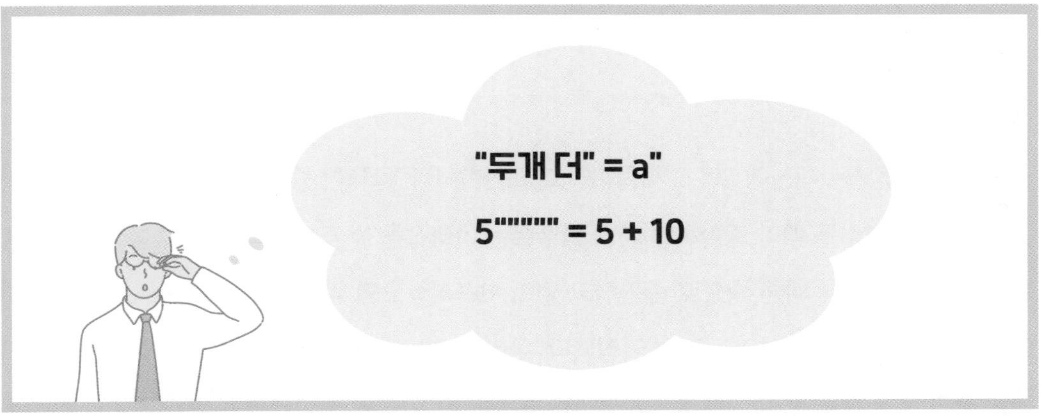

이처럼 덧셈 기호는 "다음 수"라는 연산을 여러 번 반복해야 하는 걸 효율적으로 표현할 수 있게 해 주었죠. 마찬가지로 덧셈을 여러 번 반복해야 하는 상황은 곱셈 기호를 정의해서 효율적으로 표현할 수 있게 되었습니다. 5를 10번 더하는 대신 5 × 10으로 표현할 수 있게 되었습니다.

$$5 + 5 + 5 + \cdots + 5 = 5 \times 10$$

반복해야 하는 대상을 반복해야 하는 만큼의 숫자와 그 다음 단계의 연산을 통해 효율적으로 표현하는 거죠. 자, 이제 덧셈과 곱셈을 할 줄 알아서 충분히 먹고 살기 편해졌습니다. 사실 현재의 인류도 덧셈 곱셈만 잘해도 먹고사는 데 큰 지장이 없는 사람이 훨씬 많습니다. 그런데 그런 사람들만 있었다고 하면 지금 우리가 이런 문명을 이룩하고 살 수는 없겠죠. 기술이 발전하고 곱셈을 여러 번 반복해야 하는 경우들이 생겨났습니다. 그래서 반복해서 곱하는 것도 간단하게 표현하는 지수 연산이 등장했어요.

$$5 \times 5 \times 5 \times \cdots \times 5 = 5^{10}$$

5를 10번 곱하는 대신에 5의 10제곱이라고 표현합니다. 급격한 증가를 기하급수적인 증가라고 하죠. 지수함수를 따라 증가하면 다항 함수로는 따라잡을 수가 없습니다. 지수함수는 밑이 1보다 크면 엄청나게 빠른 속도로 증가하고 밑이 1보다 작으면 엄청나게 빠른 속도로 감소합니다. 그래서 표기상 효율성이 굉장히 커집니다. 우리가 쓰는 십진법 표기도 잘 생각해 보면 100이라는 숫자는 그 수를 쓰기 위해서 숫자 3개로 충분합니다. 조금 전 언급한 프라임 기호만을 사용하는 원시인류로 돌아가 본다면 이런 100과 같이 큰 수를 정의하기 위해서는 많은 불편함을 수반한 표기를 해야 합니다. 공간적인 효율과 소통의 효율 측면에서 진법의 활용은 훨씬 좋은 표현이 되고, 그 기반에는 지수의 활용이 자리하고 있습니다. 지수의 활용은 우리 문명의 필요한 도구입니다.

여기서 한 스텝 더 나아가서 지수 연산을 반복해야 하는 걸 간편하게 표현한다면 어떨까요? 5의 (5의 … (5의 (5의 5제곱))) 이런 지수 연산을 10번 반복했을 때, 왼쪽에 반복한 횟수를 적어서 표기를 하기도 합니다. 이걸 테트레이션 연산이라고 해요

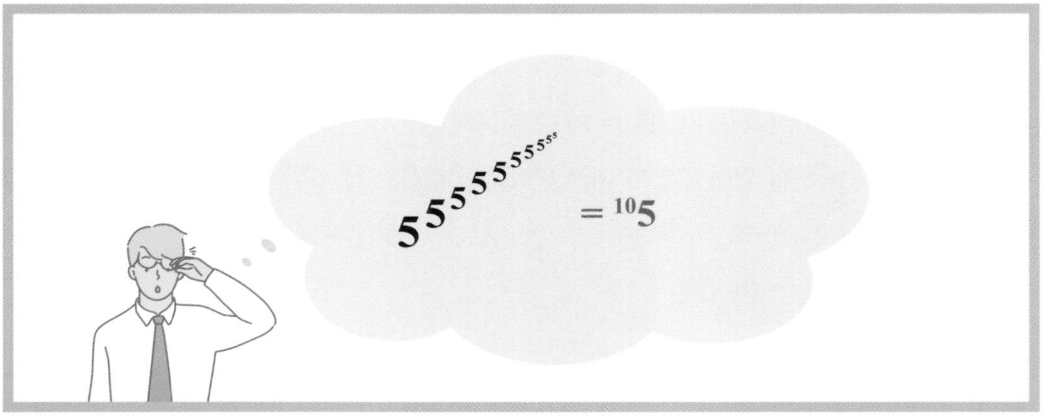

테트리스라고 하면 사각형이 4개부터 있는 여러 가지 모양들로 하는 게임이죠. 앞에 이런 tetr-와 같은 접두어 붙으면 4와 연관된 단어입니다. "덧셈", "곱셈", "지수" 다음으로 네 번째 반복연산이라는 의미입니다.

위를 향하는 화살표 두 개를 써서 이렇게 표현하기도 합니다. (지수 연산을 화살표 하나로 표기하기도 합니다.)

0번째 연산 : 다음 수	**+1**
1번째 연산 : 덧셈	**(5 + 10)**
2번째 연산 : 곱셈	**(5 × 10)**
3번째 연산 : 지수	**(5^{10}, 5↑ 10)**
4번째 연산 : tetration	**(${}^{10}5$, 5↑↑ 10)**

이렇게 화살표 표기를 하면, 다섯 번째 연산을 화살표 3개를 써서 표기할 수 있는 확장성의 장점이 있습니다. 테트레이션 연산은 너무 빨리 큰 수가 되어 버리기 때문에 실제로 사용할 일이 많지는 않지만, 예시를 통해 그 성질들을 생각해 보는 것은 수학적인 상상력을 자극하는데 도움이 됩니다.

3 ↑↑ 3을 생각해 봅시다.

즉 3의(3의 3제곱)이 됩니다. (지수 연산을 할 때는 위에서부터 계산합니다.) 3의 27제곱인 7,625,597,484,987로 7조가 넘는 13자리 숫자가 나옵니다. 3을 2개만 썼을 뿐인데 7조가 나왔죠.

$$ {}^{3}3 = 3^{3^{3}} = 3^{27} $$

$$ = 7{,}625{,}597{,}484{,}987 $$

4를 두 번 사용한 4 ↑↑ 4 는 어떨까요? 4의 4제곱을 먼저 구해보면 256입니다. 4의 256제곱은 2의 512제곱이기도 할 테고 2의 512제곱은 상용로그 2가 0.3 정도니까 대략 150자리 정도 되는 숫자입니다. 이 숫자를 표현하기 위해 숫자를 150개 정도 써야 한다는 얘기니, 우리가 알고 있는 단위로 표현이 불가능해집니다.

관측할 수 있는 우리 우주에 있는 입자가 10의 80제곱 정도의 단위라고 하니까 그보다도 한참 큰 숫자가 되겠죠. 그런 어마어마한 수를, 밑을 4로 하는 지수에 올려놨습니다. 자릿수만 해도 8.1 x 10의 153제곱 정도 됩니다. 숫자 자체가 아니라 자릿수가 그 정도라는 것이죠. 이 숫자를 표현하기 위해 써야 하는 숫자의 개수가 우주의 입자보다도 많은 것입니다.

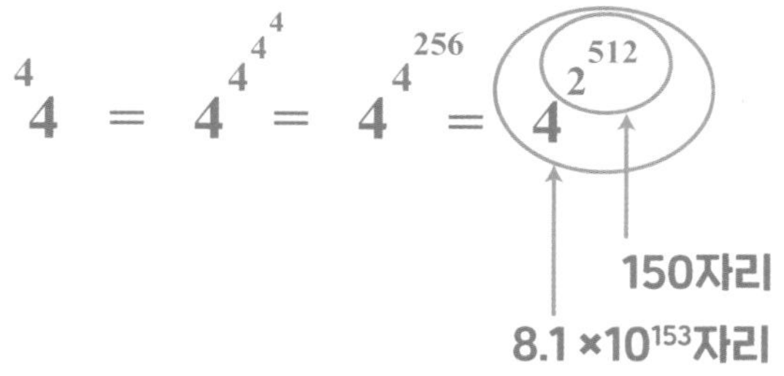

단순히 4를 2개 써서 테트레이션 연산을 했는데, 물리적으로 표현할 수도 없이 큰 숫자가 나왔습니다. 우리 현실 세계에서는 어떤 단위를 쓰더라도 이런 규모의 숫자를 사용할 일은 없습니다. 만약 우리보다 초월적인 존재가 있다면 혹은 이 우주가 시뮬레이션 세계라서 우리보다 더 위대한 존재가 있다면 어떨까요? 지수 연산을 쉽게 하는 우리 인류가 다음 수 연산만 할 줄 아는 원시인류를 보는 것과 같이 테트레이션 연산을 실제로 많이 활용하는 존재가 실존한다면 지수 현상까지만을 활용하는 우리 인류를 미개하게 볼 수도 있지 않을까 하는 상상도 해봅니다. 테트레이션 연산은 이렇게 3이나 4 정도만 해도 인간이 상상하는 범위를 벗어나는 큰 수가 됩니다.

우리 인류는 π에 4테트레이션 연산을 한 숫자가 어떤 숫자로 시작하는지, 심지어는 이 숫자가 무리수인지 유리수인지, 혹은 정수인지 아닌지도 알지 못합니다. 이렇게 보면 인류가 그간 엄청난 문명을 이룩해 오면서 많은 걸 알고 있는 것 같지만, 실제 아는 게 그렇게 많지 않다고 여길 수도 있겠죠.

다섯 번째 연산은 정말 굉장한 연산이겠죠. 수학에서는 이 다섯 번째 연산을 활용해 어떤 명제를 증명하는 경우들이 있기도 합니다. 그라함 넘버라는 매우 큰 수를 정의하는데 이 다섯 번째 연산이 활용되기도 하죠. 어떤 대상이 무한하지 않다는 증명을 할 때 활용되는데, 우리가 정의한 어떤 숫자가 그라함 넘버를 넘지 않는다는 것을 증명하는 거죠. 상한값이 엄청나게 상상을 초월하는 숫자이긴 하지만 어쨌든 무한은 아닌 숫자이고, 그 숫자보다 작다는 것을 증명한 것은 유한성을 증명한 의미가 있는 결과죠.

덧셈과 곱셈의 세계에서는 숫자의 순서를 바꿔도 괜찮고 연산의 순서를 바꿔도 괜찮습니다. 5 + 10이나 10 + 5나 똑같은 수이고, 5 + 10 + 15가 있을 때 어떤 계산을 먼저 해도 결과는 같습니다. 덧셈 대신 곱셈으로 바꿔도 마찬가지죠. 이런 걸 교환 법칙이나 결합 법칙이 성립한다고 얘기를 하는데, 지수 연산부터는 그렇지 않습니다.

5의 10제곱은 10의 5제곱과 다른 숫자죠. 연산에서 나오는 숫자의 순서가 중요합니다. 4의 4테트레이션 연산에서 4의 4의 4의 4제곱을 아래에서부터 계산하면 4의 64제곱밖에 안 됩니다. 물론 큰 숫자이긴 하지만 앞에서 살펴본 숫자에 비하면 티끌만큼도 안되는 숫자죠. 이렇게 연산의 순서도 중요합니다.

또 하나 테트레이션과 관련된 재미있는 사실 하나는 x의 x의 x의 x의 x … 이렇게 무한히 나갔을 때, 즉 테트레이션 표기로 x의 왼쪽 무한대죠. x의 무한 테트레이션이 언제 수렴하는지 생각해 볼 수도 있습니다. x가 1이면 아무리 승수에 1을 추가해도 결과는 1이 되겠죠. 그런데 x가 2이면 급격하게 증가하기 때문에 무한대로 발산합니다. 그래서 1과 2 사이에서 어디까지는 수렴하고 어디까지는 수렴하지 않을 것으로 추측해 볼 수 있습니다.

$\sqrt{2}$를 보면 $\sqrt{2}$의 $\sqrt{2}$의 $\sqrt{2}$의 $\sqrt{2}$ 이런 식으로 무한히 반복하면 2로 수렴하게 됩니다. 엄밀한 증명은 아니지만 반복되는 부분을 y라 놓고 $\sqrt{2}^y$이 y라고 했을 때, 이 방정식을 만족하는 y가 2라는 사실을 통해 2로의 수렴성을 추측해 볼 수 있습니다.

1이나 $\sqrt{2}$에서는 수렴하고, 2에서는 수렴하지 않으니 언제까지 수렴하고 언제부터 수렴하지 않을까요? 수렴하는 값의 범위는 $e^{(-e)}$부터 $e^{(1/e)}$까지입니다. x가 $e^{(1/e)}$보다 조금이라도 큰 값이 되면 무한대로 발산하게 된다는 것이죠. 신기하게도 이런 무한 테트레이션의 수렴 범위에 자연상수 e가 많이 등장하게 되죠.

이처럼 지수 단계에서 한 단계 더 넘어간 연산에 대해 상상해 보면 지금까지 큰 수에 대해 생각했던 상상력을 한 단계 뛰어넘는 재밌는 생각들을 해 볼 수 있습니다.

CHAPTER 3-2

증가함수의 계급

유튜브 영상링크

n이 커짐에 따라서 동일한 비율로 커지는 항등함수가 있습니다. 항등함수를 기점으로 증가 속도가 작은 $\sqrt{n}$과 같은 무리함수, $\log n$과 같은 로그함수 등이 있고, 항등함수보다 증가 속도가 빠른 고차함수, 지수함수 등이 있습니다.

$$\log\log n \quad \log n \quad \sqrt{n} \quad n \quad n^2 \quad n! \quad n^n \quad n^{n^n}$$

$\log\log n$은 n이 커짐에 따라서 무한대로 발산하긴 하지만 증가하는 속도가 매우 느립니다. n이 관측할 수 있는 우주의 모든 입자의 개수보다 큰 구골 (10의 100제곱) 정도로 큰 수가 되어야 $\log\log n$은 비로소 2 정도의 값이 됩니다. n이 구골이 되기 전까지 $\log\log n$은 1과 2 사이에서 거의 움직임이 없는 정도로 증가 속도가 느리죠.

$$f(n) = \log\log n \rightarrow f(10) = 0,\ f(10000000000) = 1,\ f(\text{구골}) = 2$$

그럼에도 불구하고 n이 무한대로 발산하게 되면 $\log\log n$도 무한대로 발산합니다. n이 어느 정도로 커져야 $\log\log n$이 10이나 100과 같은 수가 될지를 상상해 보면 $\log\log n$이 얼마나 느리게 증가하는 함수인지 가늠해 볼 수 있습니다. $\log\log\log n$ 같은 함수 역시 n이 커짐에 따라 무한대로 발산하게 되긴 하나, 얼마나 느린 속도로 증가할지 상상해 보는 것도 의미 있는 경험이 될 수 있습니다.

$\log n$과 $\sqrt{n}$ 을 비교해 보면 $\sqrt{n}$ 이 훨씬 빠르게 증가합니다. 마치 다항함수와 지수함수를 비교하는 것과 같습니다. 매우 빠르게 증가하는 다항함수 (n^{100})와 매우 느리게 증가하는 지수함수 (1.01^n)을 비교해 보면 지수함수가 결국엔 다항함수보다 더 빠르게 증가합니다. 체급 자체가 달라 애초에 게임이 안되는 것이죠. 아무리 잘하는 아마추어라도 실력이 별로인 프로를 이기지 못하는 것과 비슷한 이치입니다.

지수함수를 이기는 천상계 함수들도 있습니다. $n!$같은 경우엔 어떤 지수함수보다도 빠르게 증가합니다. 10000^n보다도 $n!$이 결국엔 더 커지죠. $n!$ 보다 n^n이 더 큽니다. n^{n^n} 은 이보다 더 크고요.

수학에서는 얼마나 빠르게 증가하는지에 대한 속도를 가늠하는 것이 중요할 때가 많습니다. 우리가 관심이 있는 대상이 n이 증가함에 따라 어떠한 증가함수에 비례하며 증가하는지를 잘 파악함으로써 문제의 본질에 한발 더 다가갈 수 있는 경우들이 많습니다.

CHAPTER 3-3

n!

유튜브 영상링크

1부터 n까지의 곱을 n 팩토리얼이라고 하죠. 월드컵 조별리그 네 팀 순위에 대한 경우의 수가 4 팩토리얼인 24개입니다. 팩토리얼은 엄청나게 빠른 속도로 증가해요. 10 팩토리얼만 해도 300만이 넘는 숫자가 됩니다. 52장의 트럼프 카드를 섞어서 나올 수 있는 카드 순서의 조합의 개수를 보면 52 팩토리얼이 될 텐데, 그 숫자는 8×10^{67}으로 8 뒤에 0이 67개나 붙어 있는 수예요. 우리 우주의 역사가 130억 년 정도 되죠. 이걸 초로 환산하면 4×10^{17}초입니다. 우주가 탄생한 이래로 1초마다 카드를 한 번씩 조합하더라도 4×10^{17}번의 조합이 나와요. 그것과 비교해 보면 8×10^{67}이 인간이 감히 상상할 수 있는 영역을 벗어나는 말도 안되게 큰 숫자라 할 수 있겠죠. 그럼 이 n 팩토리얼은 얼마나 빨리 증가하는 수일까요? 흔히 빠르게 증가한다고 할 때 지수적으로 증가한다고 하죠. n이 증가함에 따라서 어떤 상수의 n 제곱에 비례하게 증가하면 지수적으로 증가한다고 합니다. 그런데 n 팩토리얼은 지수함수보다도 빨리 증가해요. 그 사실을 보기 위해서 먼저 n 팩토리얼을 1부터 n까지의 곱으로 이렇게 써 볼게요.

$$\left(\frac{n}{2}\right)^{\left(\frac{n}{2}\right)} = 1 \times 1 \times \cdots \times 1 \times \frac{n}{2} \times \cdots \times \frac{n}{2} \times \frac{n}{2}$$

$$n! = 1 \times 2 \times \cdots \times \frac{n}{2} \times \left(\frac{n}{2}+1\right) \times \cdots \times (n-1) \times n$$

$$n^n = n \times n \times \cdots \times n \times n \times \cdots \times n \times n$$

편의상 n을 짝수라고 하고 위아래 식의 곱하는 숫자들을 살펴보면, $n!$은 $\left(\frac{n}{2}\right)^{\left(\frac{n}{2}\right)}$을 구성하고 있는 각 수보다 큰 수를 곱하니 $n!$이 더 크고, $n!$과 n^n을 비교하면 n^n이 더 큰 것을 알 수 있습니다. n^n을 $\left(\frac{n}{1}\right)^{\left(\frac{n}{1}\right)}$로 놓고 보면, n 팩토리얼은 1과 2 사이의 어떤 숫자 a에 대해 $\left(\frac{n}{a}\right)^{\left(\frac{n}{a}\right)}$ 정도로 증가하는 함수라고 생각할 수 있겠죠. 지수함수는 밑이 고정되어 있지만, $\left(\frac{n}{a}\right)^{\left(\frac{n}{a}\right)}$는 지수와 밑이 모두 함께 증가하는 함수이기 때문에 어떤 지수함수보다도 빠르게 증가한다고 할 수 있습니다.

조금 더 정밀하게 $n!$을 잘 근사하는 식은 다음과 같습니다.

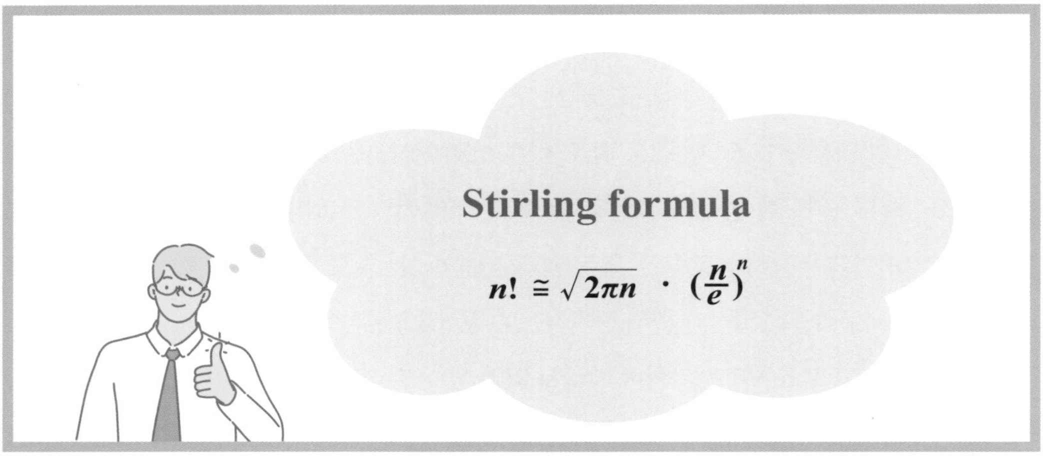

$n!$을 지수함수, 무리함수 등 연산이 용이한 식으로 근사시킨 것입니다. π를 3.14로 근사해서 쓰는 것과 비슷한 개념이죠. 1부터 n까지 자연수들을 곱했는데, 신기하게도 자연상수 e는 물론 원주율 π도 식에 등장합니다. 이러한 스터링 포뮬라가 $n!$을 얼마나 잘 근사하는지 n이 작은 구간에서 한번 살펴보면 실제 오차율은 n이 50 정도에서 0.2% 미만의 차이만 보입니다. 오차율은 n이 커질수록 0에 수렴하게 됩니다. Stirling formula가 $n!$을 매우 잘 나타내는 근사식이 되는 것이죠.

순열 조합에서 배우게 되는 ${}_{n}C_{k}$ 역시 $\frac{n!}{k!(n-k)!}$로 표현할 수 있기 때문에 n!을 근사하는 식을 통해서 ${}_{n}C_{k}$가 대략 어느 정도 큰 숫자인지 가늠해 볼 수 있습니다. 예를 들어, ${}_{2n}C_{n}$의 경우엔 4^n을 $\sqrt{\pi n}$ 으로 나눈 값으로 근사되는 것을 알 수 있어 대략 4^n과 유사한 크기로 증가함을 알 수 있습니다.

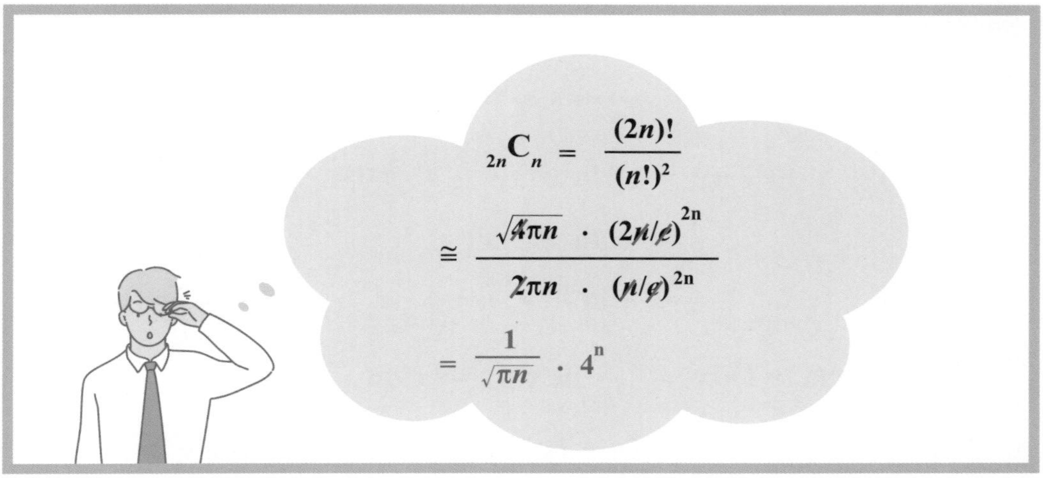

이제 어떻게 해서 스터링 포뮬라가 n!과 유사한 값을 가지게 되는지 그 이유에 대해 살펴보겠습니다. n!에 자연로그를 취해보면 ln 1부터 ln n까지 더한 값이 됩니다. 이 n개의 항을 가로축 길이가 1이고 세로축 길이가 ln k(k = 1, 2, ⋯, n)인 직사각형 넓이들의 합으로 이해해 볼 수 있습니다.

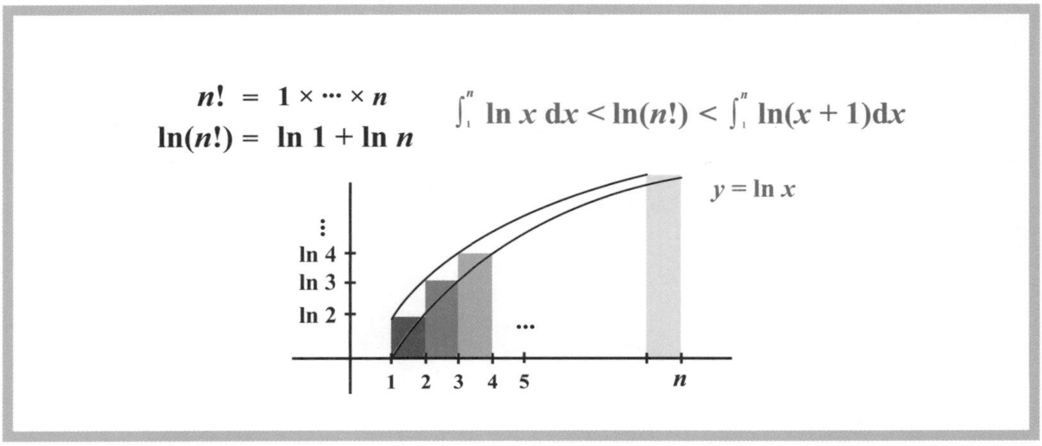

좌표평면에 위 그림과 같이 $y = \ln x$와 $y = \ln(x+1)$을 그려보면, 우리가 원하는 사각형 넓이들의 합은 $y = \ln x$를 1부터 n까지 적분한 값보다 크며, $y = \ln(x+1)$을 1부터 n까지 적분한 값보다는 작다는 것을 알 수 있습니다.

엄밀하게는 오차 부분의 계산을 정확하게 할 필요가 있겠지만, 위와 아래 적분값의 평균을 사각형 넓이들 합의 근삿값으로 추측해 볼 수 있습니다.

$$\begin{aligned}\int_1^n 1\cdot\ln x\,dx &= x\ln x\Big]_1^n - \int_1^n x\cdot\frac{1}{x}dx\\ &= x\ln x - x\Big]_1^n\\ &= n\ln n - n + 1\end{aligned}$$

$$\begin{aligned}\int_1^n \ln(x+1)dx &= \int_2^{n+1}\ln x\,dx = x\ln x - x\Big]_2^{n+1}\\ &= (n+1)\ln(n+1) - n - 1 - 2\ln 2 + 2\end{aligned}$$

두 적분값 사이에 있는 우변값은 $\ln(n!)$의 근삿값이 됩니다.

$$\ln(n!) \sim \left(n + \frac{1}{2}\right)\ln n - n + a$$

양변에 지수함수를 취하면, 상수 배의 $\sqrt{n} \times \left(\frac{n}{e}\right)^n$이라는 n!의 근사식을 얻을 수 있습니다. 1과 2 사이의 적당한 a에 대해 $\left(\frac{n}{a}\right)^{\left(\frac{n}{a}\right)}$라고 표현한 것에 비하면 훨씬 정교한 식이 되었고, 스터링 포뮬라와도 유사한 식이 되었습니다.

$$
\begin{aligned}
n! &\sim e^{(n+\frac{1}{2})\ln n - n + a} \\
&= e^{\ln n^{(n+\frac{1}{2})}} \cdot e^{-n} \cdot e^{a} \\
&= n^{(n+\frac{1}{2})} \cdot e^{-n} \cdot \mathrm{c} \\
&= \mathrm{c}\sqrt{n}\left(\frac{n}{e}\right)^n
\end{aligned}
$$

스터링 포뮬라에서는 이 식의 앞에 붙는 상수 c가 $\sqrt{2\pi}$ 라 하고 있습니다. 이를 위해서는 조금 다른 배경지식이 필요합니다.

Wallis의 식이라 불리는 다음 극한값이 $\pi/2$가 되는 것을 이해할 필요가 있습니다. 여기서 그 설명은 생략할 테지만, 아래의 극한값을 참이라고 가정해 봅시다.

Wallis' formula

$$
\lim_{n\to\infty} \frac{2\cdot 2}{1\cdot 3}\cdot\frac{4\cdot 4}{3\cdot 5}\cdot\frac{6\cdot 6}{5\cdot 7}\cdots\frac{(2n)\cdot(2n)}{(2n-1)(2n+1)} = \frac{\pi}{2}
$$

$$\lim_{n\to\infty} \frac{2\cdot 4\cdot \cdots \cdot 2n}{3\cdot 5\cdot \cdots (2n-1)\cdot \sqrt{2n-1}} = \sqrt{\frac{\pi}{2}}$$

$$\|$$

$$\lim_{n\to\infty} \frac{2^n\cdot n!}{\{(2n)!\,/\,(2^n\cdot n!)\}\cdot \sqrt{2n-1}}$$

$$\|$$

$$\lim_{n\to\infty} \frac{\left\{2^n\cdot c\sqrt{n}\cdot \left(\frac{n}{e}\right)^n\right\}^2}{c\cdot\sqrt{2n}\cdot \left(\frac{2n}{e}\right)^{2n}\cdot\sqrt{2n-1}}$$

$$\|$$

$$\lim_{n\to\infty} \frac{cn}{\sqrt{2n}\cdot\sqrt{2n-1}} = \frac{c}{2}$$

그럼 Wallis' formula의 양변에 루트를 취하고, 좌변을 잘 정리해 본 후 앞에서 구한 상수배의 $\sqrt{n} \times \left(\frac{n}{e}\right)^n$을 대입해 주면 그 상수가 $\sqrt{2\pi}$ 라는 사실을 도출할 수 있습니다.

CHAPTER 3-4

무한의 계급

유튜브 영상링크

무한이라는 말을 어떻게 이해하고 있나요? 자연수 개수, 정수 개수, 유리수 개수, 실수 개수 모두 무한인데 자연수 개수랑 정수 개수, 유리수 개수는 같고, 실수 개수는 그보다 큽니다.

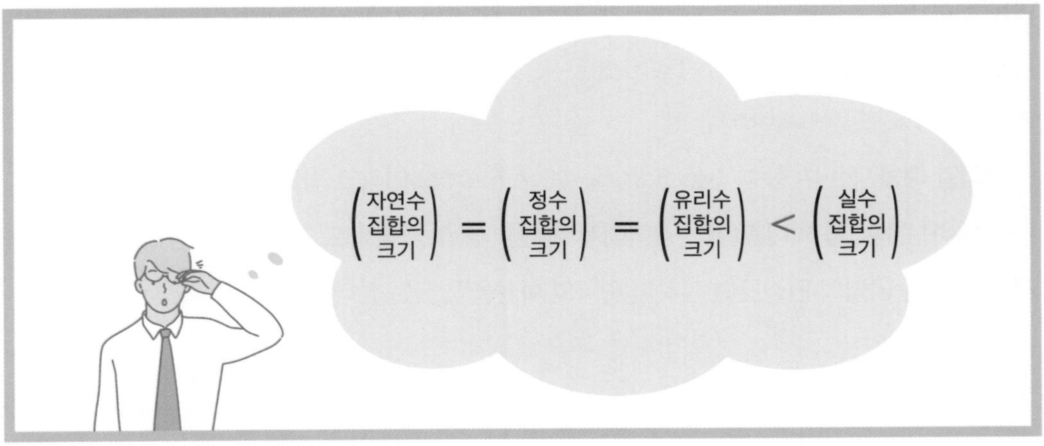

하나, 둘, 셋, 넷 등 수를 센다는 개념은 태어나서 처음으로 접하게 되는 수학적인 개념이죠. 이 자연스러운 개념을 수학적으로 잘 정의하기 위해서 어떠한 철학적인 고민과 생각들이 있어 왔고, 거기에 어떠한 비직관적인 사실들이 있는지 짚어보겠습니다.

먼저 함수에 대한 기본적인 개념들이 중요한 역할을 하는데요. 이번 내용을 통해 함수를 학습하는데 동기부여가 될 수도 있을 것 같습니다. 정의역, 공역, 치역, 일대일 함수, 일대일 대응, 상수 함수, 항등 함수, 합성 함수, 역함수 등이 함수를 배우면 등장하는 개념들입니다.

일대일 함수는 단사함수와 같은 용어로 표현이 되기도 했었고, 영어로는 one-to-one function, injection, injective function 등으로 표현됩니다. 공역에서 화살을 받는 원소들 중에 두 개 이상의 화살을 한꺼번에 받는 원소가 없다는 말입니다. 함수를 연애프로그램의 매칭 결과에 빗대어 생각해 보시면, 하트를 못받는 사람은 있을 수 있어도 두 개 이상 받는 사람은 없다는 말이죠. 받으려면 하나만 받을 수 있다는 말입니다.

공역=치역, 위로의 함수, 전사함수 혹은 surjection, surjective function, onto function이라고 하면, 공역에서 화살을 안 받는 원소가 없다는 말입니다. 이번엔 반대로 하트를 두 개 이상 받아도 괜찮은데, 안받는 사람은 없어야 한다는 조건이에요. 다시 연애프로그램으로 돌아가면 0표가 없다는 얘기죠.

일대일 대응, 전단사함수, bijection, bijective function이라고 하면, 위의 두 가지 조건을 모두 만족하는 함수를 의미합니다. 공역에서 화살을 둘 이상 받아도 안되고 안 받아도 안된다. 다시 말해 모든 공역의 원소들이 정확히 하나의 화살을 받아야 한다는 조건입니다.

이런 함수의 개념이 두 집합의 크기를 비교하는데 용이하게 쓰일 수 있습니다. 예를 들어 A에서 B로 가는 injection이 있다면 $|A| \leq |B|$라고 할 수 있고, A에서 B로 가는 surjection이 있다면 $|A| \geq |B|$라고 할 수 있습니다. A에서 B로 가는 bijection이 있다면, 동시에 둘을 만족해야 하기 때문에 $|A| = |B|$라고 할 수 있습니다.

즉 두 집합 원소의 "개수가 같다"라고 하는 철학적인 개념을 수학적으로는 바로 집합 사이 일대일 대응의 존재여부로 정의할 수 있습니다.

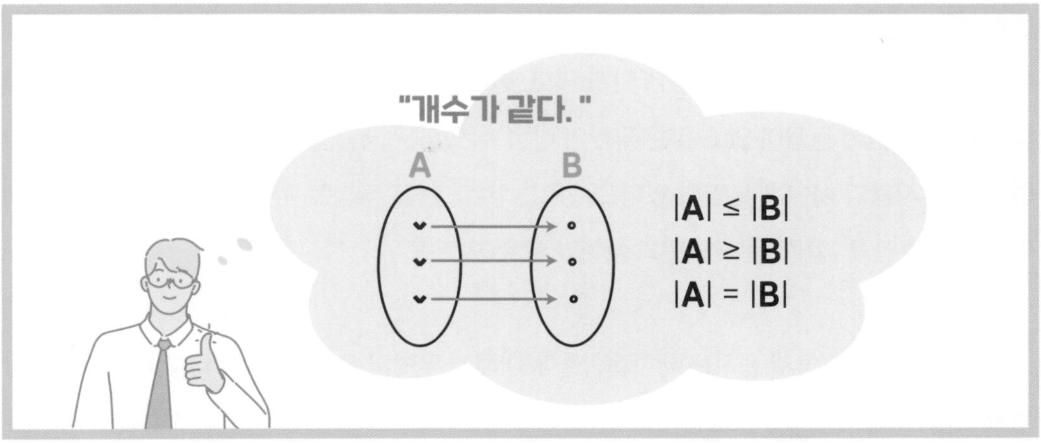

이러한 정의는 유한에서 큰 효용이 없습니다. A 집합의 크기가 3이고 B 집합의 크기가 3이라고 하면, 두 집합의 크기가 같다고 결론을 낼 수 있습니다. 크기가 같은지를 확인하기 위해 일대일대응 함수를 찾는 것은 쉽게 가능하지만, 그 자체의 의미가 크게 없습니다.

그런데 무한으로 가면 이러한 정의는 아주 강력한 툴이 됩니다. 무한에서는 A 집합 원소의 개수가 무한이고 B 집합 원소의 개수가 무한이라고 해서 두 집합의 크기를 단순히 같다고 취급하기가 어렵습니다. 그들 사이에 일대일 대응이 있을 수도 있고 없을 수도 있죠.

무한이라는 단어 자체가 어떻게 보면 지나치게 해상도가 낮은 표현인 것입니다. 마치 언어가 발달하지 않은 원시 인류여서 숫자를 표현하는 단어가 1부터 9까지 있고, 백, 천, 만과 같은 단어 없이 10 이상의 큰 수를 하나로 통칭해서 "큰 수"라는 단어 하나 있다고 하면 비슷한 비유가 될 것 같습니다. 그런 언어를 가지고는 백과 천을 구분하기 어렵죠. 백과 천을 다른 대상으로 다뤄야 할 때 불편해집니다. 특별히 구분을 할 필요가 없는 단순한 삶을 산다면, 굳이 그런 단어 없이도 잘 살 수 있겠지만요.

무한도 마찬가지입니다. 무한이라고 한 단어로 표현하지만, 사실상 다 같은 무한이 아닙니다. 우리 인류는 이런 구분을 하고 살고 있지 않고, 별도의 구분 없이도 충분히 잘 살 수 있긴 합니다. 그래도 무한에 등급이 있고 같은 무한이 아닐 수 있다는 개념을 잘 이해하고 있는 사람과 그렇지 못한 사람의 차이는 분명히 있어요. 천이 백보다는 큰 수라고 이해하는 유인원과 천과 백이 똑같은 수라고 이해하는 유인원의 차이라 할 수 있겠죠.

이제 우리가 익숙하게 접하는 무한집합들에 대해서 무엇이 무엇보다 큰지, 무엇이 무엇과 같은지, 그 위계에 대해 살펴보겠습니다.

(1) 자연수의 개수 = 정수의 개수 = 유리수의 개수

정수는 자연수와 0과 음의 정수로 이루어져 있기 때문에 자연수 개수의 두 배 정도 될 것 같죠. 그런데 자연수 집합과 정수 집합의 개수는 같습니다. 우리가 앞에서 활용했던 함수의 개념을 도입해 봅시다. 두 집합 사이에 bijection이 존재하면 두 집합의 크기가 같다고 했던 것을 떠올려 봅시다.

정수를 수직선상에 나타나는 … -3, -2, -1, 0, 1, 2, 3, …와 같은 순서가 아니라 0부터 시작해서 절댓값이 커지면서 음양을 반복하도록 0, 1, -1, 2, -2, 3, -3, …과 같은 순서를 주겠습니다. 그럼, 자연수에서 정수로 가는 함수 f를 순서대로 $f(1) = 0$, $f(2) = 1$, $f(3) = -1$, … 이렇게 정의해 볼 수 있고, 이 함수 f가 자연수 집합에서 정수 집합으로 가는 bijection이 된다는 것을 확인할 수 있습니다. 공역에 있는 임의의 정수를 하나 취해도 화살을 안 받지도 두 개를 받지도 않는다는 사실을 확인할 수 있죠. 그래서 두 집합의 크기가 같다고 얘길 할 수 있습니다.

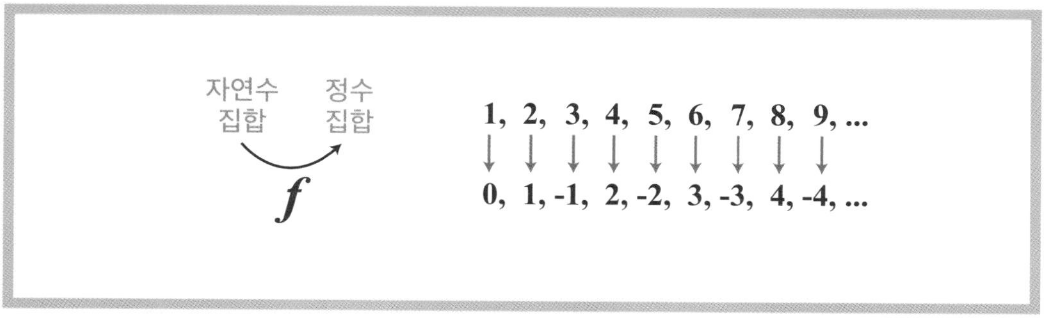

이렇게 무한에서는 두 배나 세 배와 같은 상수배를 한다고 해서 크기가 달라지지 않습니다. 무한에서는 상수배를 해도 일대일 대응을 찾을 수 있죠. 이처럼 자연수 집합은 정수 집합의 부분 집합인데 일대일 대응이 있습니다. 무한의 정의 자체를 자신과 자기 자신이 아닌 부분 집합에 일대일 대응이 존재하는 집합으로 정의를 하기도 합니다.

이번엔 정수와 유리수 사이의 관계를 살펴봅시다. 0과 1이라는 두 정수 사이에 무한히 많은 유리수가 있습니다. 단순히 2배 수준이 아니죠. 자연수와 정수의 관계는 2배에 가깝다면 정수와 유리수의 관계는 제곱이라 할 수 있습니다. 유리수 하나를 정의하기 위해서 두 개의 정수가 필요하기 때문이에요. (물론 하나의 유리수가 여러 다른 표현이 가능하지만요.) 이렇게 제곱하더라도 여전히 무한에서는 크기가 변하지 않아요.

그렇다면 이번에도 bijection이 있다는 얘기겠죠? 이를 증명하기 위해 자연수에서 양의 유리수로 가는 bijection을 만들어 보겠습니다. 1사분면의 격자점들 하나하나가 x축을 분자, y축을 분모라고 하면 하나의 양의 유리수에 대응이 됩니다. 임의의 유리수 p/q는 (p, q) 격자점에 대응이 되므로 양의 유리수 집합을 다 커버하게 되겠죠. 물론 중복이 되긴 합니다. (1, 2), (2, 4) 같은 점들이 모두 1/2이라는 유리수를 지칭하게 되겠죠. 그렇지만 모두 다 커버가 된다는 사실이 중요해요. 아래 그림과 같이 지그재그 경로를 따라서 격자점들에 순서를 준다고 해 볼게요.

이 경로를 따라서 움직이는데 x와 y가 서로소인 점들만 찍으면서 간다고 해 봅시다. 1, 2, 1/2, 1/3, (2/2는 패스하고요.) 3, 4, 3/2, 2/3, 1/4, 1/5, … 이런 식으로요. 모든 양의 유리수가 커버가 되고, 중복이 없습니다. 마찬가지로 자연수에서 이 집합으로 가는 함수를 순서대로 정의하게 되면 bijection이 됩니다. 어떤 양의 유리수를 가져오더라도 화살을 받고, 정확히 한번 받죠. 양의 유리수만 덮지 않았냐 할 수 있는데 음의 유리수까지 덮는 건 쉬운 문제입니다. 자연수 집합에서 유리수 집합으로 가는 bijection의 존재성을 보일 수 있습니다. 그래서 이 집합들은 모두 크기가 같습니다.

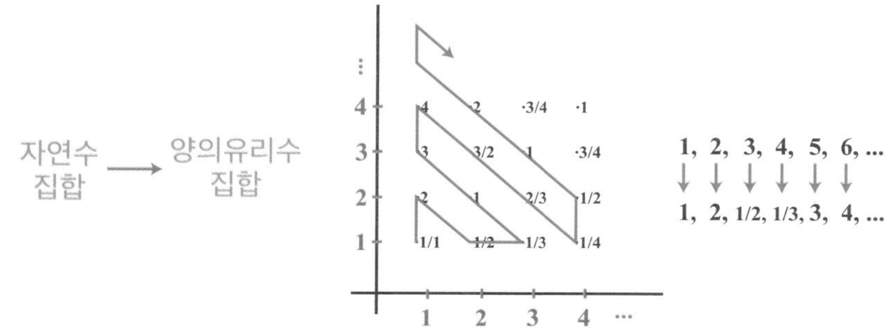

즉 무한은 두 배 세 배를 해도 크기가 변하지 않고 제곱 또는 세제곱을 해도 크기가 변하지 않습니다.

(2) 자연수의 개수 ≠ 실수의 개수

두 배, 세 배, 제곱, 세제곱, 그 다음 나오는 연산은 2^x과 같은 지수 연산이 되겠죠. 무한은 두 배, 세 배, 제곱, 세제곱을 해도 크기변화가 없지만, 2의 무한승과 같이 지수 연산을 하게 되면 크기가 커지게 됩니다. 무한에서 더 큰 무한을 얻을 수 있습니다.

집합의 크기가 x일 때, 2^x 크기를 가지는 집합은 멱집합(모든 부분집합의 집합)이 있죠. {1, 2, 3}이라는 집합이 있을 때, {공집합, {1},{2},{3}, … {1, 2, 3}} 이렇게 부분집합을 다 모아보면 원소가 2^3개가 되겠죠. 각 원소마다 포함 혹은 불포함 2개씩의 선택이 가능하기 때문에 이를 n번 물어보는 경우의 수라고 이해하면 직관적입니다. 자연수 집합과 실수 집합의 관계는 바로 이 지수함수 관계로 생각할 수 있습니다. 실수는 무한소수로 표현되기 때문에 소수점 n번째 자리에 10개 중 하나의 수를 계속 써 나가는 걸 자연수 번 수행하는 것으로 이해할 수 있습니다. 따라서, 실수의 개수를 10의 자연수 개수 제곱 정도라고 표현할 수 있습니다.

밑이 2냐 10이냐 하는 문제는 큰 문제가 아닙니다. 밑이 2냐 10이냐의 차이는 제곱 세제곱과 같은 다항 함수 관계이기 때문입니다. 2^x에다가 상수 제곱인 $\log_2 10$제곱 하면 10^x이므로 10^x나 2^x는 같은 무한으로 취급해도 됩니다.

집합에서 그 멱집합으로 가는 함수는 bijection일 수가 없는 이유를 살펴봅시다. 자연수에서 실수로 가는 임의의 함수 f가 있다고 가정해 봅시다. 우리는 이 f가 bijection이 될 수 없다는 것을 보이면 됩니다. $f(1)$이 어떤 실수일 것이고, $f(2)$가 어떤 실수가 되겠죠.

이제 0과 1 사이의 실수 y^*를 정의해 볼 텐데, 이 수의 소수점 n번째 자리는 $f(n)$의 소수점 n번째 자리가 1이면 2가 되고, $f(n)$의 소수점 n번째 자리가 1이 아니면 1이 되는 수로 정의합니다. 그럼 이 수는 잘 정의된 실수가 되는데, f의 치역에 존재하지 않는 수가 됩니다. 그래서 f는 bijection이 될 수가 없습니다.

$f(1) = 0.\,13529...$

$f(2) = 135.\,2468...$

$\vdots$

$y^* = 0.2112112...$

자연수 집합에서 실수 집합으로 가는 임의의 함수 f를 취했는데 bijection이 될 수가 없으니 bijection이 존재하지 않는 것이겠죠. 그래서 실수 집합은 자연수 집합보다는 큰 무한집합이 됩니다.

(3) 무한의 등급. 연속체가설

서두에 얘기했듯이 이렇게 무한도 같은 무한이 아니기 때문에 무한들을 구분하기 위한 이름이 필요하겠죠. 그래서 자연수, 정수, 유리수 개수와 같은 무한을 가장 작은 무한으로 $\aleph_0$(알레프 제로)라고 표기합니다. 그 다음으로 큰 무한을 $\aleph_1$, 그 다음 큰 무한을 $\aleph_2$, 이런 식으로 표기하죠. 실수의 개수이면서 자연수의 모든 부분집합들의 개수이기도 한 무한은 $2^{\aleph_0}$ 라고 쓸 수 있습니다. 이 무한이 $\aleph_0$ 보다는 큰 무한이라는 사실을 살펴보았죠. 그래서 $2^{\aleph_0}$ 은 $\aleph_0$ 보다는 클 텐데, 그게 $\aleph_1$ 일지, $\aleph_2$ 일지는 아직 확신하기 어렵습니다.

$2^{\aleph_0}$이 $\aleph_1$보다 커서 $\aleph_0$와 $2^{\aleph_0}$ 사이에 다른 무한이 존재할까? 라는 질문이 자연스러운 질문입니다. 바로 $2^{\aleph_0}$이 $\aleph_1$과 같다고 하는 연속체가설입니다. 이 가설은 20세기 괴델과 코헨에 의해 해결되었습니다. 일반적으로 문제가 해결되었다고 하면 증명이 되거나 반례가 존재하는 것을 기대하는 것이 보통이나, 이 명제는 특이하게 증명이 불가능하다는 결론을 얻게 되었습니다.

$$\left(\begin{matrix}\text{자연수}\\\text{개수}\end{matrix}\right) = \left(\begin{matrix}\text{정수}\\\text{개수}\end{matrix}\right) = \left(\begin{matrix}\text{유리수}\\\text{개수}\end{matrix}\right) = \aleph_0$$

$$\left(\begin{matrix}\text{정수}\\\text{개수}\end{matrix}\right) = 2^{\aleph_0}$$

$$\| \text{ ? 연속체 가설}$$

$$\aleph_1$$

참이어도 우리가 현재 사용하고 있는 공리체계에 아무 모순이 없고, 거짓이어도 우리 공리체계에 아무 모순이 없다. 즉 우리가 믿고 있는 공리체계하에서는 참 혹은 거짓을 증명할 수 없다는 것이 증명되었습니다. 참인지 거짓인지 둘 중 하나인데 우리가 능력이 없어서 증명이 불가능하다는 의미가 아니라, 참이라고 해도 괜찮고 거짓이라고 해도 괜찮다는 의미로 받아들이는 것이 더 적절합니다.

이상하죠? 참이나 거짓이나 둘 중의 하나여야지 어떻게 참이어도 괜찮고 거짓이어도 괜찮은가 하고 의문이 생깁니다.

수학에서는 어떤 명제의 참이나 거짓을 증명하기 위해 기존에 참인 명제들을 활용하게 됩니다. 그 활용했던 명제의 참을 보이기 위해 또 어떤 참인 명제들을 활용했을 것이에요. 이렇게 거슬러 올라가다 보면 애초에 우리가 증명 없이 참이라고 받아들이는 일종의 믿음이나 사회적 합의와 같은 참인 명제들이 있습니다.

이 공리들은 말 그대로 참이라고 합의하자 혹은 참이라고 믿고 가자는 믿음의 영역에 있는 명제들이에요. 현대 수학은 집합론의 ZFC 공리계 위에 서 있고, 여기에는 10개의 공리가 있습니다. 종교를 가지고 계신 분들은 각자의 종교에 있는 신이 되었든 사후세계가 되었든 해당 종교에서 말하는 존재나 세계가 있다고 믿으시겠죠. 마찬가지입니다. 수학에서도 이런 믿음의 영역이 있습니다. 10개의 공리 중 마지막 공리인 선택공리(axiom of choice)는 믿지 않는 사람도 있습니다. 그래서 어떤 명제의 증명에 선택공리가 쓰였는지 그렇지 않은지를 민감하게 보기도 합니다. 선택공리를 사용하지 않은 증명은 선택공리를 믿지 않는 사람들도 납득시킬 수 있는 증명이기 때문이죠.

이 연속체 가설은 ZFC 공리체계하에서 참이라고 해도 공리계에 모순을 일으키지 않고, 거짓이라고 해도 모순이 일으키지 않는다는 것이 증명되었습니다. 괴델의 불완전성 정리에 의하면 유한한 공리체계를 가지고 있다면 이론들을 아무리 정립해도 연속체 가설처럼 증명이 불가능한 기존 공리체계에 아무 모순을 일으키지 않는 명제가 존재합니다. 어떻게 보면 상당히 좌절스럽고 충격적일 수 있는 결과죠. 예를 들어, 밀레니엄 난제인 P대 NP 문제 같은 경우에도 우리 공리체계에서는 증명이 불가능한 명제라고 생각하는 사람들도 있습니다. 아무리 증명이나 반례를 찾는 시도를 해 봐도 애초에 증명이나 반례를 찾는 것이 불가능할 수도 있는 것이죠. 이렇다 해도 공리체계에 모순을 일으키지 않고 저렇다 해도 공리체계에 모순을 일으키지 않는 또 다른 명제 하나를 더 소개드리겠습니다.

자기 자신보다 작은 모든 카디널 넘버 a, b에 대해 a^b을 취하더라도 자기 자신보다 작게 되는 카디널 넘버를 도달할 수 없는 무한(inaccessible cardinal number)이라고 정의합니다. 지수함수를 통해서 혹은 멱집합을 통해서 무한에서 개수를 키우는 것을 살펴보았죠. 그런데 아무리 그런 연산을 해도 넘을 수가 없는 어마어마하게 큰 무한을 의미합니다. 자신보다 작은 무한 a, b에 대해서 a^b승을 해도 넘을 수 없다는 건 그야말로 엄청나게 큰 무한인 것입니다. 그런데 이런 도달할 수 없는 무한 역시 존재한다 해도 우리 공리체계에 아무 모순이 없고, 존재하지 않는다고 해도 우리 공리체계에 아무 모순이 없습니다. 있다고 해도 되고 없다고 해도 되는 거죠.

이쯤 되면 우리가 하나, 둘, 셋 세는 개념 자체도 우리의 DNA에 자리 잡고 있는 자연스러운 믿음 체계가 만들어낸 것인지, 과연 우리 인류가 없다고 해도 존재하는 개념이 맞는 것인지 등의 철학적인 생각으로도 이어지게 됩니다.

수학 겉핥기

math

Main Dish

chapter 4

정의가 중요한 이유

CHAPTER 4-1

수학이 엄밀해야 하는 이유 : 베리의 역설

유튜브 영상링크

구골(googol)은 10^{100}입니다. 광활한 우주에 입자의 수가 10^{80} 정도이니 그보다도 어마어마하게 큰 숫자입니다. 이렇게 큰 수도 우리가 이름을 붙이면 "구골"이라는 짧은 두 글자로 표현이 됩니다.

"구골의 두 배", "구골의 구골 배", "10의 구골제곱(혹은 구골플렉스)"

구골보다 큰 수들도 10자 미만으로 표현할 수 있지만 그렇다고 세상의 모든 자연수를 전부 사람의 언어로 표현하긴 어렵겠죠. 인간이 표현할 수 있는 숫자는 유한하고, 자연수는 무한하게 많기 때문이죠.

예를 들어, 20자 이내로 표현할 수 있는 모든 자연수를 생각해 보죠. 가장 작은 자연수인 1은 "일"이라고 한 글자도 되고 "하나"라고 우리말을 써서 두 글자로 말해도 되며 "가장 작은 자연수"라고 써서 일곱 글자로 나타내도 되겠죠. 어쨌든 표현은 잘 됩니다.

여러분들이 흔히 생각할 수 있는 자연수 대부분은 20자 이내로 표현이 가능할 겁니다. 삼천이백삼십삼일억이십칠만구천팔도 가능하고, 두 배의 구골 - 삼천이백십삼억도 되고, 이천이십일년 대한민국 출생아 수도 자연수를 스무 글자 이내로 표현한 것입니다.

하지만 스무 글자 조합 자체는 유한합니다. 하나의 글자는 초성, 중성 그리고 받침인 종성으로 이루어져 있고, 자음과 모음 다 합해 100개 안쪽이니, 가능한 한 글자는 100^3보다는 작을 것이고, 스무 글자 이내로 표현하는 것이니 그것의 20 제곱 보다는 작을 것입니다. 그래서 스무 글자 이내로 가능한 표현은 10^{120} 보다는 작을 것입니다.

그래서 스무 글자 이내로 표현이 가능한 모든 자연수 집합을 생각해 보면, 그 집합의 크기는 10^{120} 보다는 작고, 따라서 유한한 집합이 됩니다. 그 집합을 A라고 해 봅시다.

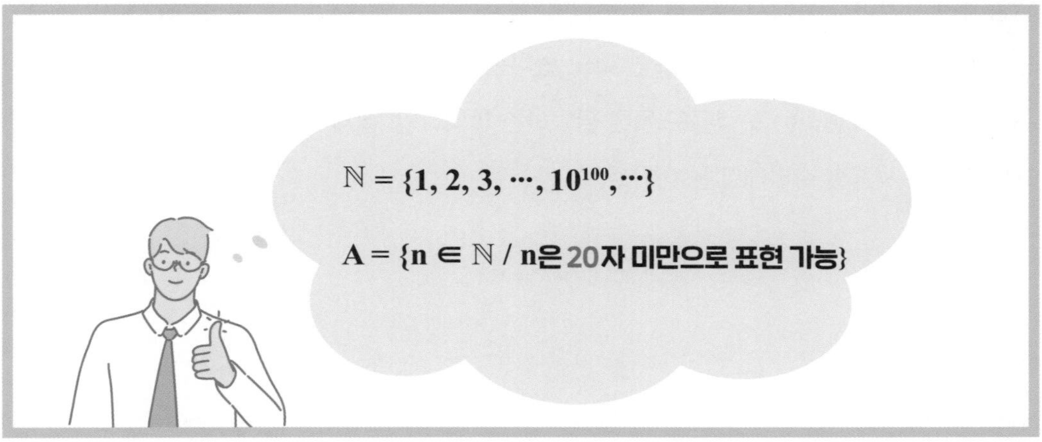

자연수 전체집합에서 A를 뺀 A의 여집합을 B라고 하면 B 역시 자연수의 부분집합이고, A가 유한하기 때문에 B는 공집합은 아니겠죠. B는 공집합이 아닌 자연수의 부분집합이니, 최소원소가 존재합니다. 그럼 B의 최소원소 x를 생각해 보죠.

x는 "스무자 이하로 표현이 안 되는 가장 작은 자연수"입니다.

그런데 방금 우리는 x를 스무자 이하로 표현했습니다. “스무자 이하로 표현이 안 되는 가장 작은 자연수”라는 19글자로 표현했습니다. 그럼, x는 집합 A에 포함이 되어 있어야 하지 않을까요? 그런데 x는 A의 여집합에 있으니 A에는 없어야 할 것 같습니다. 뭐가 잘못된 걸까요? 잘못된 부분을 잡아내실 수 있으신가요?

집합 A를 정의할 때 사용한 "표현할 수 있는"이라는 표현 자체가 "정의할 수 있는"이라는 뜻이고, A를 정의하기 위한 표현에 A의 정의가 포함되어 있기 때문에 A 자체가 잘 정의되지 않은 것입니다. 자기 자신을 정의하기 위해 자기 자신의 정의를 쓴 것이죠.

마치 말로 표현할 수 없는 기분을 말로 표현한 것과 같은 자기모순을 포함하고 있는 것이죠. 일상적인 자연어를 통해서 정의를 하게 되면, 상당히 주의해야 합니다. 얼핏 보면 엄밀해 보이는 정의가 사실은 자기모순을 내포할 수도 있다는 것이죠. 개념에 대해 직관적인 이해를 돕기 위해 자연어로 표현하는 노력들도 물론 필요하긴 합니다만, 실제 수학적 논증에서는 엄밀한 기호와 수식을 사용할 수밖에 없는 이유죠.

CHAPTER

4-2

0.999 ⋯ = 1일까?

유튜브 영상링크

"일로 계속 다가가는 수" 혹은 "일에는 안 닿으니까 1보다 작은 수."

$0.999\cdots$라는 표기를 보면 일의 자리가 0이고, 소수점 첫 번째 자리가 9처럼 보이니까 그렇게 생각할 수 있습니다. 하지만, 이 표현은 하나의 숫자를 지칭합니다. 그리고 그 숫자의 일의 자리는 1이고, 그 숫자의 소수점 첫 번째 자리는 0입니다. $0.999\cdots$이라는 숫자는 1로 계속 다가가는 수가 아니라, 가까워지는 그 값 자체를 지칭합니다.

어떤 수열이 n번째 항을 9가 n개인 $0.999\cdots999$라고 정의해 보겠습니다. 이 수열을 나열해 보면 0.9, 0.99, 0.999 이렇게 표현될 텐데, 이 수열의 극한값을 간단하게 $0.999\cdots$라고 표현합니다. 극한값이라는 것이 수열이 가고자 하는 목적지 혹은 가까워지는 그 값 자체를 지칭하는 것이기 때문에 1과 같은 것입니다.

극한의 정의에 있는 "가까워진다"라는 개념은 다소 애매한 표현입니다. 왜냐하면 가깝다 또는 멀다를 표현하기 위해서는 특정 기준이 필요하고 비교 대상이 필요한데, 그 기준이 명시되어 있지 않습니다. "둘 사이의 거리가 얼마나 작다"라고 해야 정확한 표현이지 "한없이 가까워진다"라는 표현은 참 거짓을 판단하기 어려운 문장입니다. 마치 "키가 크다"라고 하면 참인지 거짓인지 알 수 없지만, "키가 170보다 크다"라고 하면 참인지 거짓인지 말할 수 있는 것과 비슷한 이치입니다. 수학적인 문장이 되기 위해서는 참 거짓을 말할 수 있는 명제로 얘기해야 되는데 "가까워진다"라고 하면 얼마나 가까워지는지 명시되어 있지 않기 때문에 참 거짓을 논하기가 어렵다는 것이죠.

그래서 정확한 표현을 위해 “오차 수준”이라는 개념이 필요합니다. 수학에서는 보통 “오차”라는 개념을 입실론(ε)이라는 기호로 표기를 합니다. 모르는 숫자를 미지수 x라고 놓고 방정식을 쓰는 것과 비슷하게, 입실론이라고 하면 보통 오차 수준인 작은 양의 실수를 의미합니다. 예를 들면, $10^{-1000000}$과 같은 수입니다.

수열의 극한을 얘기할 때는 수열의 항들이 결국에는 그 극한값과의 오차가 이 작디작은 오차 수준보다도 작다고 얘기를 하고 싶은 것입니다. 극한값인 1과 각 수열의 항들과의 오차가 어떤 시점을 넘어가면 입실론보다도 작다고 얘기하고 싶고, 어떤 작은 입실론에 대해서도 적절한 시점을 넘어가면 그렇게 된다는 얘길 하고 싶습니다. 그렇게 표현하면 참 거짓을 판명할 수 있는 형태로 극한을 표현할 수 있게 되죠.

0.9나 0.99처럼 수열의 초반에 있는 숫자들은 1과의 차이가 상대적으로 꽤 큽니다. 그런데 결국 작아지긴 합니다. 어떤 입실론에 대해서도 어떤 큰 수 M이 있어서 M보다 큰 모든 n에 대해 수열의 n번째 항과 극한값의 차이가 오차 수준보다 작아진다. 이런 얘길 하고 싶은 것입니다.

이 명제가 만약 참이면 그때 비로소 수열의 극한값을 1이라고 하겠다고 “극한을 정의”할 수 있습니다. “당신이 어떤 오차 수준을 가지고 오더라도 내가 어떤 큰 M을 잡을 수 있어서 M번째 이후 항들은 모두 수열과 극한값의 오차가 당신이 제시한 오차 수준 이내로 들어와.”라고 얘기를 할 수 있게 되는 거죠

이게 바로 극한의 수학적 정의이고, 0.999 …는 극한의 간단한 표기일 뿐입니다. 극한값은 가까워지는 그 값 자체를 지칭하는 것이기 때문에 극한값인 1을 나타내는 말이므로 0.999 …의 일의 자리 수는 1이며, 소수점 첫 번째 자리도 0이고 두 번째 자리도 0이 되는 정확히 1이 되는 것입니다.

CHAPTER 4-3

상식(common knowledge)의 힘

유튜브 영상링크

"상식"이라는 단어를 수학적으로 정의하면 어떻게 될까요? 상식을 "모두가 다 아는 사실"이라고 하면 적절한 정의가 될까요? 어떤 명제가 상식이라고 할 때 수학적 정의는 그 사실을 모두가 알고 있고, 모두가 알고 있다는 사실도 내가 알고 있고, 다른 모두는 내가 알고 있는 걸 알고 있고, 나는 다른 모두가 내가 알고 있다는 걸 알고 있고, 그걸 다른 모두도 알고 있고, 이렇게 무한히 나가도 다 알고 있을 때, 그때 그 사실을 상식이라고 합니다.

꼭 무한까지 가지 않아도 한 단계 이상만 충족해도 상식이라고 생각할 수도 있겠죠. 그런데 상식이 이렇게 정의될 수밖에 없는 이유와 상식이 지닌 엄청난 힘에 대해 극명하게 보여줄 수 있는 한 문제를 들어보겠습니다.

어떤 마을에 파란 눈 10명과 초록 눈 20명의 사람이 살고 있었습니다. 그런데 이 마을 사람들은 어떤 방법으로도 자신의 눈 색깔을 확인할 방법이 없습니다. 거울 같은 것은 존재하지 않고, 다른 사람이 '네 눈의 색깔이 무슨 색이야'라고 말해주는 것도 금기사항입니다. 자신의 눈 색깔을 확인할 방법은 없지만, 다른 사람의 눈 색깔은 확인할 수 있습니다.

이 마을에는 룰이 하나 있는데, 자신이 파란 눈을 가지고 있다는 사실을 인지하게 되면 즉시 그날 마을을 떠나야 합니다. 파란 눈을 가진 이들은 자신이 파란 눈이라는 걸 알 방법이 없으니 그렇게 이 마을은 파란 눈과 초록 눈을 가진 사람들이 섞여 살아가면서 미묘한 긴장 상태를 유지하고 있습니다.

내가 이 마을 사람이라고 한번 상상해 보죠. 마을에는 파란 눈들이 보입니다. 저 파란 눈들이 이 마을에서 떠나야 하는데 파란 눈인지도 모르고 저렇게 생활하고 있다는 생각을 하면서 언젠가는 자신의 눈 색깔을 알고 '이 마을을 떠나게 될까'하는 연민의 감정을 느끼기도 합니다. 동시에 한편으로는 '혹시 나도 파란 눈은 아닐까?'하는 의혹을 간직한 채 살아갑니다.

그러던 어느 날 마을 외부에서 한 현자가 찾아왔어요. 마을 사람 30명을 모아놓고 쭉 훑어보더니, "이 마을에 파란 눈을 가진 사람이 적어도 한 명 있구나."하고 말 한 뒤에 홀연히 마을을 떠납니다.

지금까지 아무 변화가 없던 마을에서는 그로부터 10일째 되는 날 파란 눈을 가진 10명의 사람이 동시에 그 마을을 떠나게 됩니다. 왜 그럴까요? 파란 눈을 가진 사람이 마을에 있다는 것은 30명 모두가 이미 알고 있는 사실이기에 새로운 사실이 아닙니다. 그런데도, 마을에 평화가 깨지고 10일 후에 10명의 파란 눈이 모두 자신의 눈 색깔을 알게 되어 마을을 떠나게 됩니다. 바로 "파란 눈을 가진 사람이 적어도 한 명 있다"라는 사실은 모두가 알고 있는 사실이긴 하지만, 상식이 아니었던 것이죠. 현자는 그 사실을 상식으로 만들어주는 역할을 하였고, 그로 인해 사람들의 행동이 달라졌습니다.

만약 애초에 파란 눈이 10명이 아니라 1명이었다면 어땠을까부터 생각해 보죠. 즉 파란 눈 1명에 초록 눈 29명이었다고 해 봅시다. 그럼, 모든 초록 눈을 가진 사람들은 파란 눈의 한 명을 이상한 아이로 보고, 파란 눈 아이는 자신이 이상한 걸 모른 채 마을에서 살아가고 있었겠죠. 그러다 이 파란 눈은 현자가 온 날 "마을에 파란 눈이 있구나"라는 말을 듣고 충격을 받게 됩니다. '다른 29명의 사람이 모두 초록 눈인데 파란 눈이 있다니? 그건 나일 수밖에 없겠네'하는 생각을 하게 되겠죠. 그리고 마을의 룰에 따라 그날 즉시 마을을 떠나게 됩니다.

만약 파란 눈 2명에 초록 눈 28명이었다고 해 봅시다. 파란 눈 2명을 A와 B라고 해 보죠. 그 둘은 서로를 보면서 우리 마을에 파란 눈이 한 명 있다고 생각할 것입니다. 현자가 온 날 A는 이렇게 생각할 거예요. '아쉽지만, B가 오늘 마을을 떠나겠구나.' B 역시 '아쉽지만, A가 오늘 마을을 떠나겠구나.' 이렇게 생각하겠죠. 그렇게 A와 B는 현자가 공표한 날 마을을 떠나지 않고 있습니다. 다음 날 잠에서 깬 A와 B는 서로를 보면서 그들의 기대와 달리 상대가 마을을 떠나지 않았다는 것을 확인하게 됩니다. 그리고 자신이 파란 눈이기 때문에 상대가 떠나지 않았다는 사실을 깨닫게 되죠. A와 B는 현자가 온 다음 날이 되어서야 마을을 떠나게 됩니다. 이런 식으로 파란 눈 3명에 초록 눈 27명이라면, 3일째 되는 날 세 명의 파란 눈을 가진 사람들이 다 같이 마을을 떠나게 되고, 파란 눈 10명과 초록 눈 20명이라면 10일째 되는 날 10명이 다 같이 마을을 떠나게 됩니다.

분명히 현자가 오기 전에도 "이 마을에 파란 눈을 가진 사람이 적어도 한 명 있다."라는 현자가 말한 명제는 모두가 다 알고 있던 사실입니다. 그 명제를 다른 사람들 모두 알고 있다는 것도 각자가 다 알고 있습니다. 그런데 그 사실을 알고 있는 걸 알고 있는가. 그걸 또 모두가 알고 있는가. 하는 식으로 계속 들어가다 보면 어떤 스텝에서 모두가 다 알지 못하게 되는 순간이 있게 됩니다.

현자의 공표는 그 제한적인 앎의 정도를 확장을 해주는 역할을 합니다. 이제는 모두가 그 사실을 알고 그 사실을 남이 알고 있다는 것도 알고 그걸 알고 있다는 것도 알고 아무리 들어가도 모두가 알게 되는 그런 상태가 됩니다.

"이 마을에 파란 눈이 있다"라는 명제는 그전까지는 상식이 아니다가 비로소 상식이 되는 것이죠. 현자는 모두가 다 알고 있는 사실을 모두 모아놓고 공표했을 뿐인데 그 효과가 엄청난 변화를 불러옵니다.

현실의 예시로 바꾸어 볼 수도 있습니다. 어떤 기업의 주가가 매우 고평가되어 있습니다. 사실 이 기업은 문제가 많은 회사라는 게 공공연히 알려져 있지만, 주주들은 이 제한적인 정보가 상식이 아닌 것을 알기 때문에 주식을 팔지 않고 있습니다. 그러다 누군가 이 기업의 비리에 대한 기사를 제보하게 됩니다. 눈치를 보던 주주들은 내가 알던 걸 너도 알고 모두가 알게 되었구나. 모두가 주식을 팔게 되겠네. 내가 먼저 빠르게 대처해서 그나마 손해를 덜 봐야겠네. 그렇게 패닉셀이 이어지고 주가는 곤두박질치게 됩니다.

"이 기업에 문제가 있었다"라고 하는 사실을 모두가 알고 있었다고 하더라도 그게 상식이 아니었다가 공표가 되는 순간 상식이 되는 것이죠. 그리고 주가가 폭락하기 시작하는 시간을 10명의 파란 눈이 현자의 공표로부터 마을을 떠나게 되기까지 걸린 10일의 시간에 비유할 수도 있겠습니다.

CHAPTER 4-4

$1 - \frac{1}{2} + \frac{1}{3} - \frac{1}{4} \cdots$

유튜브 영상링크

이 합은 어디로 수렴할까요?

$$1 - \frac{1}{2} + \frac{1}{3} - \frac{1}{4} \cdots$$

점점 작아지는 값들을 더하고 빼는 것을 반복합니다. 수렴 값은 1보다는 작고 $0.5\left(= 1 - \frac{1}{2}\right)$ 보다는 클 것입니다. $0.833\cdots\left(= 1 - \frac{1}{2} + \frac{1}{3}\right)$ 보다는 작으리라는 것과, $0.583\cdots\left(= 1 - \frac{1}{2} + \frac{1}{3} - \frac{1}{4}\right)$ 보다는 클 것이라는 것도 생각해 볼 수 있습니다.

정답은 약 0.69 정도 되는 값이 되는데 정확하게는 밑을 자연상수 e로 한 ln2가 됩니다. 즉 $e^x = 2$를 만족하는 x값이 위 수열의 수렴 값이 됩니다. 이 사실을 처음 접하게 되면 1/n 형태의 분수들을 더하고 뺐는데 자연로그값으로 수렴하는 것이 신기하게 느껴질 수 있습니다. 왜 그런 지에 대해서는 지수 로그 함수의 미적분을 이해하면 어렵지 않게 보일 수 있습니다.

그런데 이 수렴 값이 무엇인지 보다, 이 무한합을 표현하는 점점점의 의미에 대해서 생각해 볼 필요가 있습니다. 그걸 이해하는 것이 수렴 값이 왜 ln2가 되는지에 대한 이해보다 더 중요할 수 있습니다. 먼저 점점점에 대한 이야기를 먼저 해 보고, 수렴 값 ln2에 대한 설명을 이어나가 보겠습니다.

우선 이상한 현상 하나를 살펴보겠습니다. 위 무한합에 쓰인 1/n 꼴들의 항들을 세 개의 카테고리로 분류해 볼 텐데요. 홀수 번째 항들을 한 카테고리로 묶고, 짝수 번째 항들을 두 분류로 나눠서 4의 배수 번째 항들과 그렇지 않은 짝수 번째 항들로 나눠보겠습니다. 두 번째 카테고리인 4의 배수 번째 항들은 그대로 두고, 첫 번째 카테고리와 세 번째 카테고리의 항들을 먼저 살펴보겠습니다.

첫 번째 카테고리인 홀수항들은 앞에 부호가 모두 양(+)이고 {1, 1/3, 1/5, 1/7, …}와 같은 항들로 구성되어 있습니다. 세 번째 카테고리인 4의 배수가 아닌 많은 짝수 번째 항들은 앞에 부호가 모두 음(-)이고 {- 1/2, - 1/6, - 1/10, - 1/14 …}와 같은 항들로 구성되어 있죠.

$$\underline{1} - \underline{\frac{1}{2}} + \underline{\frac{1}{3}} - \frac{1}{4} + \underline{\frac{1}{5}} - \underline{\frac{1}{6}} + \underline{\frac{1}{7}} - \frac{1}{8} + \cdots$$

$$\begin{array}{rl} & 1 + \frac{1}{3} + \frac{1}{5} + \frac{1}{7} + \cdots \\ +) & - \frac{1}{2} - \frac{1}{6} - \frac{1}{10} - \frac{1}{14} - \cdots \\ \hline & \frac{1}{2} + \frac{1}{6} + \frac{1}{10} + \frac{1}{14} + \cdots \end{array}$$

두 카테고리의 수들을 앞에서부터 한 개의 항씩 짝지어 보면, 부호가 반대이고 분모가 정확히 2배가 되는 것을 확인할 수 있습니다. 그래서 이들을 하나씩 짝지어 먼저 더해주는 걸 생각해 볼 수 있습니다. {(1 - 1/2), (1/3 - 1/6), (1/5 - 1/10), (1/7 - 1/14), …} 이렇게 첫 번째 카테고리와 세 번째 카테고리를 순서대로 계산해 보면 {1/2, 1/6, 1/10, 1/14, …}를 얻을 수 있습니다.

이것을 남겨두었던 두 번째 카테고리의 4의 배수 번째 항들인 {- 1/4, - 1/8, - 1/12, …}과 번갈아 가며 써주면 1/2 - 1/4 + 1/6 - 1/8 + 1/10 - 1/12 … 이렇게 표현할 수 있습니다.

$$1-\frac{1}{2}+\frac{1}{3}-\frac{1}{4}+\frac{1}{5}-\frac{1}{6}+\frac{1}{7}-\frac{1}{8}+\cdots$$
$$\stackrel{?}{=}\ \frac{1}{2}-\frac{1}{4}+\frac{1}{6}-\frac{1}{8}+\frac{1}{10}-\frac{1}{12}+\cdots$$

원래 무한합에 있던 모든 항을 하나도 빼놓지 않고 한 번씩 계산했습니다. 다만 연산의 순서만 조금 바꾸었을 뿐이죠. 그래서 이 무한합은 원래의 무한합과 같은 값을 지녀야 할 것 같습니다. 그런데 신기하게도 우리가 새롭게 구한 무한합을 원래의 무한합과 비교해 보면 각 항이 정확히 1/2씩 되어 있는 것을 확인할 수 있습니다. 원래 수열의 합이 ln2라는 걸 믿는다면, 새롭게 구한 무한합은 $\frac{\ln 2}{2}$가 되어야 할 것 같습니다. 그런데 ln2와 $\frac{\ln 2}{2}$는 같은 값이 아니기 때문에 어딘가 좀 이상하죠. 원래 수열에서 빠진 항도 없고 더해진 항도 없고 단순히 재배치만 했는데 합이 절반이 되는 상황입니다. 뭐가 잘못된 걸까요?

$$1-\frac{1}{2}+\frac{1}{3}-\frac{1}{4}+\frac{1}{5}-\frac{1}{6}+\frac{1}{7}-\frac{1}{8}+\cdots = \ln 2$$
$$\neq$$
$$\frac{1}{2}-\frac{1}{4}+\frac{1}{6}-\frac{1}{8}+\frac{1}{10}-\frac{1}{12}+\frac{1}{14}-\frac{1}{16}+\cdots = \frac{\ln 2}{2}$$

무한합은 때에 따라서 더하는 순서를 바꾸면 값이 바뀔 수도 있습니다 …이라고 무한합을 표기하는 기호가 직관적으로 이해하기 편한 표현이긴 하지만, 순서를 바꿔도 여전히 값이 같을 것 같은 오해를 할 수 있고 자칫 논리적인 실수를 범할 수 있다는 단점이 있습니다. 우리가 수열의 무한합에 대해 …이라고 표현하는 것의 정의는 "n번째 항까지의 부분합 수열의 극한이 있다면 그 극한값"으로 정의합니다.

즉 1, 1 - 1/2, 1 - 1/2 + 1/3, 1 - 1/2 + 1/3 - 1/4, … 이렇게 정의되는 부분합 수열에 극한값이 있다면, 1 - 1/2 + 1/3 - 1/4 + … 과 같은 무한합을 그 수열의 극한값으로 정의한다는 의미입니다. (수열의 극한과 정의는 4-2 챕터에서 0.999 … = 1 에 대한 설명에서 다루었으니 생략하겠습니다.)

위 정의를 따르면 1 - 1 + 1 - 1 + 1 - 1 … 과 같은 무한합은 값이 존재하지 않습니다. 왜냐하면 부분합 수열이 1, 0, 1, 0 … 을 반복하기 때문에 극한값이 없기 때문이에요. 하지만 무한합에 쓰인 … 에 대한 정의는 우리의 선택입니다. 사실 다른 선택을 할 수도 있습니다. 예를 들어, 무한합에 쓰인 … 에 대한 정의를 부분합의 수열을 취한 뒤, 그 수열의 평균값 수열의 극한으로 정의를 할 수도 있습니다.

즉 1, 1 - 1/2, 1 - 1/2 + 1/3, 1 - 1/2 + 1/3 - 1/4, … 의 극한값을 구하는 대신 같은 수열에 대해 1 (첫 번째 항), {1 + (1 - 1/2)}/2 (첫 번째와 두 번째 항의 평균), [{1 + (1 - 1/2) + (1 - 1/2 + 1/3)}/3] (세 번째 항까지의 평균) … 과 같은 수열을 새로 정의하고, 그 수열의 극한값으로 정의를 하는 방법입니다. 그렇게 정의를 하더라도 기존의 무한합 값이 바뀌지는 않습니다. 다만, 기존에 무한합이 존재하지 않았던 경우 중에 무한합이 존재하게 되는 경우들이 있습니다.

예를 들어, 1 - 1 + 1 - 1 + 1 - 1 … 과 같은 무한합의 경우, 부분합 수열이 1, 0, 1, 0 … 이 되고, 이 부분합 수열의 평균값 수열은 1, 1/2, 2/3, 1/2, … 이 되어 1/2이라는 값으로 수렴하게 됩니다. (짝수 번째 항은 항상 1/2, 홀수 번째 항은 점점 감소하여 1/2로 수렴) 그래서, 새로운 무한합의 정의를 사용하게 되면 1 - 1 + 1 - 1 + 1 - 1 … = 1/2이라고 할 수도 있습니다. 실제 이런 무한합을 Cesaro sum이라 부르기도 합니다.

1 - 2 + 3 - 4 + 5 - 6 … 과 같은 수열의 경우에도 부분합이 무한대로 가긴 하지만, Cesaro sum을 적용하게 되면 부분합의 수열이 1, -1, 2 , -2, 3, -3, … 이 되고 이들의 평균 수열을 취하면 1, 0, 2/3, 0, 3/5, 0 … 이 됩니다. 평균값 수열이 수렴하지 않지만, 결국에는 0과 1/2에 가까운 값이 반복이 되는 형태이기 때문에, 이 수열에 대해 평균을 한 번 더 취해보면 그 수열은 1/4에 수렴하게 됩니다.

이렇게 무한합의 정의를 좀 다르게 하면 1 - 2 + 3 - 4 + 5 - 6 … = 1/4이라고 할 수도 있습니다. 일반항이 발산하는 데도 불구하고 무한합이 수렴하는 비직관적인 경우죠. 그래서 수학에서는 처음 개념에 대한 정의가 중요합니다.

수렴하는 수열 중에 1 + 1/4 + 1/9 + 1/16 + 1/25 + …과 같은 무한합은 더하는 순서를 어떻게 바꾸어도, 연산의 순서를 어떻게 바꾸어도 같은 값이 나옵니다. 그에 비해 1 - 1/2 + 1/3 - 1/4 + …과 같은 무한합은 수렴은 하지만, 더하는 순서를 바꾸면 다른 수렴값이 나올 수 있습니다.

발산하는 수열 중에서도 1 + 1/2 + 1/3 + 1/4 + …과 같이 더하는 순서나 연산의 순서를 바꾸어도 무한대로 발산하는 수열이 있기도 하고, 1 - 1 + 1 - 1 + …과 같이 무한대로 가지는 않지만 극한값 없이 진동하는, 그리고 무한합의 정의를 다르게 하면 값을 정의할 수도 있는 무한합도 있습니다.

무한합이 자연스럽고 적절한 정의가 되려면, 어떠한 성질들을 만족해야 할까요? 1 + 1/2 + 1/4 + …과 같은 무한급수에 대해 계산을 할 때 사용하는 성질들을 떠올려 봅시다. 전체식의 값을 S라 두고, 양변에 2배를 한 뒤에 위 식에서 아래 식을 뺍니다.

$$
\begin{array}{rrcl}
 & 2S & = & 2+1+\frac{1}{2}+\frac{1}{4}+\cdots \\
-) & S & = & 1+\frac{1}{2}+\frac{1}{4}+\cdots \\
\hline
 & S & = & 2
\end{array}
$$

이 과정에서 각 항에 c배를 한 무한합의 결과가 무한합의 c배가 된다는 성질을 자연스럽게 활용하였고, 두 무한합에 대한 더하기 빼기 연산에 있어 n번째 항끼리 먼저 계산한 후 그 무한합을 사용해도 여전히 그 합이 같다는 성질을 활용하였습니다. 당연하게 보이지만, 이 연산이 엄밀하게 성립하기 위해서는 …의 정의가 필요한 것이죠. 어떻게 정의를 해야 이런 연산을 자연스럽게 쓸 수 있을지를 고민해서 그 정의를 선택하게 되는 것입니다.

1 - 1/2 + 1/3 - 1/4 + …과 같은 수열은 양수값을 가지는 항들을 다 더한 것이 발산합니다. 즉 1 + 1/3 + 1/5 + …은 그 발산 속도가 느리긴 하지만 어디론가 수렴하지 않고 서서히 무한대로 발산합니다. 왜냐하면 1/3을 1/4로 변경하고, 1/5과 1/7을 1/8로 변경하고, 그리고 1/9, 1/11, 1/13, 1/15를 1/16로 변경하는 등 더 작은 1/2의 거듭제곱 꼴로 각 항을 변경하고 나면 1 + 1/4 + (1/8 + 1/8) + (1/16 + 1/16 + 1/16 + 1/16) + …과 같이 쓸 수 있는데, 같은 값을 가지는 항들끼리 묶어서 먼저 연산해 보면 1/4을 계속 더하는 꼴이 되어 그 합이 지속적으로 증가하게 됩니다. 기존 무한합보다 작은 값이 발산하니 그 무한합도 발산하게 되겠죠.

이와 같이 무한합이 존재하긴 하지만, 양의 부분을 취했을 때 무한으로 발산하는 (따라서 음의 부분을 취했을 때도 음의 무한으로 발산하는) 무한합의 경우엔 그 수열을 재배치하여 무한합을 어떤 실수로도 수렴하게 만들 수 있다는 정리가 있습니다. 리만가설로 유명한 리만의 이름을 딴 '리만 정리'라고 하는데요.

1 - 1/2 + 1/3 - 1/4 +…은 ln2라고 했지만, 그 합의 순서를 바꾸어서 $\frac{\ln 2}{2}$로 만들 수도 있고, 그 합을 π, e, -100 등등 그 어떤 값으로도 만들 수 있습니다. 수렴 값 k를 정한 뒤 양의 수열에서 k를 넘을 때까지 더하고, k를 넘기게 된 시점부터는 음의 수열부분을 더해서 k 값 아래로 떨어지게 한 후 다시 k 값 이하로 떨어지게 된 시점부터는 양의 부분을 더해나가는 걸 반복한다면, 결국 더해지거나 빼지는 항은 계속해서 0으로 수렴하기 때문에 이러한 재배치를 통해 합이 k가 되도록 만들 수 있다는 아이디어죠.

이처럼 무한합은 더하는 항의 순서를 바꾸는 것은 조심해야 하지만, 연산의 순서는 관계가 없습니다. 수렴이 보장된 경우에는 연산의 순서를 바꾸는 것은 괜찮아요. (하지만 발산하는 경우엔 연산의 순서를 바꾸는 것도 조심해야 합니다.)

그럼 이제 1 - 1/2 + 1/3 - 1/4 ⋯ 값이 왜 ln2인지 살펴보겠습니다. 이 수열의 $2n$ 번째 항까지의 부분합을 살펴보겠습니다. 부분합은 유한합이기 때문에 유한한 곳에서는 연산이나 숫자의 순서를 아무렇게나 바꿔도 상관이 없죠.

그럼 이 마이너스 부분인 짝수항들 -1/2, -1/4, -1/6 등을 (1/2 - 1), (1/4 - 1/2), (1/12 - 1/6) 등으로 바꿔 써 보겠습니다. 그리고 다시 양수항들과 음수항들을 나눠보면, 양수항들은 1 + 1/2 + 1/3 + ⋯ + 1/2n이고, 음수항들은 -1 -1/2 -1/3 - ⋯ -1/n이 됩니다. 이 둘을 연산하면 1/(n +1) + ⋯ + 1/(2n)을 얻을 수 있습니다.

$$S_{2n} = 1 - \frac{1}{2} + \frac{1}{3} - \frac{1}{4} + \cdots + \frac{1}{2n-1} - \frac{1}{2n}$$

$$\left(\frac{1}{2} - 1\right) \quad \left(\frac{1}{4} - \frac{1}{2}\right) \quad \left(\frac{1}{2n} - \frac{1}{n}\right)$$

$$= \left(1 + \frac{1}{2} + \frac{1}{3} + \frac{1}{4} + \cdots + \frac{1}{2n}\right) - \left(1 + \frac{1}{2} + \cdots \frac{1}{n}\right)$$

$$= \frac{1}{n+1} + \cdots + \frac{1}{2n}$$

1/n로 묶어보면, $\frac{1}{n} S_{2n} = \frac{1}{n} \sum_{k=1}^{n} \frac{1}{1 + \left(\frac{k}{n}\right)}$ 이 됩니다.

$f(x) = 1/(1+x)$라는 함수를 생각해 보죠. 이 함수를 0에서 1까지 x축을 n등분해 봅시다. 그리고 n등분한 곳에서의 함숫값들을 가지고 함수 아래 사각형들의 넓이 합으로 생각해 볼 수 있고, 따라서 n이 무한대로 가게 되면 $f(x)$를 0에서 1까지의 정적분한 값이 됩니다.

$f(x)$를 **적분하면** $\ln|1+x|$이 되고, 1을 넣은 값에서 0을 넣은 값을 빼면 $\ln 2 - 0$이 되기 때문에 답은 $\ln 2$가 됩니다.

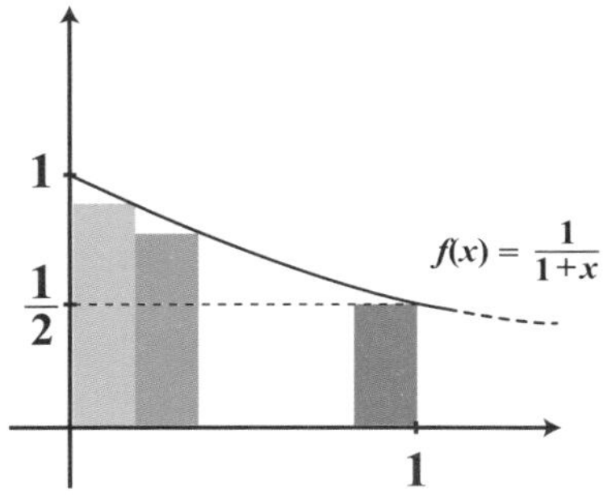

$$\int_0^1 f(x)\,dx$$

$$= \lim_{n\to\infty} \sum_{k=1}^{n} \frac{1}{n} \cdot \frac{1}{1+(k/n)}$$

$$= \lim_{n\to\infty} \frac{1}{n}\left(\frac{1}{1+\frac{1}{n}} + \cdots + \frac{1}{1+\frac{n}{n}}\right)$$

$$= \lim_{n\to\infty} \frac{1}{n+1} + \frac{1}{n+2} + \cdots + \frac{1}{2n}$$

$$1 - \frac{1}{2} + \frac{1}{3} - \frac{1}{4} + \frac{1}{5} - \frac{1}{6} + \frac{1}{7} - \frac{1}{8} + \cdots$$

$$= \lim_{n\to\infty} \left(\frac{1}{n+1} + \cdots + \frac{1}{2n}\right)$$

$$= \int_0^1 \frac{1}{1+x}\,dx = \ln 2$$

수학 겉핥기

math

Main Dish

chapter 5

상식을 깨는 차원 이야기

CHAPTER 5-1

2차원과 3차원 사이 어딘가.

유튜브 영상링크

점은 0차원, 선은 1차원, 면은 2차원, 공간 입체는 3차원이라 하죠. 그런데 우리는 0.6차원, 1.6차원, 2.7차원에 대해서도 생각해 본 적이 있을까요? 이처럼 0과 1사이 어딘가, 1과 2 사이 어딘가, 2와 3 사이 어딘가에 존재하는 입체들도 있습니다.

칸토어 집합

시에르핀스키 삼각형

멩거 스폰지

왼쪽부터 차례로 '칸토어 집합', '시에르핀스키 삼각형', '멩거 스폰지'라고 부르는데, 각각은 0과 1차원 사이, 1과 2차원 사이, 2와 3차원 사이에 존재하는 입체입니다.

이러한 차원은 어떻게 계산을 할 수 있는지 알아보겠습니다. 먼저 칸토어 집합을 보겠습니다. 칸토어 집합을 만들기 위해 먼저 0부터 1까지의 구간을 3등분으로 자릅니다. 그리고 가운데 1/3 초과 2/3 미만의 구간을 지워줍니다. 그럼 두 구간으로 나누어지고, 각 구간은 원래 자르기 전의 0부터 1까지의 구간과 닮은 선분이 됩니다. 각 두 구간에 대해서 또다시 1/3 등분으로 자른 뒤, 가운데를 지워줍니다. 그럼, 총 4개의 선분이 나오게 되고, 이 4개의 선분에 대해서 똑같이 1/3 등분으로 자릅니다. 이 과정을 무한히 반복하였을 때 얻을 수 있는 0과 1 사이 숫자들의 부분집합을 칸토어 집합이라 합니다.

매번 잘라내는 시행을 할 때마다 구간의 길이 합은 2/3배가 되므로 결국 구간의 길이는 0으로 수렴하게 됩니다. 하지만, 길이가 0이라고 해서 다 없어지는 것은 아닙니다. 0, 1/3과 같은 숫자들은 어떤 단계에서도 잘려 나가지 않고 남아있게 됩니다.

3진법으로 나타내었을 때 1을 포함하면 잘려 나가고, 그렇지 않으면 남아있게 되죠. 1/4과 같은 숫자도 칸토어 집합에 포함되어 있습니다. 1/4을 3진법으로 나타내면 0.02020202020202 ⋯과 같이 0과 2가 반복되기 때문에 어떤 단계에서도 잘려 나가는 구간에 포함되지 않습니다. (그리고 심지어 이 칸토어 집합에 있는 점들의 개수는 자연수 개수보다도 많습니다.)

이런 성질을 가지고 있는 칸토어 집합에 차원을 정의할 수 있습니다. (정확하게는 하우스돌프 차원 혹은 프렉탈 차원이라고 부릅니다.) 다시 선, 면, 공간으로 돌아가서 차원의 정의를 생각해 봅시다. 차원을 정의하는 방법은 여러 가지가 있지만 다음의 방법을 생각해 볼 수 있습니다. 선분을 3등분하면 기존 선분과 닮은 선분 조각을 3개 얻을 수 있습니다. 정사각형의 각 변을 3등분하면 원래 정사각형과 닮은 작은 정사각형 조각을 9개 얻을 수 있고, 정육면체의 각 변을 3등분하면 원래 정육면체와 닮은 작은 정육면체 조각을 27개 얻을 수 있습니다.

따라서, 각 선분을 x 등분 했을 때와 원래 입체와 닮은 조각을 y개 얻을 수 있을 때인 $x^D = y$를 만족하는 상수 D값을 차원이라고 정의할 수 있습니다. 양변에 밑을 x로 하는 로그를 취하면 $D = \log_x y$라고 표현할 수 있겠죠. 칸토어 집합은 선분을 3등분하였을 때, 2개의 원래 집합과 닮은 집합을 얻을 수 있습니다.

따라서 x가 3이고 y가 2이기 때문에 $\log_3 2 \cong 0.6$ 차원 입체라고 표현할 수 있겠죠.

두 번째 그림인 시에르핀스키 삼각형은 정삼각형에서 시작해 변을 1/2토막 내고 가운데 정삼각형을 없애고, 각각의 삼각형에 대해서 또 가운데를 없애고 해서 얻어지는 입체입니다. 이 시에르핀스키 삼각형의 둘레를 구해보면 무한대가 나오고, 넓이는 0이 나옵니다. 그렇다면 이 삼각형의 차원은 어떻게 될까요?

각 선분을 이등분했는데, 3개의 닮은 작은 입체들이 나옵니다. 따라서 $x = 2$, $y = 3$이기 때문에 $\log_2 3 \cong 1.6$ 차원 입체가 되겠죠.

마지막으로 멩거 스펀지는 정육면체의 각 변을 1/3씩 잘라서 가운데를 관통하는 구멍을 뚫고 위에서, 옆에서도 뚫어 작은 정육면체 20개를 얻는 과정을 무한히 반복해서 얻어지는 입체입니다. 멩거 스펀지는 표면적이 무한대가 되고 부피는 0이 됩니다. 이번엔 $x=3$이고 $y=20$이 되니, $\log_3 20 \cong 2.7$ 차원 입체가 됩니다.

이렇게 프렉탈 구조에 대해서는 정수 이외의 차원도 정의할 수 있습니다.

CHAPTER 5-2

차원의 저주

유튜브 영상링크

여러분이 1차원 선상에 산다고 해보죠. -1부터 1까지가 전체 공간이고, 그 중심인 원점에서 있습니다. 그리고 여러분과 거리가 1 이하인 점들을 가까운 점이라고 정의해 봅니다. 그럼, 전체 공간에 있는 점들 모두가 여러분과 가까운 점이라고 할 수 있겠죠. 전체 공간의 100%가 됩니다. 가까운 점들을 여러분의 친구들이라 생각해 보면 모두가 여러분의 친구들입니다.

여기서 차원이 하나 더 늘어나서 2차원에 산다고 해보죠. x축과 y축은 여전히 -1부터 1까지 움직일 수 있습니다. 이 사각형이 전체 공간이고 여러분은 원점에 서 있고, 여전히 여러분과 거리가 1 이하인 점들을 가까운 점이라고 정의해 봅니다. 그렇다면 전체 공간에 있는 점 중에 여러분과 가까운 점들은 원 안에 있는 점들이라고 할 수 있겠죠. 여러분의 친구들이 차지하는 공간은 원이 됩니다. 전체 공간 중에 원 공간의 비율은 원 넓이 ÷ 사각형의 넓이니까 $\frac{\pi}{4}$가 됩니다.
(원 넓이가 반지름이 1인 원의 면적이므로 π고, 사각형의 넓이는 한 변의 길이가 2인 정사각형의 넓이이므로)
$\frac{\pi}{4}$는 백분율로 보면 78.5% 정도 됩니다.

차원을 하나 더 늘려보죠. 3차원으로 가봅니다. x축, y축, z축이 모두 -1부터 1까지 움직일 수 있습니다. 여러분은 여전히 원점에 서 있고, 여러분과 거리가 1 이하인 점들을 당신과 가까운 점이라고 정의해 봅니다. 전체 공간에 있는 점 중에 당신과 가까운 점들은 구 안에 존재하겠죠. 전체 공간 중에 여러분의 친구들이 차지하는 공간 비율은 구의 부피 ÷ 정육면체의 부피가 되어 분자가 $\frac{4\pi}{3}$, 분모가 8 이라 계산해 보면 52.4% 정도 됩니다. 정육면체의 내접하는 구를 상상해 보면 구가 차지하는 부분이 절반가량 되고, 구 밖에 있는 부분도 절반가량 되는 거죠.

4차원으로 가면 어떨까요? 4차원으로 가면 테서렉트라고 부르는 하이퍼큐브 안에 접하는 4차원 하이퍼스피어 공간의 비율을 구해야 합니다. 원점으로부터의 거리가 1 이하인 점들을 다 모았을 때 나오는 하이퍼스피어의 부피를 적분식을 통해 계산해 보면 $\frac{\pi^2}{2}$이 됩니다. 하이퍼큐브의 부피는 2^4이라서 16이 됩니다. 그래서 비율을 계산해 보면 30.8%가 됩니다. 하이퍼스피어는 하이퍼큐브 안에 내접하고 있는데도 불구하고 전체 공간의 30% 정도만 차지합니다. 과연 차원을 더 늘려가면 이 비율은 어디로 수렴하게 될까요? 계속 작아지기만 할까요? 아니면 작아지다가 커지기도 할까요? 만약 계속 작아진다면 어딘가 0보다 큰 숫자로 수렴할까요? 아니면 점점 0으로 수렴하게 될까요?

신기하게도 n이 커짐에 따라 비율은 0으로 수렴하게 됩니다. 이 사실을 이미지로 상상하기는 쉽지 않습니다. 우리는 항상 시각적으로 익숙한 2차원이나 3차원으로 이미지로 상상하기 때문이에요. 사각형 안에 원이 내접하거나 정육면체 안에 접해있는 구를 상상하면 전체 공간 안에서 유의미한 비율을 차지하고 있을 것으로 생각이 되지만, 고차원으로 가게 되면 그 비율이 보잘것없이 작아진다는 것이죠.

이 그림을 직관적으로 잘 표현한 그림이 다음과 같습니다.[1]

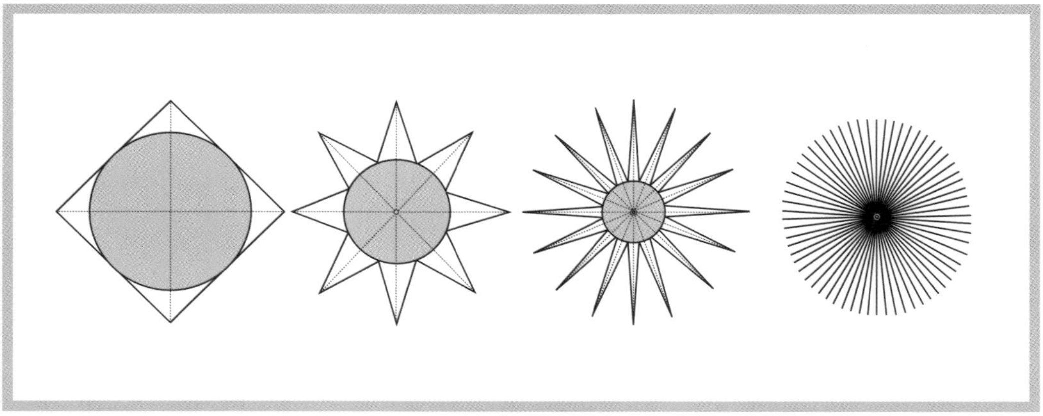

1 Data Mining and Analysis: Fundamental Concepts and Algorithms

직관적으로 이 현상을 잘 표현한 그림이죠? 2차원에서는 사각형 안에 접하는 원이 왼쪽의 모양을 의미하고, 3차원으로 가서 정육면체에 접하는 구의 공간 비율을 두 번째 그림과 같이 표현했습니다. 정육면체에는 8개의 코너가 있는 것이 뾰족한 부분들로 표현되었습니다. 코너 주변에 있는 빈 공간들이 크기 때문에 전체 공간에서 구가 차지하는 공간의 비율이 50% 정도로 떨어지게 되는 것이죠. 4차원으로 가면 30%밖에 안 되는 현상이 바로 세 번째 그림입니다. 여기서 차원을 더 늘리면 마지막 그림이 나오고 전체 공간 안에서 하이퍼스피어가 차지하고 있는 공간의 비율이 상대적으로 매우 작아진다는 걸 이해할 수 있습니다.

우리가 상당히 높은 고차원에 있다고 상상해 보면 내 주변으로 굉장히 많은 코너들이 분포하고 있고, 내 주변에서 거리가 1인 점들을 잡으면 그 공간이 차지하고 있는 비율은 전체 공간에 비해 극히 미미할 것입니다.

하이퍼큐브를 전체 공간으로 생각하고 균등하게 랜덤한 점들을 분포시켰다고 생각해 보겠습니다. 2차원이라고 하면 정사각형 안에 균등한 점들을 마구 찍는 거죠. 100개의 점을 찍은 후 그 점들 중 두 점 사이의 거리가 가장 작은 두 점과 가장 거리가 먼 두 점의 거리 비율은 매우 클 것으로 예상해 볼 수 있습니다. 매우 가까운 두 점이 있을 수 있으니 100배 혹은 1000배가 되어도 이상하지 않죠. 그래서 '가깝다' 또는 '멀다'라는 개념이 의미를 가지게 됩니다. 가까운 것과 먼 것의 구분이 용이합니다.

그런데 같은 문제를 2차원이 아니라 5차원, 10차원과 같은 높은 차원에서 생각해 보면 다른 현상을 관찰할 수 있습니다. 점은 랜덤하게 100개 그대로 유지한 채 차원을 높여보면, 100개의 점 중 가장 가까운 거리와 가장 먼 거리의 비율이 차원이 높아질수록 1로 수렴하게 됩니다. 즉 가장 먼 거리가 가장 가까운 거리보다 크긴 하겠지만, 그 비율이 체감상 같은 값으로 수렴한다는 것이죠.

고차원 공간의 한 점에서 보면 다른 모든 점이 사실상 비슷한 거리에 자리 잡고 있는 것처럼 인식이 됩니다. 랜덤하게 점들을 뿌렸는데, 뿌려놓고 보니까 어떤 특정한 점에서 볼 때 그 점이 아닌 다른 99개의 점까지 거리가 다 비슷한 상황이 펼쳐집니다.

직관적으로 납득하기 어렵지만 고차원으로 갈수록 거리의 개념이 희미해지고, 가깝다 멀다는 구분이 어려워집니다. 이런 현상을 "차원의 저주"라고 부릅니다. 고차원이기 때문에 현실 세계와 관계가 없다고 생각할 수도 있겠지만, 물리 좌표가 아닌 빅데이터를 다루게 되면 차원이 꼭 3 이하일 필요가 없습니다. 빅데이터, 머신러닝, AI 등 분야에서는 이 차원의 저주 문제가 상당히 중요한 문제가 됩니다.

나를 설명하는 데 있어 키, 몸무게, 나이, 혈압, 허리둘레, 발사이즈 등의 데이터로 표현하게 되면 6차원 데이터 포인트로 설명할 수 있게 됩니다. 또, 나와 유사한 사람을 정의할 때 6차원 공간 상에서 내 데이터포인트와 가까운 점들로 정의할 수 있습니다. 그 사람이 나와 비슷한 성향일 것이라는 가정하에 여러 분석을 해 볼 수도 있고, 기계를 통한 학습을 진행할 수도 있습니다.

우리가 이런 얘기를 하려면 두 점 사이 거리 개념이 아주 중요해집니다. 키가 180cm에 몸무게 70kg인 사람과 181cm에 69kg인 사람의 체급은 유사합니다. 이렇게 비슷하다는 것을 판단하기 위해서는 거리 개념이 필수적입니다. 그런데 이 거리 개념이 차원이 작을 때는 의미가 있지만, 차원이 높아질수록 개념이 희미해집니다. 가깝다 멀다는 판단이 점점 어려워지고 거리 감각이 둔해집니다. 고차원에서는 다 비슷비슷하게 멀리 떨어져 있어서 가까운지 먼지 판단하기가 어려워지는 거죠.

이러한 차원의 저주 문제를 해결하기 위해 두 가지 방법이 있어요. 데이터를 더 많이 확보하거나, 데이터의 차원을 감소시키는 것입니다. 하지만, 현실적으로 볼 때 데이터를 더 확보하는 방법은 차원이 늘어날수록 기하급수적으로 많은 데이터가 필요하기 때문에 데이터가 가지고 있는 정보의 손실을 최소한으로 하면서 차원을 감소시키는 방법이 유효한 편입니다.

수학
겉핥기

math

Main Dish

chapter

생성 함수

6

CHAPTER
6-1

인수분해를 배우는 이유

유튜브 영상링크

일반 주사위의 5, 6을 지우고 2, 3으로 바꿔서 1, 2, 2, 3, 3, 4 이렇게 눈이 배열 되어 있는 주사위를 머릿속에 그려 봅시다. 그리고 또 다른 주사위는 2 대신 8을 넣어서1, 3, 4, 5, 6, 8 이렇게 눈이 배열되어 있다고 생각해 봅시다.

이렇게 주사위 하나는 눈을 조금 낮추고, 또 다른 주사위 하나는 눈을 약간 높인 다음 2개를 던져서 그 합의 분포를 구해보면 절묘하게도 우리가 잘 아는 1부터 6까지 눈을 가진 주사위 2개를 던졌을 때 나오는 합의 분포와 정확하게 동일한 분포가 나옵니다.

주사위 2개를 던진 눈의 합을 통해 진행하는 보드게임들이 많기 때문에 이렇듯 변형된 주사위 2개를 활용하면 게임의 재미를 한 단계 더 끌어올릴 수 있습니다. 주사위 2개를 던져 나올 수 있는 36가지 경우들에 대해 주사위 눈의 합으로 그 경우의 수를 따져보면, 2부터 12까지 그 경우들이 아래 표와 같습니다.

	1	2	3	4	5	6
1	2	3	4	5	6	7
2	3	4	5	6	7	8
3	4	5	6	7	8	9
4	5	6	7	8	9	10
5	6	7	8	9	10	11
6	7	8	9	10	11	12

눈의합	경우의수
2	1
3	2
4	3
5	4
6	5
7	6
8	5
9	4
10	3
11	2
12	1

아래 그림은 변형된 주사위를 통해 나올 수 있는 경우들도 나타낸 것입니다. 변형되기 전의 분포표와 경우의 수가 동일하죠?

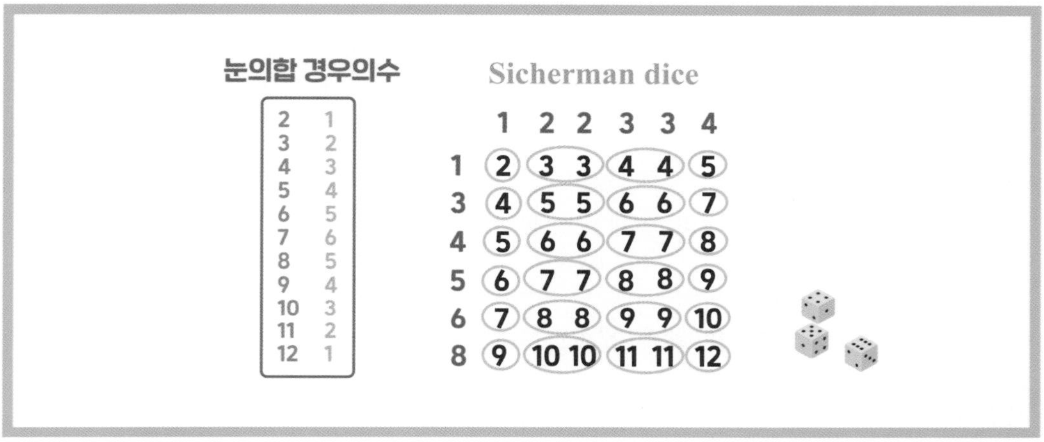

1978년 이 주사위의 존재를 처음 발견한 사람인 George Sicherman의 이름을 따서 Sicherman dice라고 부릅니다. 정육면체 2개에 자연수 눈을 임의로 붙여서 기존 주사위 2개의 합 분포와 동일한 분포를 주는 조합은 이런 Sicherman dice의 조합이 유일합니다. 이 조합만이 유일하고 이외의 다른 어떤 조합으로도 이렇게 만드는 것이 불가능하다는 걸 증명하는 건 얼핏 생각하기에 간단한 문제가 아닐 것 같은데요. 사실 생성 함수라는 개념을 활용하면 간단하게 증명할 수 있습니다.

평범한 주사위를 한 번 던졌을 때 나오는 눈의 수를 k라고 했을 때 가능한 경우의 수를 x^k 항 앞에 있는 계수라고 한다면, $x + x^2 + x^3 + x^4 + x^5 + x^6$이라는 다항식을 생각할 수 있습니다. 이와 유사하게 주사위를 두 번 던졌을 때 나오는 눈의 수의 합을 k라 하고, 가능한 경우의 수를 x^k 항 앞에 있는 계수라고 한다면, $x + x^2 + x^3 + x^4 + x^5 + x^6$이라는 다항식에 제곱하여 $(x + x^2 + x^3 + x^4 + x^5 + x^6)^2$이라고 쓸 수 있습니다. 실제로 이 제곱 식을 전개해 보면, $x^2 + 2x^3 + \cdots + 2x^{11} + x^{12}$과 같이 표현됨을 알 수 있습니다.

이렇게 각 경우의 수를 앞의 계수로 가지는 다항식으로 표현한 함수를 생성 함수라고 합니다. 생성 함수의 개념을 활용하여 $(x + x^2 + x^3 + x^4 + x^5 + x^6)^2$이라는 생성 함수를 가지는 2개의 육면체 주사위 조합이 2가지밖에 없다는 사실을 어렵지 않게 보일 수 있습니다. 생성 함수를 어떻게 다항식들로 인수분해가 되는지를 파악함으로써 가능합니다.

이 주어진 다항식을 두 개의 다항식 $f(x)$와 $g(x)$의 곱 형태로 인수분해 하는데, 각 $f(x)$와 $g(x)$는 두 개의 주사위 눈을 통한 생성 함수를 의미합니다. 각 주사위가 "육면체이면서 자연수 눈을 가진다는 조건"을 통해 $f(x)$와 $g(x)$ 각각이 가져야 하는 성질에 대해 이해할 수 있습니다.

먼저 육면체여야 한다는 조건을 통해 각 항의 계수들의 합이 6이라는 사실을 알 수 있습니다. 이를 함수의 조건으로 이해해 보면 x에 1을 대입한 결과가 6이라는 것으로 이해할 수 있습니다. '따라서 $f(1) = g(1) = 6$이 성립해야 합니다.' 그리고 눈이 자연수라는 것을 통해 상수항(x^0항)이 없으므로 $f(0) = g(0) = 0$이라는 조건도 확인할 수 있습니다.

$(x + x^2 + x^3 + x^4 + x^5 + x^6)^2$이라는 다항식을 실제 자연수 계수의 다항식들로 인수분해 해보면 다음과 같이 나타낼 수 있습니다.

$$(x + x^2 + x^3 + x^4 + x^5 + x^6)^2$$

$$= x^2 (1 + x + x^2 + x^3 + x^4 + x^5)^2$$

$$= x^2 \{(1 + x + x^2)(1 + x^3)\}^2$$

$$= x^2 (1 + x + x^2)^2 (1 + x)^2 (1 - x + x^2)^2$$

즉 $f(x)g(x) = x^2 (1 + x + x^2)^2 (1 + x)^2 (1 - x + x^2)^2$이고, $f(x)$와 $g(x)$ 각각이 우변의 항 중 몇 개를 조합한 결과라는 것을 알 수 있습니다.

먼저 $f(0) = g(0) = 0$이라는 사실로부터 x항을 $f(x)$와 $g(x)$가 하나씩 나누어 가지고 있어야 한다는 사실을 알 수 있습니다.

그리고 $(1 + x + x^2)$, $(1 + x)$, $(1 - x + x^2)$에 1을 대입하면 각각 3, 2, 1이 나오는 것을 알 수 있는데, $f(1) = g(1) = 6$ 이어야 하므로 $(1 + x + x^2)$ 항도 f와 g가 하나씩 가지며, $(1 + x)$ 항도 f와 g가 하나씩 가져야 함을 알 수 있습니다. 따라서 $(1 - x + x^2)^2$ 항 만이 통째로 f나 g에 들어갈지, 혹은 하나씩 f와 g에 들어갈지에 대한 자유도가 있게 됩니다.

만약에 전자의 경우라면 $f(x) = x(1 + x)(1 + x + x^2)(1 - x + x^2)^2$, $g(x) = x(1 + x)(1 + x + x^2)$이 되고, 후자의 경우라면 $f(x) = g(x) = x(1 + x)(1 + x + x^2)(1 - x + x^2)$가 성립합니다.

후자의 경우 $f(x) = g(x) = x + x^2 + x^3 + x^4 + x^5 + x^6$이 되어 일반적인 두 개의 주사위 조합이 되고, 전자의 경우 $f(x) = x + x^3 + x^4 + x^5 + x^6 + x^8$, $g(x) = x + 2x^2 + 2x^3 + x^4$ 이렇게 전개가 되기 때문에 그 경우 $f(x)$에 해당하는 주사위가 1, 3, 4, 5, 6, 8을 눈으로 가진 주사위에 대응되고, $g(x)$에 해당하는 주사위가 1, 2, 2, 3, 3, 4 주사위에 대응됩니다.

이외의 경우들이 불가능한 것은 다른 인수분해가 불가능하다는 것으로 설명이 됩니다. 이와 같이 생성 함수를 활용하면 증명이 어려울 것 같았던 어떤 명제의 불가능성에 대해 증명할 수 있습니다.

CHAPTER 6-2

100/9899에서 보이는 피보나치 수열?

유튜브 영상링크

$\frac{100}{10000-100-1}=100/9899=0.0101020305081321 34\ldots$를 두 자리씩 끊어서 보면 1, 1, 2, 3, 5, 8, 13, 21, 34와 같이 이전 두 개의 항을 더해 다음 항이 나오는 피보나치 수열이 나옵니다.

피보나치 수열은 $a_{n+2}=a_{n+1}+a_n\ (n \geq 1),\ a_1=a_2=1$이라는 점화식으로 정의가 됩니다. 이때 a_k를 x^k의 계수로 가지는 무한한 항을 가진 다항식을 S라고 정의해 보겠습니다.

$$S=x+x^2+2x^3+3x^4+5x^5+\cdots$$

그리고 xS와 x^2S를 자연스럽게 아래와 같이 정의할 수 있습니다.

$$xS=x^2+x^3+2x^4+3x^5+\cdots$$

$$x^2S=x^3+x^4+2x^5+3x^6+\cdots$$

그럼 $S-xS-x^2S=x+x^2-x^2=x$가 됨을 알 수 있습니다. 왜냐하면, $S-xS-x^2S$을 구성하고 있는 x^k 앞에 붙은 계수를 계산해 보면, k가 3 이상일 때 피보나치 수열의 점화식에 의해서 그 계수가 모두 0이 되기 때문입니다.

따라서, 좌변을 S로 묶은 다음 정리해 보면 $S=\frac{x}{(1-x-x^2)}$ 라는 식이 도출됩니다.

물론 S를 처음 정의할 때 무한합으로 나타내었기 때문에 x가 수렴 반경 안에 있어야 한다는 조건이 있어야 합니다. S는 초항이 x이고 공비가 $x + x^2$인 무한등비급수로 이해할 수 있습니다. 따라서, 공비인 $x + x^2$의 절대값이 1보다 작은 범위 안에서 $S = \dfrac{x}{(1 - x - x^2)}$로 정의할 수 있습니다.

즉 $\dfrac{x}{(1 - x - x^2)} = x + x^2 + 2x^3 + 3x^4 + 5x^5 + \cdots$ 가 됩니다. 이 때, x = 1/100을 대입하면, 좌변은 (1/100)/(1-(1/100) - (1/10000))로 표현할 수 있고, 분자와 분모에 각각 10,000을 곱하면 100/(10000 - 100 - 1)으로 나타낼 수 있습니다. 우변은 $1/100 + 1/100^2 + 2/100^3 + 3/100^4 + \cdots$으로 표현할 수 있는데, 이는 소수로 표현했을 때 피보나치 수열이 두 자리에 하나씩 표현되는 형태로 이해할 수 있습니다.

따라서, 100/(10000-100-1) = 0.010102030508132134 …와 같이 피보나치 수열이 보이는 형태가 나옵니다. 생성 함수를 활용하여 이렇게 피보나치 수열을 얻을 수도 있습니다.

좌변이 유리수 형태이기 때문에 우변의 무한소수는 순환마디가 존재하는 순환소수일 수밖에 없습니다. 피보나치 수열이 계속해서 나타나면 순환하지 않을 것처럼 보이기도 하지만, 두 자리씩 차지할 수밖에 없기 때문에 앞에 나온 수열의 자릿수에 영향을 주게 되고, 언젠가는 반복하는 패턴이 나올 수밖에 없습니다.

math

Main Dish

chapter 7

확률 이야기

CHAPTER 7-1

도박과 수학 : 캘리 비율

유튜브 영상링크

사람들은 보통 좋은 패를 들었을 때, 혹은 유리하다고 여길 때 크게 베팅을 합니다. 도박이랑은 거리가 멀다고 생각하시는 분들도 살다 보면 한 번쯤 베팅을 얼마나 해야 할지 선택의 순간이 올 때가 있습니다. 예를 들어, 좋은 사업 기회라는 확신이 들어 전 재산을 들여 사업을 벌이기도 하고, 좋은 꿈을 꾸면 복권을 하나 사보는 이유도 평소보다 당첨 확률이 높다고 생각한 믿음에 기인한 것입니다.

그런데 배팅해야 하나 말아야 하나, 한다면 얼마나 크게 해야 하는지 등의 의사결정을 할 때 의외로 많은 사람들이 합리적이고 논리적인 판단을 하지 못해 손해를 봅니다. 수학적인 이론을 잘 알고 있어도 실제 삶에서는 그걸 적용하지 못하는 경우가 많습니다.

앞면 혹은 뒷면이 나올 확률 정확히 5:5인 동전을 던져서 내기를 해 봅시다. 앞면이 나오면 돈을 벌고, 뒷면이 나오면 돈을 잃습니다. 앞면이 나와 이기면 판돈의 두 배를 받고, 뒷면이 나와서 지게 되면 판돈의 0.4배만 돌려받습니다. 판돈은 얼마든지 걸 수 있습니다. 판돈을 10만 원으로 한다면 절반의 확률로 10만 원을 따고 절반의 확률로 6만 원을 잃습니다. 기댓값은 1/2의 확률로 10만 원과 1/2의 확률로 -6만 원이므로 2만 원을 기대할 수 있는 게임이죠. 기댓값이 양수이기 때문에 이 게임은 하면 할수록 결국 이익입니다. 판돈을 10만 원으로 고정하고 계속해서 이 게임을 100번 한다면 50번 정도의 앞면과 50번 정도의 뒷면을 기대할 수 있습니다. 그걸 통해 얻는 건 200만 원을 기대할 수 있죠. 같은 게임을 1000번 한다면 2000만 원 얻는 걸 기대할 수 있습니다.

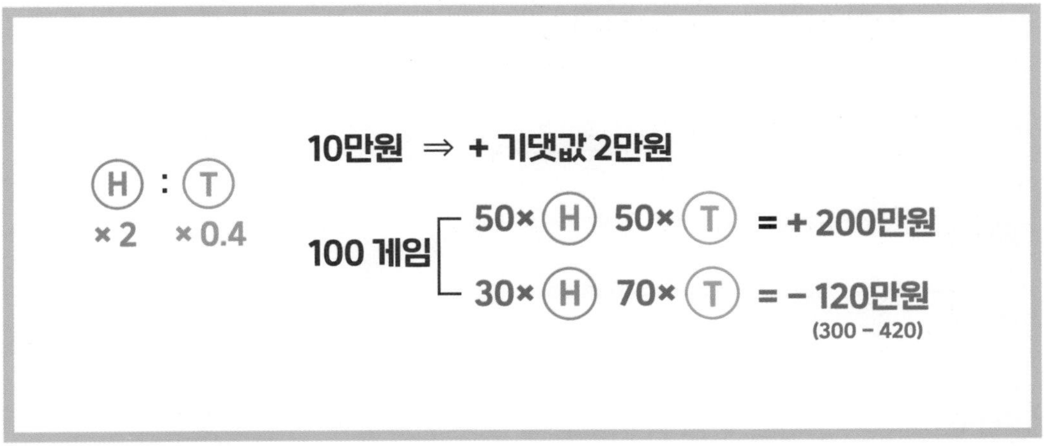

반면, 운이 정말 나빠서 계속 질 수도 있겠죠. 100번을 던졌는데, 뒷면만 계속 70번이 나오고 앞면은 30번 밖에 안 나올 수도 있습니다. 그 결과로 인해 120만 원의 손해를 볼 수도 있죠. 하지만 큰 수의 법칙을 잘 이해하고 있다면 이런 확률은 매우 작다는 것을 알 수 있습니다. 100번 동전을 던져서 나오는 앞면의 개수는 이항분포를 따릅니다. 횟수 $n = 100$과 앞면이 나올 확률 $p = 1/2$에 대한 평균은 $np = 50$번, 분산은 $np(1 - p)$인 25입니다. 그리고 어떠한 분포도 시행 횟수가 커지면 정규분포와 유사해집니다. (중심극한정리) 평균이 50이고 분산이 25(표준편차가 5)인 정규분포에서 평균을 중심으로 2배의 표준편차 이내로 들어올 확률은 대략 95% 정도 됩니다.

즉 동전을 100번 던져서 앞면이 40회~60회 사이로 나올 가능성이 95% 정도라는 거죠. 운이 좋으면 60번까지도 나오고 운이 나쁘면 40번 밖에 안 나올 수도 있습니다. 운이 상당히 나빠서 앞면이 30번도 채 안 나올 가능성은 매우 작습니다. 얼마나 작은지 계산해 보면 30은 평균인 50을 중심으로 4배의 표준편차 바깥에 있는 값이므로 표준 정규분포표에서 Z가 -4 이하에 있을 확률을 찾아보면 0.00003, 즉 10만 번에 세 번 있을 만한 희귀한 사건이 됩니다.

100번을 던졌을 때 앞면이 나오는 횟수가 30번이 아니라 1000번에 300번 나올 확률은 어떨까요? 1000번을 던지면 평균적으로 500번 앞면이 나오고 분산은 250(표준편차는 대략 15.8)입니다. 두 배의 표준편차가 대략 30 정도이므로 약 95%의 확률로 앞면의 횟수는 470~530 사이에 있다고 예상해 볼 수 있습니다. 동전을 1000번 던져서 나오는 앞면의 수는 웬만해선 470~530 범위에 있다는 말이죠. 앞면의 횟수가 너무 운이 나빠서 300번 밖에 안 나올 확률을 계산해 보면 평균을 중심으로 12배의 표준편차 밖에 있을 사건이기 때문에 그 확률은 6×10^{-37} 정도로 작은 수입니다.

동전 1000번에 앞면 300번 이하로 나올 확률

0.000000000000000000000000000000000000006

빅뱅 이후 138억 년이라는 시간을 초 단위로 환산하면 4×10^{17}초이기 때문에 1초에 한 번씩 동전을 1000번씩 던져 앞면의 횟수를 기록해 나간다 해도 단 한 번도 발생하지 않을 정도로 희귀한 사건이죠. 이 정도의 사건이라면 운이 좋다 혹은 나쁘다로 표현되는 것이 아니라 상식적으로 발생할 수 없는 사건이 발생한 것으로 이해해야 합니다. 5:5 동전이 아니라 뭔가 조작이 있다는 걸 의심해 보는 것이 더 합리적인 상황입니다.

다시 원래의 게임으로 돌아가서 1000번을 던져서 운이 나쁘면 앞면이 470번 그리고 운이 좋으면 앞면이 약 530번 나오는 걸 예상을 해볼 수 있다는 사실을 기억하고, 이런 게임을 10만 원씩 1000회 했을 때 나오는 결과를 예상해 봅시다. 앞면이 470번 나왔으면 10만 원을 얻고 530번은 6만 원을 잃으니까 운이 나쁘다고 해도 1520만 원을 벌게 됩니다. 앞면이 530번 나오면 2500만 원 정도를 벌게 됩니다. 결국 운이 좋건 나쁘건 천만 원대에서 2천만 원대 수준의 수익을 예상할 수 있습니다.

1000번 ⇒ 95% 확률로 앞면은 470 ~ 530번 사이

470 × 10 − 530 × 6
=1520만 원 이득

530 × 10 − 470 × 6
=2480만 원 이득

참여하는 게 무조건 이득인 게임이기 때문에 천 번이 아니라 만 번, 10만 번 계속하고 싶어집니다. 그런데 이렇게 천 판을 해서 천 만원 이상을 벌게 된다면 10만 원이라는 '판돈이 적었나' 하는 아쉬움이 남게 됩니다. 판돈의 제한이 없으면 더 크게 베팅하고 싶어집니다. 진작에 판돈을 10만 원이 아니라 20만 원 30만 원 100만 원 등으로 늘려가면서 게임을 했다면 천 만원에서 이천만 원 수준이 아니라 진작에 1억 이나 2억을 벌 수도 있지 않았을지 하는 생각이 들게 됩니다.

판돈을 일정하게 가져가면 내가 얻는 수익은 게임을 하면 할수록 선형적으로 증가합니다. 그런데 판돈을 계속 늘려가면 지수적으로 증가시킬 수 있지 않을까 하는 생각이 들 수 있습니다. 여기서 많은 사람들이 오류를 범하게 됩니다. 리스크를 선호하는 사람 혹은 스스로 용감하다 생각하는 사람들이 전 금액을 모두 베팅하거나 지나치게 큰 비율의 금액을 베팅하는 오류를 범하기 십상입니다.

계속해서 모든 자산을 올인했을 때 결과가 어떻게 될지 예상해 볼까요? 초기자금은 100만 원으로 시작하겠습니다. 1/2의 확률로 200만 원이 되고, 1/2 확률로 40만 원이 되겠죠. 두 번째 턴에서도 모든 자산을 판돈으로 걸게 된다면, 1/4의 확률로 400만 원, 1/2의 확률로 80만 원, 1/4의 확률로 16만 원이 됩니다. 기댓값으로 치면 매 순간 전 재산을 판돈으로 거는 것이 이익입니다. 첫 턴에서 기댓값은 1/2 × 200 + 1/2 × 40 = 120으로 게임을 하지 않았을 때 자산이 100만 원인 것에 비해 이익입니다. 200만 원으로 올라갔을 때도 기댓값은 240만 원으로 전 재산을 판돈으로 거는 것이 기댓값을 높이게 되고, 40만 원으로 떨어졌을 때도 기댓값이 48만 원으로 기댓값을 높이게 됩니다.

그런데 여기 한 가지 중요한 사실이 있어요. 4번 중에 3번은 원금을 지키지 못하는 결과가 나옵니다. 매 상황에서 보면 기댓값을 최대화하기 위해서 전체 자산을 판돈으로 거는 전략은 그렇게 틀린 곳이 없어 보이지만, 두 번만 하더라도 매우 높은 확률로 원금을 지키지 못하게 됩니다.

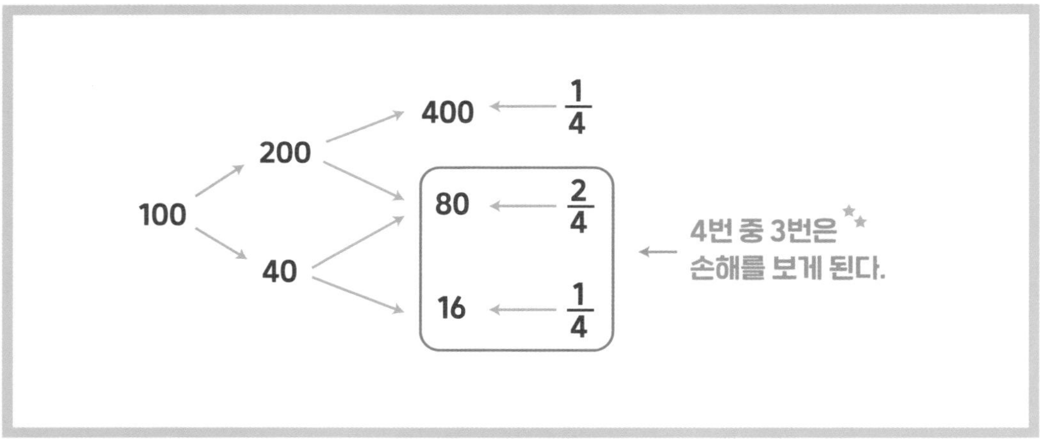

만약 이 게임을 계속해서 전 재산을 거는 전략으로 1000회 반복하면 어떻게 될까요? 조금 전에 살펴보았듯이 운이 나쁘면 앞면이 470번, 또 운이 좋으면 530번 정도로 나올텐데, 운이 제법 좋았다고 가정해 보죠. 1000번 중 2배가 되는 것이 530번 있었고, 0.4배가 되는 것이 470번 있었습니다. 그래서 2^{530}과 0.4^{470}을 곱한 값이 무엇인지 살펴보면 됩니다.

두 배를 60번 더 많이 하니까 이익을 얻었을까요? 이 결과를 계산해 보면 3.2×10^{-28}으로 사실상 0이 나옵니다. 운이 좋은 경우에도, 원금을 다 잃게 되는 것이죠. 그러니 운이 나쁜 케이스는 말할 것도 없습니다. 기댓값이 양인 게임을 하는데도 불구하고, 그리고 매번 기댓값을 최대로 하는 배팅에도 불구하고 결국 매우 높은 확률로 전 재산을 다 잃게 됩니다. 카지노를 50% 이상의 확률로 이기는 방법이 있다고 하더라도 얼마나 베팅하면 되는지에 대한 기법을 정확히 모르고 있다면 게임을 잘하고 있는데 이상하게 내 자산은 계속해서 줄어들게 됩니다.

Ⓗ : 530번

Ⓣ : 470번

$$2^{530} \times (0.4)^{470} = 3.2 \times 10^{-28} \cong 0$$

유리한 게임, 즉 기댓값이 플러스인 게임에서 풀베팅을 계속하게 된다면 전체 기댓값은 조금씩 올라가긴 하지만, 기댓값인 평균이 계속 올라간다고 해서 최빈값과 중간값이 항상 같이 올라가지 않을 수 있습니다. 기댓값은 지수적으로 증가하지만, 최빈값과 중간값은 지수적으로 감소할 수 있습니다. 한판 이기고 한판 지면 x 2와 x 0.4를 곱 연산하여 x 0.8이 되니 최빈값과 중간값에서는 두 번 게임을 하면 20% 손해보게 됩니다. 단순히 기댓값을 높이는 형태로만 전략을 취했을 때 맹점이 있는 것이죠. 대수의 법칙에 의해서 게임을 계속하면 할수록 높은 확률로 최빈값이나 중간값 근처의 결과를 경험하게 됩니다.

그에 비해 유리한 게임을 일정한 액수로 계속한다면, 높은 확률로 수익을 기대할 수 있습니다. 10만 원을 판돈으로 하여 1000회의 게임을 하게 된다면 대략 1500만 원에서 2500만 원 사이의 수익을 기대할 수 있긴 했었죠. 하지만 이는 선형적인 증가를 보장하지만, 지수적인 증가를 보장하지는 못합니다. 그렇다면 애초에 지수적인 증가를 기대할 수는 없는 것일까요?

꼭 그렇지만은 않죠. 전략을 잘 짜면 지수적인 증가를 기대할 수 있습니다. 유리한 게임이라면 내 전체 자금과 승률, 그리고 기댓값을 종합적으로 고려하여 풀베팅 대신 일정 비율의 정률 베팅을 통해 최빈값과 중간값도 지수적인 증가를 할 수 있도록 할 수 있습니다. 그 비율은 어떻게 알 수 있을까요? 앞서 언급한 예시에서 전체 자금의 x 비율 ($0 \leqq x \leqq 1$)만큼을 베팅한다고 해봅시다. 현금을 $(1 - x)$ 비율로 유지하기 때문에 이겼을 때는 $1 + x$배가 되고, 졌을 때는 $1 - 0.6x$배가 됩니다.

한판 이기면 한판 지는 최빈값이나 중간값에서 두 번의 게임을 했을 때 자산이 $(1 + x)(1 - 0.6x)$배가 됩니다. x가 0이면 베팅하지 않아 값이 1, 즉 1배를 유지하는 것이고, x가 1이 되면 풀베팅해서 식의 값이 0.8, 즉 0.8배로 손해가 되는 것을 의미하죠. 이 이차식의 값이 1보다 큰 값을 가지게 되는 x가 있다면, 그 비율 x를 계속해서 베팅하게 되면 최빈값이나 중간값에서도 지수적인 증가를 기대할 수 있습니다.

x가 0과 1 사이에 있을 때 이 이차식에 최댓값을 구하는 것은 교과 과정에서 2차 방정식의 극대·극소, 최대·최소를 구하는 문제와 같습니다. $f(x) = (1 + x)(1 - 0.6x)$라고 놓으면 두 근이 -1과 5/3가 되고, 두 근의 평균인 대칭축은 $x = 1/3$이 됩니다. x는 0과 1 사이에서 위로볼록인 이차식의 일부가 되고, 대칭축인 $x = 1/3$에서 극댓값을 가지게 됩니다.

$x = 1/3$일 때, 즉 항상 내 자산의 1/3을 베팅하게 되면 이길 경우 자산이 4/3배가 되고, 지면 자산이 4/5배가 되는 것이죠. 그래서 한번 이기고 한번 지게 되면 16/15배가 됩니다. 자산이 6.7% 불어나는 거죠. 조금전 풀베팅했던 것과 비교해 보면 이번엔 최빈값이나 중간값에서도 지수적인 증가를 기대할 수 있습니다.

정률 베팅 $(1 + x)(1 - 0.6x)$

$$f(x) = (1 + x)(1 - 0.6x) \qquad 0 \leq x \leq 1$$

$$f(\tfrac{1}{3}) = \frac{4}{3} \times \frac{4}{5} = \frac{16}{15} \fallingdotseq 1.067$$

이 게임을 다시 한번 1000번 했다고 해볼까요? 풀베팅했을 때 운이 좋아서 530번 앞면이 나왔어도 모든 자산이 소진되었던 것과 비교해 봅시다. 운이 나빠 앞면이 470번 나오는 경우를 계산해 보죠. 4/3배가 470번, 4/5배가 530번, 즉 $(4/3)^{470} \times (4/5)^{530}$을 계산해 보면 약 2285만이 나옵니다. 100만 원으로 시작했다고 하면 운이 나빠도 22조 8500억이라는 자산 증가를 예상할 수 있죠. 운이 좋아서 앞면이 530번 나왔다고 하면 4.7×10^{20}배가 됩니다. 말로 표현하기 힘든 큰 숫자가 나오죠.

$$\left(\frac{4}{3}\right)^{470} \times \left(\frac{4}{5}\right)^{530} = 22{,}850{,}689$$

$$\left(\frac{4}{3}\right)^{530} \times \left(\frac{4}{5}\right)^{470} = 4.7 \times 10^{20}$$

선형적으로 정액을 베팅해서 1500만 원~2500만 원 수준의 수익을 기대하는 것에 비하면 1/3씩 투자하는 정률 베팅을 통해 엄청난 성과를 기대할 수 있습니다. 물론 지수적으로 증가를 계속해 나가다 보면 돈을 지급해야 하는 주체가 파산하기 때문에 영속할 수 없겠지만, 빠르게 지수적인 성장을 이끌어 낼 수 있는 좋은 전략임은 틀림없습니다.

이런 비율을 구하는 방법을 켈리 기준이라 합니다. 1956년 켈리(J. L. Kelly)에 의해서 기술된 내용입니다. 켈리 전략, 켈리 베팅과 같은 이름으로도 불리죠. 워렌버핏 같은 투자 구루들도 이런 켈리 공식을 활용해서 투자한다고 합니다.

도박이나 게임이 아니더라도 우리는 일상에서 늘 이와 유사한 형태의 의사결정을 해 가며 살아갑니다. 확률과 대수의 법칙에 대한 깊은 이해는 내가 어떠한 방식으로 살아가야 할지 또는 내가 합리적인 의사결정을 하고자 할 때 논리적으로 판단할 근거를 제공해 줍니다. 경험적인 오류에 휘둘리지 않고 합리적 의사결정들이 생활속에 누적된다면 내 삶의 방향과 가치관이 송두리째 달라질 수도 있습니다.

CHAPTER 7-2

표준편차 n으로 나눌까 n-1로 나눌까

유튜브 영상링크

분산이나 표준편차를 구할 때, 어떤 식은 n으로 나누고 어떤 식에서는 $n - 1$로 나누죠? 과연 어느 것이 맞는 방법이고, 왜 이런 차이가 있는 걸까요? 엑셀에서 표준편차 구하려고 standard deviation의 약자인 std를 쳐 봐도 여러 종류의 계산 방식이 나옵니다. n으로 나누는 함수도 있고, $n - 1$로 나누는 함수도 나오죠. 정답을 먼저 말씀드리자면, 모집단의 표준편차를 구하고 싶다면 n으로 나누고, 표본의 표준편차를 가지고 모집단의 표준편차를 추정하고 싶다고 하면 $n - 1$로 나눕니다.

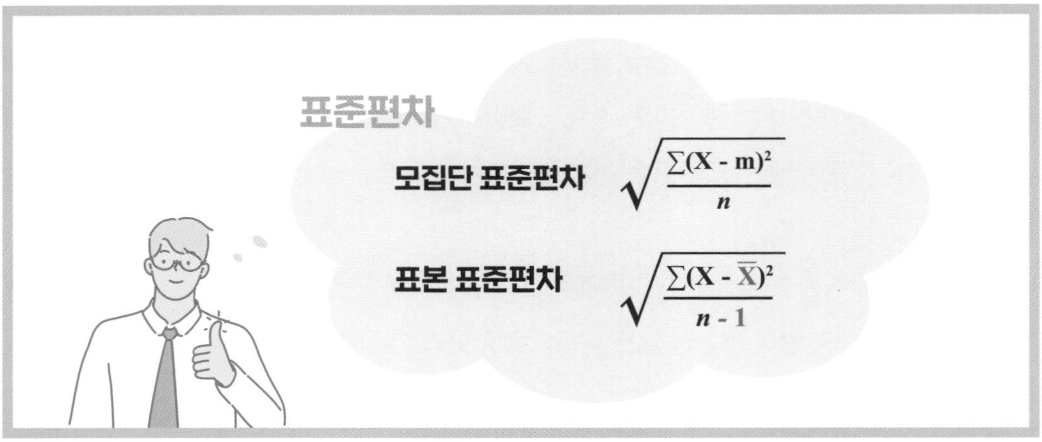

교과과정에서 평균과 표준편차의 개념을 처음 배울 때는 n으로 나누는 개념으로 배우게 됩니다. 표준편차는 분산의 제곱근이고, 분산이라고 하는 것은 평균과의 차이들에 제곱을 취한 것들의 평균이므로 n개 값의 평균이니 n으로 나누는 것이 맞겠죠.

예를 들어 1, 2, 3 세 개의 숫자가 있다고 가정해 봅시다. 평균은 2가 되겠죠. 분산을 구하라고 하면 평균으로부터의 차이값인 -1, 0, 1 각각을 제곱해서 1, 0, 1을 만들고, 그들의 평균인 2/3가 분산이 됩니다. 표준편차는 그것에 루트를 씌워 $\sqrt{\frac{2}{3}}$가 됩니다. 이렇듯 우리는 전체 데이터를 알 경우 그 데이터의 분산을 구할 때는 별 고민 없이 n으로 나누는 식을 사용합니다.

그런데 일반적으로 전체 데이터는 숫자가 너무 많거나 물리적인 제약이 있어 알기 어려운 것이 보통입니다. 그래서 샘플이나 표본이라고 불리는 데이터의 일부를 취해서 그 표본의 데이터를 가지고 모집단의 평균이나 분산을 추정하고 싶을 수 있을 것입니다. 주로 통계를 활용할 때 표본의 데이터를 통해 모집단을 추정하는 경우가 많죠. 정치에서 여론조사 할 때 보면 성인 전체를 대상으로 의견을 물어 알 수 없으니 적당한 표본을 설정해 의견 취합하고, 그게 모집단의 데이터와 비슷할 것으로 추정하죠. 내 아들이 지금 36개월인데 키가 90cm면 잘 크고 있는 건가 확인하고 싶다면, 36개월 남자아이 평균 키랑 10분위 지표를 보고 상위 몇 프로인가 가늠할 텐데, 이때 쓰는 데이터가 전국의 모든 36개월 남자아이들의 신장을 다 재서 평균을 구한 데이터가 아니라 적당히 표본을 잡아서 평균을 낸 데이터겠죠. 이와 같이 표본의 통계량을 통해 모집단의 통계량을 추측하는 경우들이 많습니다.

그럼 표본 평균을 구했다고 해보죠. 1, 2, 3이라는 데이터가 모집단이라고 하고, 표본을 2개를 잡는다고 해보죠. 표본 2개로 1, 2를 잡으면 평균이 1.5로 실제 모집단의 평균인 2보다 약간 작을 수 있습니다. 반대로, 표본 2개로 2, 3으로 잡으면 평균이 2.5로 실제 모집단의 평균인 2보다 약간 클 수도 있습니다. 표본 2개로 1, 3을 잡게 되면 평균이 2로 실제 모집단의 평균인 2와 같게 되겠죠. 즉 표본에 따라서 표본평균은 모평균보다 클 수도 있고 작을 수도 있습니다. 그런데 여기서 중요한 건 작을 수도 있고 클 수도 있지만, 한쪽으로 치우쳐 있지 않다는 점입니다.

표본에 따라서 운이 좋다면 실제 모평균의 값과 매우 유사한 평균을 구할 수도 있고, 운이 나쁘다면 모평균과 표본평균의 차이가 제법 날 수도 있지만, 모평균보다 적게 잡히는 경우가 있다면 그만큼 크게 잡히는 경우도 존재한다는 거예요. 그래서 모집단을 알 수 없는 상태에서는 표본평균으로 구한 값이 모평균 추정치로 가장 적절한 값이라는 것입니다.

표본에 대해 같은 얘길 분산이나 표준편차에 대해서도 해보면, 한쪽으로 치우쳐 있게 됩니다. 원래 분산의 개념인 n으로 나눈 평균을 사용했다고 해 봅시다. 표본 2개를 1, 2로 잡아 평균이 1.5일 때 평균과의 차이는 0.5, 0.5가 되고, 그들의 제곱은 0.25와 0.25라 평균이 0.25가 됩니다. 즉 분산은 0.25가 되고 표준편차는 0.5가 됩니다. 표본 2개를 2, 3으로 잡아 평균이 2.5일때도 평균과의 차이는 0.5, 0.5가 되고, 그들의 제곱은 0.25와 0.25라 평균이 0.25가 됩니다. 즉 분산은 0.25가 되고 표준편차는 0.5가 됩니다. 표본 2개를 1, 3으로 잡아 평균이 2가 되면 평균과의 차이는 1, 1이 되고 그들의 제곱은 1, 1이라 평균이 1이 됩니다. 즉 분산은 1이 되고 표준편차도 1이 됩니다.

모표준편차는 0.82 정도 되는 값인데, 표본표준편차는 3번 중의 2번이 0.5고 3번 중의 1번이 1이 되죠. 평균적으로 보면 0.5가 2번에 1이 한 번이니 0.5, 0.5, 1을 평균해서 2/3인 0.67 정도가 되겠죠. 그래서 이 값을 모표준편차 추정에 쓴다고 하면, 실제 모표준편차보다 과소평가하는 꼴이 되겠죠.

왜 이런 현상이 벌어지는지 개념적으로 이해해 봅시다. 분산이나 표준편차는 얼마나 데이터가 넓게 분포하고 있는지에 대한 것을 측정해 주죠. 그 역할을 하는 또 다른 지표는 최댓값 - 최솟값입니다. 전체 모집단을 한번 생각해 보세요. 이번엔 사람의 키라고 생각해 봅시다.

세상엔 배구선수들 같이 장신인 사람도 있고, 왜소증으로 선천적으로 키가 작은 사람도 있습니다. 최솟값과 최댓값을 상상해 보시면 차이가 엄청나게 크겠죠. 그런데, 전체 인구 중에 랜덤하게 10명 잡아서 10명 중에 키의 최댓값에서 최솟값을 빼서 차이를 구하면, 당연히 모집단의 값보다는 작겠죠. 표본을 통해 나온 값으로 전체 표준편차를 추정하려면 값을 크게 보정해 줘야 합니다. 샘플이 적으면 적을수록 더 크게 보정해 줘야 할 테고요. 샘플이 많으면 많을수록 보정을 해줘야 하는 값 자체는 작아질 것입니다.

표준편차나 분산도 마찬가지죠. 샘플이 작은 데서 취해졌다면 표본평균도 작게 측정이 되고, 산포도 값이 전체의 표준편차를 계산할 때 기여하는 것보다 작겠죠. 그래서 표본을 통해 측정한 표준편차는 n으로 나누면 과소평가 되는 경우가 많게 됩니다.

한쪽으로 치우치지 않게 추정하려면 어떻게 해야 할까요? 값을 키우긴 해야겠는데 표본이 적으면 많이 키워야 하고, 표본이 많으면 적게 키워야 하겠죠. 그런 측면에서 n으로 나누는 대신 $n - 1$로 나누게 된다면 값을 키우는 동시에 표본이 적을 때는 많이 키워지고 표본이 많으면 적게 키워지겠죠.

하지만 이런 설명은 $n - 1$로 나누는 것이 오답이 아니라는 것이지, 그것이 정답이라는 설명은 아닙니다. 그럼, 왜 하필 $n - 1$인지에 대한 설명을 이어가 보겠습니다.

$$X_1 \cdots X_n \qquad \bar{X} = \frac{X_1 + \cdots + X_n}{n}$$

$$\underline{E[(X_1 - \bar{X})^2 + \cdots + (X_n - \bar{X})^2]}$$

$$= E[X_1^2 + \cdots + X_n^2 - 2\bar{X}(X_1 + \ldots + X_n) + n\bar{X}^2]$$

$$= E[X_1^2] + \cdots + E[X_n^2] - nE[\bar{X}^2]$$

$$= n(m^2 + \sigma^2) - n(m^2 + \frac{\sigma^2}{n}) = (n - 1)\sigma^2$$

표본을 X_1부터 X_n까지 뽑습니다. 이 표본들의 평균을 $\overline{X}$라고 하면 $\overline{X}$는 위 식처럼 표현이 되겠죠. 그리고 우리는 표본의 분산을 구할 때 각각의 데이터들이 표본의 평균과 떨어진 정도의 제곱들을 구한 다음 그것들의 합을 구해서 n으로 나눌지 n - 1로 나눌지 고민해 봅시다. 위 식처럼 쓴 확률변수의 기댓값을 한번 계산해 볼까요? n이나 n - 1로 나누기 이전에 그 제곱들의 합을 얼마나 기대할 수 있는지를 측정해 보면, 무엇으로 나누어야 할 지 감을 잡을 수 있겠죠. 계산을 해보면 기댓값의 성질에 따라서 X_1 제곱부터 X_n 제곱들의 기댓값을 다 더한 값에서 n배의 $\overline{X}$ 제곱의 기댓값을 뺀 값이 됩니다.

그런데 X_i 각각은 모집단에서 하나를 랜덤하게 뽑은 거죠. 이후 제곱의 기댓값을 구하면 모평균의 제곱 + 모분산이 됩니다. 모분산의 정의가 제곱의 평균에서 평균의 제곱을 뺀 것이기 때문이죠. 그래서 X_1 제곱의 기댓값이라고 하는 건 모평균의 제곱 + 모분산이고, 이게 1부터 n까지 다 똑같기 때문에 전체를 n배 한 것과 같습니다.

그리고, $\overline{X}$의 제곱은 표본을 n개를 잡아서 그 n개의 평균의 분포라고 하면 평균은 여전히 똑같고, 분산이 $\frac{\sigma^2}{n}$인 확률변수가 되죠. 계산을 이어가 보면 결과적으로 n - 1배의 모분산이 됩니다. 양변을 n – 1로 나눠주면 기대할 수 있는 값이 모분산이 됩니다. 표본에서 분산을 구할 때는 n으로 나누는 게 아니라 n – 1로 나눠야 모분산을 잘 추정했다고 할 수 있습니다.

결론적으로 모분산을 직접 계산하고 싶다고 할 때는 n으로 나눠주는 것이 맞고, 표본의 분산이나 표준편차를 구해서 모집단의 분산이나 표준편차를 추정하는 데 사용하고 싶다고 하면 n – 1로 나눠주는 것이 맞습니다. 처음 접하면 조금 어려운 개념일 수 있는데 의미를 잘 새겨보고 왜 n으로 나누면 과소평가될 수밖에 없는지에 대해서 이해하신다면 n – 1로 나누는 식이 납득 될 것 같습니다.

CHAPTER 7-3

별점 보는 법 : 이럴땐 4.9가 더 좋다?

유튜브 영상링크

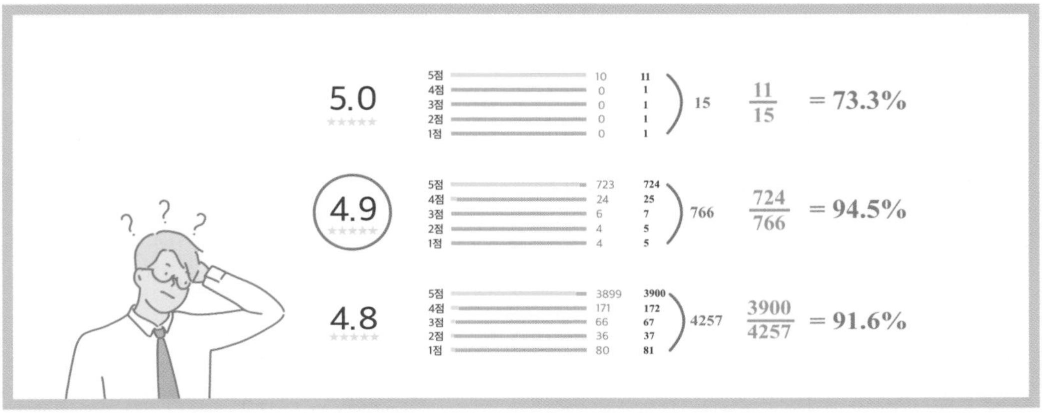

맛집을 고르려고 하는데 음식점마다 평점이 나와 있고, 5.0 만점이라고 해 봅시다. 어떤 음식점은 평점이 5.0인데 평가자가 총 10명 뿐입니다. 괜찮을 것 같긴 한데 평가가 많진 않으니 약간 찜찜하죠? 리뷰를 쓴 10명이 식당주인의 지인이나 직원들일 수도 있지 않을까 하는 생각도 들고요. 다른 음식점을 봤는데 이번에는 평점이 4.9입니다. 5점 준 사람이 723명, 4점 준 사람이 24명, 3점이 6명, 2점이 4명, 1점이 4명으로 아까보다 샘플이 많아서 신뢰도가 올라가긴 하죠.

또 다른 집을 봤는데 이번엔 평점이 4.8입니다. 5점이 3,899명, 4점이 171명, 3점이 66명, 2점이 36명, 1점이 80명으로 샘플이 압도적으로 많아 신뢰도는 높은데 평점이 상대적으로 낮아졌죠. 세 집 중 어디를 택해야 만족할 확률이 높을까요? 단순히 평점으로만 보면 첫 번째 가게가 가장 좋지만, 신뢰도 측면에서는 세 번째가 가장 좋으니 어떤 근거로 평가해야 할지 애매합니다. 아주 간단하게 평가하는 방법이 있습니다. 첫 번째 식당은 별점 5점부터 1점까지 샘플이 각각 10, 0, 0, 0, 0이었죠. 그럼, 거기에 가상의 투표 하나씩을 더해서 11, 1, 1, 1, 1을 만듭니다. 그렇게 15개의 표가 있다고 생각해 봅시다. 그 상황에서 별점 5개는 총 15개 중 11개로 11/15를 계산해 보면 73.3% 정도 됩니다. 이게 바로 여러분이 이 곳에 대한 만족도가 5점일 확률입니다.

비슷하게 평점 4.9인 식당도 볼까요? 5점부터 1점까지 샘플이 각각 723, 24, 6, 4, 4였죠. 가상의 투표 하나씩 더해서 724, 25, 7, 5, 5를 만들고 다섯 숫자의 합이 766이라 724/766을 하면 94.5%입니다. 두 번째 가게에 대해 여러분이 5점의 만족도를 얻을 가능성은 94.5%입니다. 평점 4.8에 대해 같은 방식으로 계산을 해 보면 91.6%가 나옵니다. 이렇게 보면 평점 4.9인 두 번째 집이 가장 만족도가 높을 가능성이 큽니다.

이런 방법론의 이론적인 근거는 어떻게 될까요? n개의 결괏값(위 평점 예시에서 $n = 5$)이 나올 수 있는 모델에서 지금까지 관찰한 것만 가지고 다음 이벤트에 n개 중 어떤 결괏값이 나올 것인지 각각의 확률의 분포를 말해주는 것을 Dirichlet distribution이라고 해요. (매 시행은 독립적이라고 가정) 결괏값이 2개밖에 없는 $n = 2$인 경우엔 Beta distribution이라고 부르기도 합니다.

지금까지 각 별점에 대해 a, b, c, d, e개 만큼의 리뷰가 있었다는 걸 관찰했다고 하면, 그럼 다음 별점들이 나올 확률의 분포는 Dirichlet(a+1, b+1, c+1, d+1, e+1) 분포를 따릅니다. 그리고 이 Dirichlet 분포에서 기댓값은 각각의 파라메터(a+1, b+1, c+1, d+1, e+1)를 다 합한 값(a + b + c + d + e + 5)으로 나눠준 값이에요. 그래서 각 별점들에 대해 가상의 투표가 하나씩 있다고 가정하고 전체분의 별점 5의 비중을 구하면 그게 바로 별점 5의 만족도를 경험할 확률이 되는 것입니다.

요즘은 다 별점으로 평가하죠. 앱스토어 들어가도 5.0 만점, 영화 평점도 5.0 만점 등 많은 플랫폼에서 평점이 얼마인지로 평가합니다. 하지만 진정한 평가는 리뷰의 개수를 감안해서 다음 리뷰가 별 다섯 개일 가능성이라고 할 수 있겠죠?

다음 번엔 Dirichlet 분포를 활용해 신뢰도까지 포함한 평점 평가를 활용해 진정한 맛집을 즐겨 보시길 바랄게요.

math

Main Dish

chapter 8

문제해결 테크닉

CHAPTER 8-1

변하지 않는 것이 무엇일까?

유튜브 영상링크

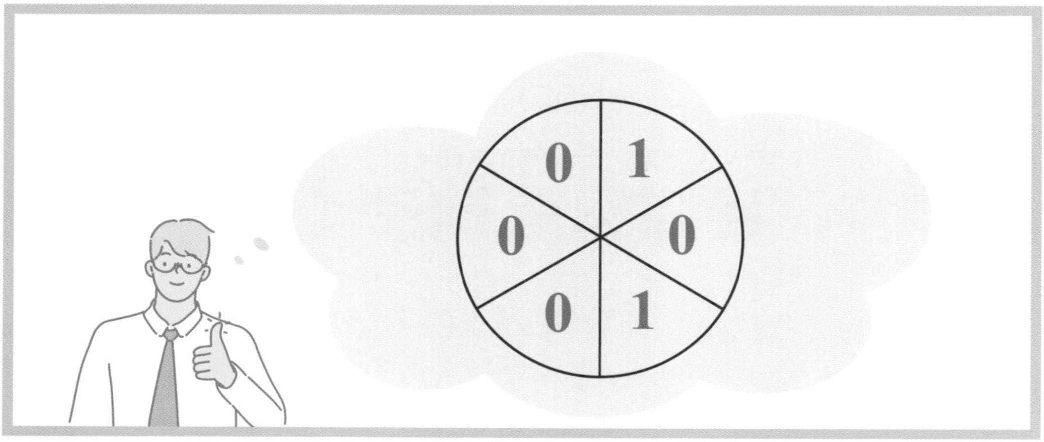

원 주변에 시계방향으로 6개의 숫자 1, 0, 1, 0, 0, 0이 쓰여 있어요. 여러분들은 인접한 두 숫자를 한꺼번에 1씩 올릴 수 있습니다. 그렇게 숫자들을 키워가면서 이들을 모두 같은 숫자가 되도록 만들 수 있을까요?

실제로 모든 수를 다 같게 만드는 것은 불가능합니다. 아무리 노력해도 쉽게 잘 되지가 않죠. 왜 그럴까요?

이런 문제에서는 불변하는 값이 무엇인가를 고민해 보면 문제가 쉽게 풀릴 수 있습니다. 원 주변에 쓰인 수를 각각 a, b, c, d, e, f라고 써볼게요.

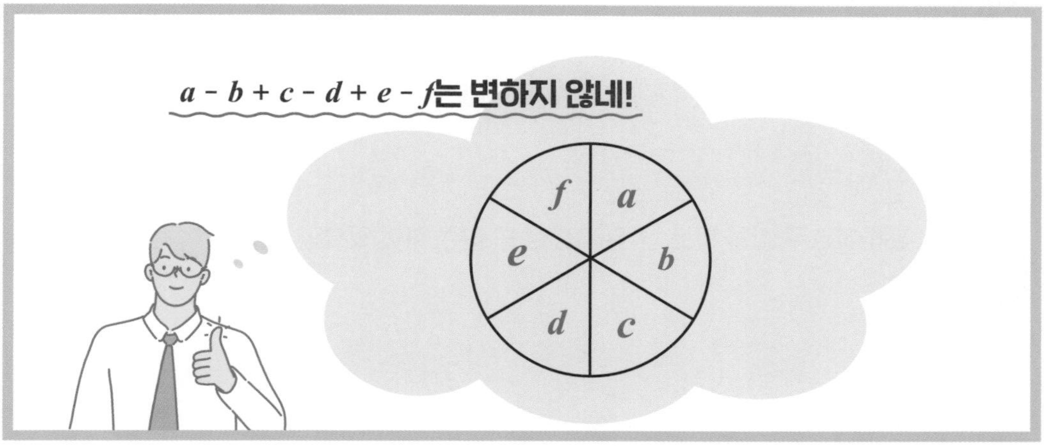

$(a, b, c, d, e, f) = (1, 0, 1, 0, 0, 0)$ 상태로 시작해서, a와 b를 같이 1씩 올릴 수도 있고, f와 a를 1씩 올릴 수도 있습니다. 그런데 $a - b + c - d + e - f$값을 한번 살펴보죠.

a와 b가 1씩 올라가도 이 값은 변화가 없습니다. b와 c가 1씩 올라가도 이 값은 변화가 없죠. f와 a가 1씩 올라가도 이 값은 변화가 없습니다. 연속한 두 칸을 1씩 올려도 이 값 자체에는 변화가 없습니다. 우리에게 주어진 초기 상태 값은 $1 - 0 + 1 - 0 + 0 - 0$으로 계산하면 2가 나옵니다. 그래서 연속한 두 칸을 1씩 아무리 올려도 여전히 2라는 값을 유지하게 될 것이라는 결론을 얻을 수 있죠. 하지만, 모든 수가 다 같은 상태에서는 이 값이 0이어야 합니다. 값이 x로 다 같다고 하면 $x - x + x - x + x - x$의 계산값이 0이기 때문이죠. 그래서 불가능하다고 증명이 가능합니다.

이렇게 변하지 않는 값을 활용하면 문제를 쉽게 해결할 수 있는 실마리를 찾을 수 있기도 합니다.

CHAPTER 8-2

모든 점이 한 선위에 있을 수 밖에 없는 이유 : 실베스터 정리

유튜브 영상링크

(유한개의 점에 대해) 두 점을 잇는 선 위에 항상 또 다른 점이 있으면, 모든 점이 한 선 위에 있을 수밖에 없다.

-실베스터 정리

이번엔 실베스터 문제라고 알려진 기하 문제를 하나 다뤄볼 텐데요. 결과만 놓고 보면 문제도 심플하고 증명도 아주 짧고 간결하게 가능한 문제인데, 애초에 이런 생각을 하는 것 자체가 쉽지 않은 문제입니다.

유한개의 점 n개가 있습니다. 그 점들을 잇는 직선들을 생각해 봅시다. 두 점이 정해지면 직선이 하나 결정되니 직선은 최대 ${}_nC_2$개가 있을 수 있겠죠? 예를 들어 4개의 점이 있다고 해보면, 각각의 두 점을 잇는 6개의 직선이 있을 수 있습니다. 어떤 직선에 점이 세 개 이상이 포함되면 직선이 중복되니,이 경우 총 직선의 개수가 ${}_nC_2$개 보다 작겠죠. 예를 들어 4개의 점 중의 3점이 한 직선 위에 있다고 하면, 점들을 잇는 직선은 6개가 아닌 4개밖에 없습니다.

극단적으로 4개의 점이 모두 한 직선 위에 있다고 하면, 점들을 잇는 직선은 1개밖에 없을 수도 있습니다. 이렇게 주어진 점들을 잇는 직선 중에 3개 이상의 점을 포함하는 직선을 "특별한 직선"이라 하고, 2개의 점만 포함하는 직선을 "보통 직선"이라고 해보죠.

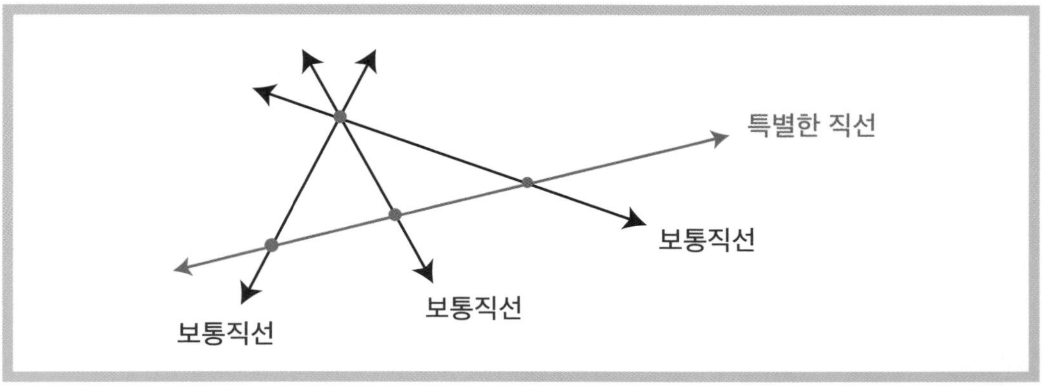

문제는 다음과 같습니다. 유한개의 점들이 있고, 그 점들을 잇는 직선 모두를 살펴봤더니, 하나같이 다 "특별한 직선"이었다고 해봅시다. 즉 "보통 직선"이 없는 거죠. 만약 그렇다면 모든 유한개의 점이 하나의 직선 위에 있다. 즉 그 특별한 직선은 한 직선일 수밖에 없음이 증명하고 싶은 문제입니다.

어떻게 두 점을 택해서 직선을 그려봐도 그 직선 위에 또 다른 점이 우리의 유한개 점 집합 안에 있다는 것이겠죠. 여러분들도 머릿속에 한번 상상해 보세요. 유한이라는 조건을 빼면 특별한 직선이 여러 개일 수 있습니다. 예를 들어서 좌표평면에 있는 (정수, 정수)를 좌표로 가지는 격자점들을 다 모았다고 생각해 보면, 두 격자점을 잇는 선을 어떻게 잡아도 그 선 위에 또 다른 격자점이 있을 거라 점들을 잇는 모든 직선이 특별한 직선이 되죠.

주어진 점이 유한한 상황에서도 모든 직선이 특별한 직선이 되도록 점 집합을 잘 잡을 수 있지 않을까 상상해 봅시다. 보통직선을 없애기 위해 보통직선 상의 어떤 점을 점집합에 포함시키면서 잘 만들어보려 해도 쉽게 잘 만들어지질 않습니다.

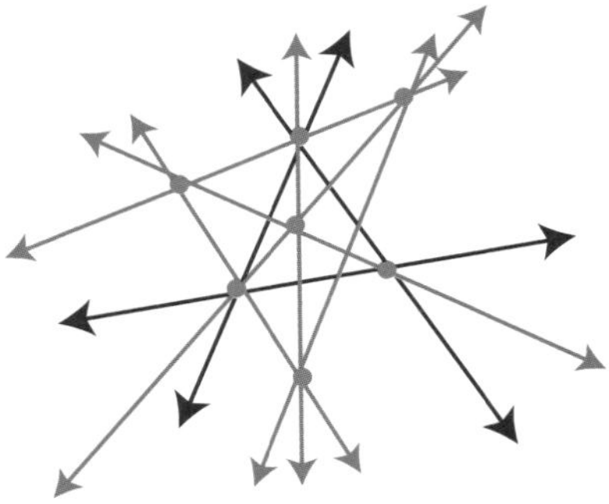

특별한 직선(파랑)만 있도록
점(빨강)들의 집합을 정의해 보자.
보통직선(회색)이 없도록 하기
어렵다.

유한개의 점이 주어져 있고, 두 점을 이엇을 때 만들어지는 직선 위에 항상 제3의 점이 존재한다면 그 유한개의 점들은 애초에 모두 한 직선 위에 있을 수밖에 없다라고 하는 명제가 바로 실베스터의 추측이었습니다. 지금은 참인 것이 증명이 되어 실베스터-갈라이 정리라고 합니다.

이 명제에 대한 증명은 여러 가지 방법이 있는데, 켈리의 증명이라고 알려진 방법을 소개해 드릴 거에요. 아주 심플하면서 창의적인 아이디어로 문제를 해결합니다. 우리에게 유한개의 점이 있고, 보통 직선이 없는 상황이라고 가정해 봅시다. 그리고, 이 상황에서 결론을 부정하여 모든 점이 한 직선 위에 있지는 않다고 가정해 봅시다. (그리고 모순이 생김을 보이면 증명이 됩니다.) 점의 개수를 n, 선의 개수를 m이라고 해 봅시다. (m개의 직선은 모두 "특별한 직선"이고 m은 1보다 큽니다.)

n개의 점과 m개의 직선들 순서 쌍을 생각해 봅시다. 점을 v라고 하고 선을 l이라고 할 때 (v, l)와 같은 순서쌍들을 모아볼 것입니다. 가능한 (v, l) 순서쌍의 총 개수는 $n \times m$개 있겠지만, 그 중 v가 선 l 위에 있지 않은 순서쌍만 모았다고 해 보겠습니다.

모든 점이 한 선 위에 있지는 않으니, 그런 순서쌍은 적어도 하나는 있습니다. 그런 각각의 (v, l) 순서쌍에 대해 v가 l 위에 있지 않으니, v에서 l 까지 수선의 발을 내릴 수 있고, 그 수선의 길이가 하나 나올 겁니다. 그 길이를 $x_{\{v, l\}}$이라고 해보면, $x_{\{v, l\}}$은 0보다는 큰 값이겠죠. (v가 l 위에 있지 않으니 수선의 발의 길이는 0보다 큽니다.)

우리는 유한개의 점과 유한개의 선들을 다루고 있으니, 그러한 (v, l) 순서쌍도 유한개가 있을 수 밖에 없고, 유한개의 $x_{\{v, l\}}$ 값들 중에는 가장 작은 값을 가지는 (v, l) 순서쌍이 있을 겁니다. (가장 작은 x값을 지니는 pair가 여러 개일 수도 있을 텐데, 그럴 땐 아무거나 취합니다.)

그리고 그 점과 선을 v_0 와 l_0 라고 해봅니다. 그리고, l_0는 애초에 우리 집합의 어떤 두 점을 지나는 선이고, 이 선은 "특별한 직선"이기 때문에, 이 선을 지나는 점이 적어도 3개가 있습니다. a, b, c라고 해보죠.

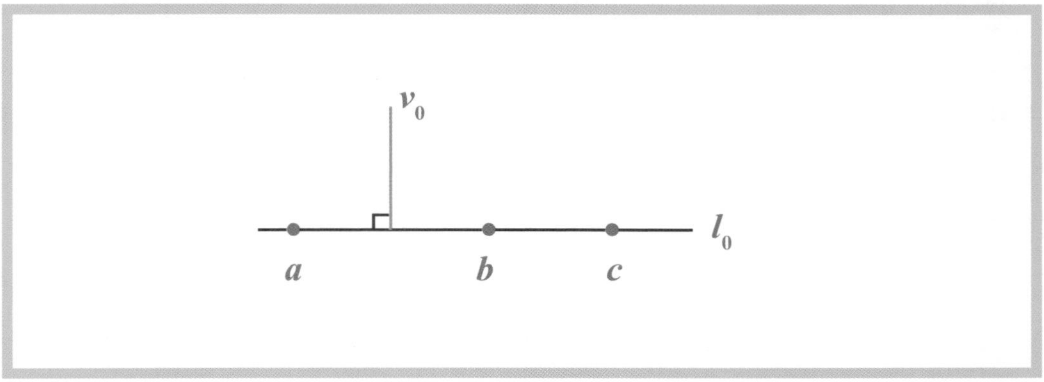

v_0에서 l_0에 내린 수선의 발을 기점으로 직선 l_0를 반직선 두 개로 나눈다면, 적어도 한쪽 반직선에 a, b, c 세 점 중 두 개 이상의 점이 존재하겠죠. 편의상 b, c라고 해 봅시다. 둘 중에 수선의 발로부터 더 멀리 떨어져 있는 점을 c라고 하고, 그리고 c와 v_0를 잇는 선을 l_1이라고 해 봅시다. 이 l_1도 특정 두 점을 이은 선이기 때문에 우리의 선집합에 있는 선이겠죠. 여기서 점 b와 선 l_1을 주목해 봅시다.

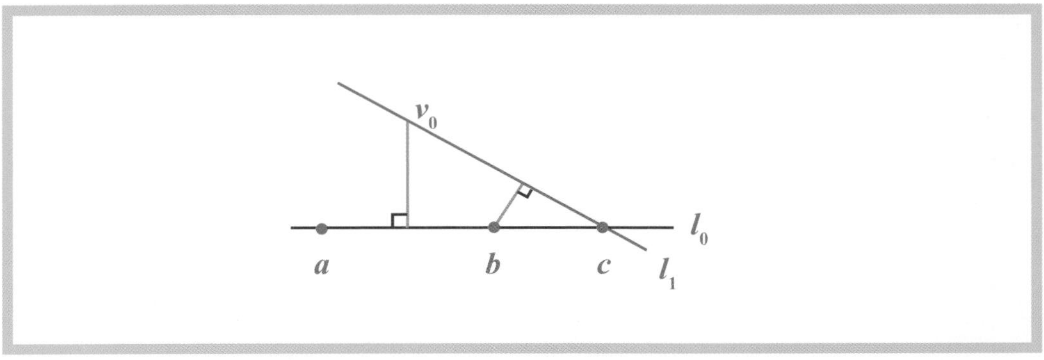

b는 선 l_1 위에 존재하지 않기 때문에 수선의 발을 내릴 수 있습니다. 그런데 그 수선의 발 길이는 v_0에서 l_0에 내린 수선의 발의 길이보다 짧을 수 밖에 없습니다. 우리가 v_0, l_0를 선택할 때는 모든 (v, l) 중에 가장 거리가 짧은 순서쌍을 택했었기 때문에 그보다 더 짧은 수선의 발을 가지는 순서쌍이 있다는 사실에 모순이 발생합니다. 이 모순이 발생했다는 것은 우리가 부정했던 결론인 한 직선 위에 있지 않다는 것이 거짓이며, 애초에 이 순서쌍들의 집합이 공집합이라는 걸 의미합니다. 이렇게 명제가 증명 되죠.

점과 선의 순서쌍 집합을 정의하고, 유한한 대상 중 극단적인 경우를 선택하여 모순을 이끌어 내는 방법입니다. 때로는 극단적인 경우를 상상해 보는 것이 문제를 풀 때 도움이 많이 됩니다. 문제의 답을 찾고자 할 때, 관련 가정이나 성질을 파악한 후 그것들을 만족하는 대상 중 극단적인 경우들이 무엇인가, 이런 상상을 해 보면 본질을 이해하는데 도움이 되는 경우가 많습니다.

실베스터 문제를 제안한 사람은 19세기 수학자인 제임스 조셉 실베스터(James Joseph Sylvester)이고, 그 시기는 1893년이었어요. 그 이후 거의 반세기 동안 풀리지 않다가 1941년에 Eberhard Melchior에 의해 최초 증명이 되었고, 최초 증명을 인지하지 못하고 있었던 팔 에르되시(Paul Erdos)가 1943년에 이 가설에 대해 이야기했고, 티보르 갈라이(Tibor Gallai)에 의해 증명이 되어 실베스터-갈라이 정리(Sylvester-Gallai theorem)라고 알려졌습니다.

소개해 드린 증명법은 르로이 밀턴 켈리(Leroy Milton Kelly)에 의해 증명된 방법입니다.

CHAPTER 8-3

37의 신기한 비밀

유튜브 영상링크

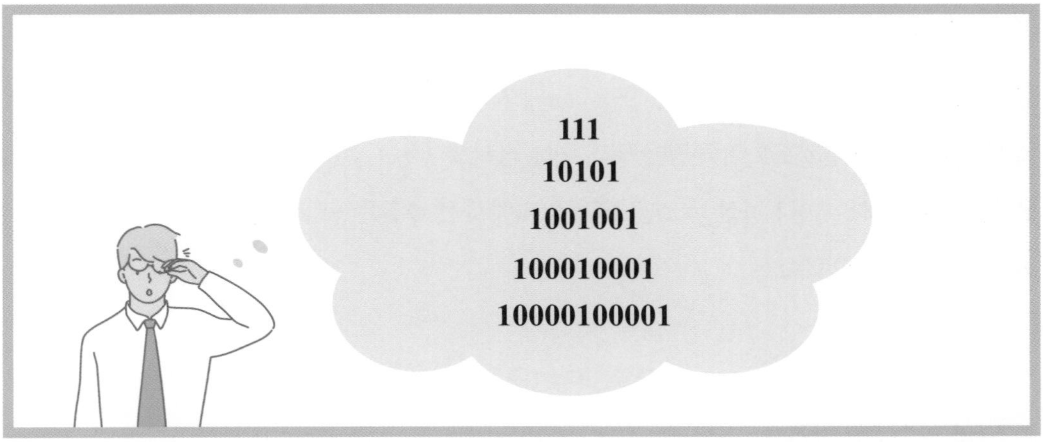

위 다섯 개 수 중에 4개는 37의 배수이고, 하나가 37로 나누어 떨어지지 않습니다. 어떤 랜덤한 수가 37의 배수가 되기엔 쉽지 않겠죠? 랜덤하게 선택한 수는 대략 1/37의 확률로 37의 배수가 되니까요. 그래서 이런 패턴을 가지는 수 다섯 개가 모두 다 37의 배수라고 하면 거기엔 당장 알지는 못하겠지만 뭔가 구조적인 이유가 있을 거라 합리적 의심을 하게 되겠죠. 아무런 이유 없이 다섯 개의 수가 모두 운이 좋아서 37의 배수일 확률이 매우 낮을 테니까요. 그중에 4개는 37의 배수이고 하나가 37의 배수가 아니라면 좀 의외죠. 다섯 개의 수 중 4개나 37의 배수일 확률은 매우 낮습니다. 그래서 구조적인 이유가 있을 것 같은데 그런 이유가 있다면 전부다 37의 배수가 되어야 할 것이라 뭔가 이상하죠?

답을 알기 위해서 계산기를 이용해 나눗셈을 해봐도 되겠죠? 먼저 111을 37로 나누면 3으로 떨어집니다. 그다음은 10101을 37로 나눠보죠. 이번에도 273으로 나눠 떨어집니다. 그 다음 1001001은 어떨까요? 27054.08108 … 나눠 떨어지지 않으니 이게 정답일 것 같습니다. 그 다음 수인 100010001은 어떨까요? 37로 나누니 몫이 2702973으로 나눠떨어집니다. 마지막으로 10000100001은 37로 나누니 몫이 270272973으로 나눠 떨어지네요.

이 패턴 그대로 계속 가면 어떻게 될까요? 그 다음 수는 과연 37의 배수가 될까요? 1 다음에 0이 n개 자리한 후 1이 오고, 그 다음 또 0이 n개 자리하고, 마지막 자리는 1이 되는 수는 n이 몇 일때 37의 배수가 될까요? 이 해답을 얻기 위해 잠시 $x^2 + x + 1$이라는 이차식을 가져와 볼게요. 뜬금없이 웬 이차식이냐 하실 수 있을 텐데 보기에서 본 수들은 모두 x가 10^n일 때, $x^2 + x + 1$로 표현이 되는 수들이에요.

111은 x가 10일 때 $x^2 + x + 1$이고요. 10101은 x가 100일 때 $x^2 + x + 1$이죠. 이 $x^2 + x + 1$은 $x^3 - 1$을 인수분해 하면 $(x - 1)(x^2 + x + 1) = 0$이 되는데, 그때 등장하는 이차식이죠. 복소수에 대해서 배우게 되면, $x^2 + x + 1$의 두 근을 ω와 ω^2(혹은 $\overline{\omega}$)라고 배우게 되죠. $x^3 - 1$의 두 허근이기도 한데, 이 ω에 대한 재미있는 성질들을 보면 $\omega^2 = \overline{\omega}$이고 $\overline{\omega}^2 = \omega$이고 ω와 $\overline{\omega}$를 더하면 -1, ω와 $\overline{\omega}$를 곱하면 1, 이런 재미있는 성질들을 이용한 문제들이 나옵니다.

다항식 나누기 다항식을 한번 생각해 보죠. $x^{2n} + x^n + 1$을 $x^2 + x + 1$로 나눈 몫과 나머지를 생각해 보는 겁니다. $n = 2$일 때부터 한번 볼까요? $x^4 + x^2 + 1$을 $x^2 + x + 1$로 나눠보면 다음과 같이 나옵니다.

$$
\begin{array}{r|rrrrr}
 & & & x^2 & -x & +1 \\
\hline
x^2+x+1 & x^4 & & +x^2 & & +1 \\
 & x^4 & +x^3 & +x^2 & & \\
\hline
 & & -x^3 & & & +1 \\
 & & -x^3 & -x^2 & -x & \\
\hline
 & & & x^2 & +x & +1 \\
 & & & x^2 & +x & +1 \\
\hline
 & & & & & 0
\end{array}
$$

즉 $x^4 + x^2 + 1 = (x^2 + x + 1)(x^2 - x + 1)$로 인수분해가 됩니다. $n = 3$일 때, 4일 때 등 이렇게 일일이 나눗셈을 해 보지 않고 알 수 있는 방법이 있지는 않을까요? $x^3 - 1$을 인수분해 하면 $(x - 1)(x^2 + x + 1)$로 인수분해 되었었죠. 이걸 한번 활용해 보는 겁니다.

n이 3의 배수, 3의 배수 +1, 3의 배수 +2 이렇게 세 가지 경우로 나누어서 먼저 $n = 3k$라고 하면 $x^{2n} + x^n + 1 = x^{6k} + x^{3k} + 1$일텐데, 이걸 $(x^{6k} - 1) + (x^{3k} - 1) + 3$으로 봅니다. 그럼, 앞에 두 항이 모두 $(x^3 - 1)$로 나누어떨어지는 식들이니 $(x^2 + x + 1)Q(x) + 3$이 되겠죠. 즉 $x^{2n} + x^n + 1$은 $(x^2 + x + 1)$로 나누면 어떤 몫이 있고, 나머지가 3이 남습니다. 예를 들어 $k = 1$이라고 하면 $n = 3$이고 x를 10이라고 하면, 1001001을 111로 나누면 몫이 얼마 있고 나머지가 3이 남는다는 말입니다. 37로 나눠도 나머지가 3이 남는다는 말이죠. 앞에서 1001001을 37로 나눈 값이 27,054.08108이었습니다.

소수점 아래로 있는 이 0.08108이 값이 3/37입니다. $k = 2$나 3이어도 마찬가지겠죠. 나머지는 항상 3이 남습니다. 그래서 10 … 010 … 01 형태에서 가운데 0이 2개, 5개, 8개, 11개, … 이렇게 3개씩 뛰어서 보면 이런 수들에서는 37의 배수가 되질 않습니다.

$$\underline{x^{2n} + x^{n} + 1} = (x^2 + x + 1)Q(x) + R(x)$$

1000000 1000 111 3

1) $n = 3k$

$$x^{6k} + x^{3k} + 1 = \underline{(x^{6k} - 1)} + \underline{(x^{3k} - 1)} + 3$$

$$= (x^2 + x + 1)\ Q(x) + \underline{3}$$

그럼 다른 경우들을 한번 볼까요? 다음과 같이 $n = 3k + 1$이라고 해 봅시다.

$$\underline{x^{2n} + x^{n} + 1} = (x^2 + x + 1)Q(x) + R(x)$$

2) $n = 3k + 1$

$$\underline{x^{6k+2}} + \underline{x^{3k+1}} + 1$$

$$= x^2\underline{(x^{6k} - 1)} + x^2 + x\underline{(x^{3k} - 1)} + x + 1$$

$$= (x^2 + x + 1)\ Q(x) + (x^2 + x + 1)$$

$$= (x^2 + x + 1)\ Q'(x)$$

이번엔 나누어 떨어지죠. 위 식은 x에 대한 항등식입니다. x가 어떤 수라도 성립해요. x에 정수를 넣으면 $Q(x)$는 정수죠. x가 10일 때를 보면 10 ⋯ 010 ⋯ 01 = 111 x (정수) 꼴이 되니 111의 배수가 된다는 말이에요. 이때 0의 개수는 0개, 3개, 6개, ⋯ 이런 수들이 되겠죠.

마지막으로 $n = 3k + 2$라고 해볼게요. $x^{6k+4} + x^{3k+2} + 1$을 볼 텐데, $\{x^4(x^{6k} - 1) + x^4\} + \{x^2(x^{3k} - 1) + x^2\} + 1$이 되므로, $(x^2 + x + 1)Q(x) + x^4 + x^2 + 1$이라고 표현할 수 있는데, 앞서 $x^4 + x^2 + 1$을 $x^2 + x + 1$로 나눠봤었죠. $x^4 + x^2 + 1 = (x^2 + x + 1)(x^2 - x + 1)$로 인수분해 됩니다. 그래서 전체가 $(x^2 + x + 1)$로 묶이고, 이 경우에도 나누어 떨어지죠.

$$\underline{x^{2n} + x^n + 1} = (x^2 + x + 1)Q(x) + R(x)$$

3) $n = 3k + 2$

$$\begin{aligned} & x^{6k+4} + x^{3k+2} + 1 \\ &= x^4\underline{(x^{6k} - 1)} + x^4 + x^2\underline{(x^{3k} - 1)} + x^2 + 1 \\ &= (x^2 + x + 1)\,Q(x) + (x^2 + x + 1)(x^2 - x + 1) \\ &= (x^2 + x + 1)\,Q'(x) \end{aligned}$$

여전히 위 식은 x에 대한 항등식입니다. 그러니까 x가 10일 때를 보면 또다시 10 ⋯ 010 ⋯ 01 = 111 x (정수) 꼴이 되니 111의 배수가 된다는 말이에요. 이때 0의 개수는 1개, 4개, 7개, ⋯ 이런 수들이 되겠죠. 그래서 원래 문제로 돌아와서 보면, 이런 패턴의 수들은 세번에 한 번씩 37의 배수가 아니고 세번에 두 번은 37의 배수가 되는 패턴을 보이게 됩니다.

CHAPTER 8-4

1001의 신기한 비밀

유튜브 영상링크

15!은 1부터 15까지 모두 곱한 수를 의미하죠. 실제로 이 수를 계산해 보면 13자리 수가 나옵니다. 이 때 다음 세 숫자를 모른다고 가정해 보죠.

15! = 1 □□□ 674 368 000

이 수를 알기 위해 단순히 1부터 15까지 모두 곱해서 계산하는 방법도 있지만, 곱셈을 하지 않고도 무엇인지 알 수 있는 방법이 있습니다. 바로 뒤에서부터 세 자리씩 끊어서 1, □□□, 674, 368, 000 이렇게 나누어 주고, 각각의 수를 순차적으로 번갈아 가면서 빼고 더한 값이 1001의 배수일 수 밖에 없다는 사실을 이용하는 것이에요.

1 - □□□ + 674 - 368 + 000 ≡ 0 (mod 1001)

간단한 세 자릿수 덧셈을 통해 □□□ - 307 = 0 (mod 1001)이라는 식을 얻을 수 있고, 그 결과 □□□는 307일 수 밖에 없겠죠. 과연 이 신기한 방법에 숨어있는 원리는 무엇일까요?

$$\begin{aligned} 15! &= 1, \_\_\_, 674, 368, 000 \\ &\equiv 1 - (\_\_\_) + 674 - 368 + 0 \pmod{1001} \\ &\equiv 307 - (\_\_\_) \pmod{1001} \\ &\equiv 0 \pmod{1001} \end{aligned}$$

결론부터 얘기하면 1001에 비밀이 숨어 있어요. 1001을 소인수분해하면 7과 11과 13의 곱입니다. 4, 5, 6번째 소수인 7, 11, 13을 곱한 값이 1000과 매우 가까운 숫자가 되죠. 1000과 가까운 숫자라는 것은 우리가 10진법을 쓰고 있기 때문에 계산상 많은 편의를 제공해 줍니다. 예를 들어, 어떤 수에 587을 곱하는 것과 어떤 수에 1000을 곱하는 것은 난이도의 차이가 크죠. 586 × 588과 999 × 1001에도 그 차이가 큽니다. 그리고 1001이 7 × 11 × 13이라는 사실을 절묘하게 사용할 수 있죠.

15!는 7과 11과 13의 배수이기 때문에 1001의 배수이기도 합니다. 다르게 이야기하면 15!은 1001로 나누면 나머지가 0이 된다는 것이죠. 15!을 표현한 13자리 숫자를 세자리씩 끊어서 표현해 보면 $0 + 368 \times (10^3) + 674 \times (10^6) + x \times (10^9) + 1 \times (10^{12})$이 됩니다.

한편, 10^{3k} 꼴의 값들은 1001로 나누게 되면 나머지가 1이거나 -1이 됩니다.

$$10^3 = 1001 - 1 = 1001a - 1$$

$$10^6 = (10^3 + 1)(10^3 - 1) + 1 = 1001b + 1$$

$$10^9 = (1001a - 1)(1001b + 1) = 1001c - 1$$

$$10^{12} = (1001a - 1)(1001c - 1) = 1001d + 1$$

그래서 15!이라는 숫자를 다시 써 보면, 어떤 정수 a, b, c, d에 대해서 다음과 같이 쓸 수 있고, $368(1001a - 1) + 674(1001b + 1) + x(1001c - 1) + (1001d + 1)$이 수를 1001로 나눈 나머지를 생각해 보면 $-368 + 674 - x + 1$을 1001로 나눈 나머지와 같다고 할 수 있겠죠. 그래서 $307 - x$가 1001의 배수이기 때문에 자연스럽게 이를 만족하는 세 자릿수 x는 307이 됩니다.

1001이라는 숫자가 1000과 가까워서 계산상의 편이를 준다는 점과 4, 5, 6번째 소수들의 곱이라는 사실을 절묘하게 활용한 문제가 되죠. 이 1001을 활용하면 어떤 큰 수가 7의 배수인지 혹은 11의 배수인지 혹은 13의 배수인지 확인할 때도 쓸 수 있어요.

예를 들어서 20,111,555,777,333이라는 수가 7의 배수인지를 확인하고 싶으면 7로 나눠보는 게 아니라 333 - 777 + 555 - 111 + 20을 계산해 보는 것이죠. 계산해 보면 20이 나오게 되는데, 전체 수를 7로 나눈 나머지는 20을 7로 나눈 나머지인 6이 되는 것입니다. 전체 수를 11로 나눈 나머지는 20을 11로 나눈 나머지인 9가 되고, 전체 수를 13으로 나눈 나머지는 20을 13으로 나눈 나머지인 7이 되는 것이죠.

CHAPTER 8-5

6×6을 채우면 무조건 쪼개지는 선이 생긴다.

유튜브 영상링크

6 × 6 타일을 2 × 1짜리 도미노 형태로 아무렇게나 채워보세요. 여러분이 어떻게 채워도 어떤 선이 존재해서 도미노를 건드리지 않고 쪼개는 것이 가능합니다. 6 × 6 타일을 쪼갤 수 있는 선은 세로 선이 다섯 개, 가로 선 다섯 개, 총 열 개의 선이 있는데, 그 열 개의 선 중에 도미노를 전혀 건드리지 않고 지나가는 선이 반드시 존재한다는 것이죠.

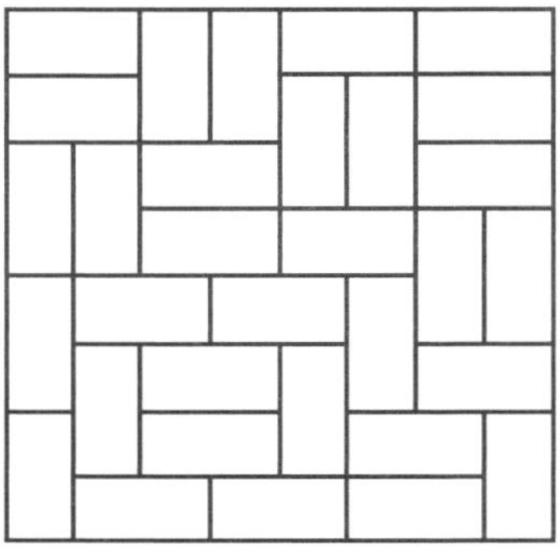

8 × 8만 되어도 그렇지 않아요. 이 그림을 보면 8 × 8 타일을 쪼갤 수 있는 선이 세로가 일곱 개, 가로가 일곱 개, 총 열네 개의 선이 있는데, 이 열네 개의 선 모두가 긋다 보면 반으로 자르게 되는 도미노가 있어요. 7개의 세로 선들 중 어떤 선을 봐도 어떤 도미노에 걸리고, 가로 선도 마찬가지입니다. 하지만 6 × 6으로 오면 어떻게 배치하더라도 자르는 선이 존재할 수밖에 없습니다. 이런 사실을 증명하고 싶다면 어떻게 해야 할까요?

6 × 6 타일을 덮는 모든 조합을 다 검토해볼 수도 있겠지만, 알고리즘으로 구현하려고 해도 만만한 문제는 아니죠. 구현했다고 하더라도 생각보다 조합의 개수가 많아 효율적인 알고리즘을 만들기 어려울 수도 있습니다. 이 내용을 아주 심플하게 보일 수 있는 간단한 논리가 있어요. 조합론에서 자주 사용되는 더블카운팅 기법입니다. 어떤 대상의 개수를 세는데, 관점을 다르게 해서 세어보는 겁니다. 먼저 우리가 증명하고 싶은 결론을 부정하고 모순을 이끌어내보죠.

결론을 부정한다는 것은 어떻게 잘 배치를 하면 10개의 선 모두가 어떤 도미노에 걸리게 할 수 있다는 것이겠죠? 그런 배치가 있다고 가정해 보고 모순을 보이려 합니다. 어떤 대상을 셀 텐데, 1번 방법으로 세었더니 대상의 개수가 18개인데, 2번 방법으로 세었더니 대상의 개수가 20개 이상이라고 하면 가정이 잘못된 것이겠죠? 도미노로 꽉 채우게 되는 상황에서 각 조각과 그 조각을 자를 수도 있는 선의 관계에 대해서 생각해 봅시다.

(1) 각 조각마다 그 조각을 자르는 선은 하나 있다.

(2) 어떤 선이 조각을 자른다면, 잘리는 조각은 짝수 개다. (따라서, 1개가 아니다.)

다음 두 가지 도움이 되는 사실을 알 수 있습니다. 왜 그런지 하나씩 살펴봅시다. 먼저 1번을 보죠. 어떤 조각이 있다고 하면 그 조각에 걸릴 수 있는 잠재적인 선은 여러 개일 수 없어요. 그 조각을 자르는 선은 도미노의 중심을 지나는 하나의 선일 수밖에 없습니다. 표현이 이해만 되면 사실 당연한 말입니다.

다음 2번을 보죠. 어떤 선이 임의의 한 조각을 자른다고 해 봅시다. 그렇다면 그 조각 외에도 다른 조각도 잘리게 되어 있습니다. 왜냐하면, 자르고 난 후의 두 덩어리를 보면 하나는 $6 \times A$ 하나는 $6 \times B$ 덩어리라 둘 모두 짝수 개의 타일을 포함하고 있습니다. 그런데 각 덩어리는 몇 개의 도미노와 몇 개의 잘려진 도미노로 구성되어 있습니다. 온전한 도미노들에 있는 타일의 개수를 다 더하면 짝수일 테니 잘려진 도미노의 개수도 짝수여야겠죠? 짝수 - 짝수는 짝수니까요.

그래서 잘려진 도미노는 항상 짝수 개일 수밖에 없고, 그래서 선이 한 조각만 자르고 지나갈 수는 없습니다. 아예 잘리는 게 없던가 혹은 자르려고 하면 두 개 이상 잘라야 하는 거죠. 왼쪽에 18개 조각들의 집합을 두고, 오른쪽에 10개의 자르는 선들의 집합을 둔 다음 함수를 표현하는 것처럼 각 조각들을 자르는 선에 화살표를 줘 봅시다. 이 화살표는 실제로 함수가 됩니다. 1번 조건에 의해서 모든 조각은 하나의 자르는 선이 대응될 것이기 때문이죠.

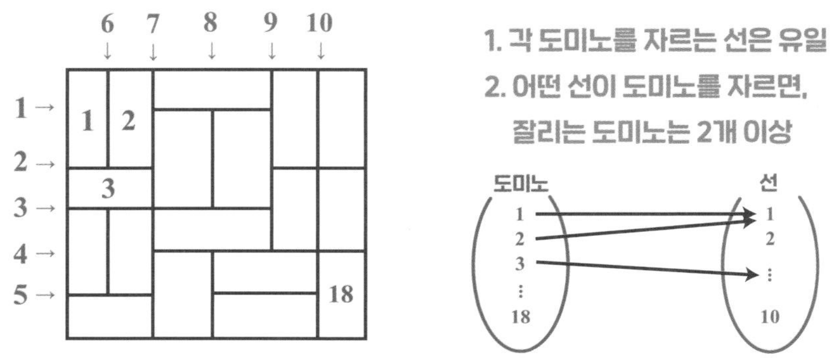

이 화살표의 개수를 2가지 방법으로 세어보겠습니다. 먼저 정의역 부분에서 화살표를 세 보면 총 18개가 됩니다. 공역에서 화살표를 세어 보죠. 우리가 결론을 부정하면서 세운 가정은 '모든 선이 도미노에 걸린다'였습니다. 즉 공역이 치역이라는 거죠. 공역에 있는 모든 원소, 즉 모든 선이 화살표를 받고 있습니다. 그리고 2번 조건에 의해서 모든 선은 두 개 이상의 화살표를 받고 있습니다. 그래서 각 선에 대해서 받은 화살표를 다 더해보면 2 × 10인 20개보다는 화살표가 많아야 하죠.

화살표의 개수는 18개인 동시에 20개보다도 많아야 하는 모순이 발생합니다. 모순이 발생한 이유는 가정이 틀렸기 때문이죠. 즉 '어떤 선은 도미노를 하나도 거드리지 않고 지나간다.'라고 결론을 낼 수 있는 것입니다. 간단한 카운팅 논리이고 듣고 나면 쉬운 논리인데, 처음부터 논리를 떠올리기는 쉽지 않은 문제입니다.

8 × 8에서는 같은 명제가 성립하지 않는 예시를 앞에서 보았습니다. 전체 타일의 사이즈가 적당히 크게 되면, 자를 수 있는 선이 아예 없도록 잘 배치를 하면 가능합니다. $n \times n$에서 n의 크기가 커지면 커질수록 자르는 선의 개수는 n에 비례하게 증가하는데 비해, 조각의 개수는 n의 제곱에 비례하게 증가한다는 사실을 토대로 생각해 보면 그럴듯합니다. 조각의 개수가 훨씬 빨리 늘어나고, 그만큼 배치의 자유도도 커지며, 배치의 자유도가 커질수록 선형적으로 늘어나는 선들에 다 걸리도록 하게 되는 배치의 존재가 쉬워지겠죠.

CHAPTER 8-6

어떻게 하면 부드럽게 연결할까? : 시그모이드

유튜브 영상링크

시그모이드(sigmoid)는 S자 모양이라는 뜻입니다. 평탄한 상수함수 2개가 있을 때, 그 둘을 연결해 주는 부드러운 함수로 쓰이죠. AI나 딥러닝에서도 자주 쓰입니다.

sigmoid 함수의 대표적인 예로 logistic function이라 불리는 $1/(1+e^{-x})$가 있죠. x가 - 무한대로 가게 되면 e의 지수가 무한대로 발산하게 되고, 분모가 무한대로 발산하여 전체값은 0으로 수렴합니다. 반대로 x가 + 무한대로 가게 되면 e의 지수가 - 무한대로 발산해서 0으로 수렴하게 되므로 전체값은 1/1인 1로 수렴하게 되죠.

딥러닝 분야에서는 이 로지스틱 함수를 시그모이드 함수로 부르기도 하는데, 시그모이드 함수는 이렇게 S자 형태로 생긴 함수들을 총칭하는 말이라 조금 더 넓은 개념입니다.

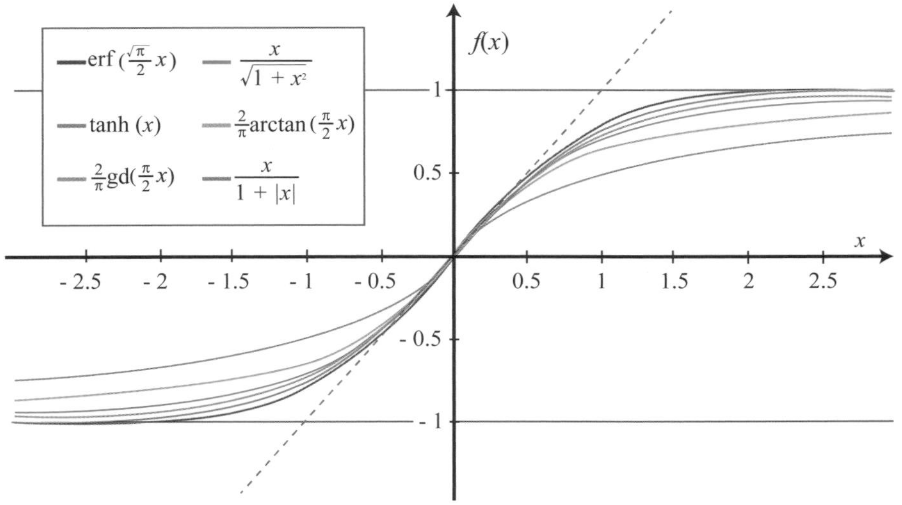

어떤 이미지가 고양이인지 아닌지 구분하기 위해서 인풋으로 특정 이미지를 주었을 때, 마지막 아웃풋으로 나오는 값은 예 또는 아니요겠죠. 그렇게 아웃풋 값이 0과 1 혹은 -1과 1같이 두 개의 값인데, 인공지능이 여러 데이터를 보면서 '이건 고양이다.' '저건 아니다.'라는 걸 계속 학습하는 과정이라는 것 자체가 의사결정을 하기 위한 중간에 있는 어떤 파라메터들이 계속 수정이 되어 나가는 것일 텐데 칼로 딱 자르듯이 아웃풋이 나오면 학습 과정에 있어 연산이 매우 불편합니다.

그래서 왼쪽으로 가면 0 오른쪽으로 가면 1이 되는 함수의 중간부분에서 연산이 용이한 부드러운 함수로 채워져 있으면 매우 편리할 수 있고, 그런 조건을 만족하는 sigmoid function들 중에서도 특히 logistic function이 가지고 있는 계산상의 용이함이 매우 크기 때문에 AI 분야에서 많이 활용됩니다.

logistic function

$$f(x) = \frac{1}{1 + e^{-x}}$$

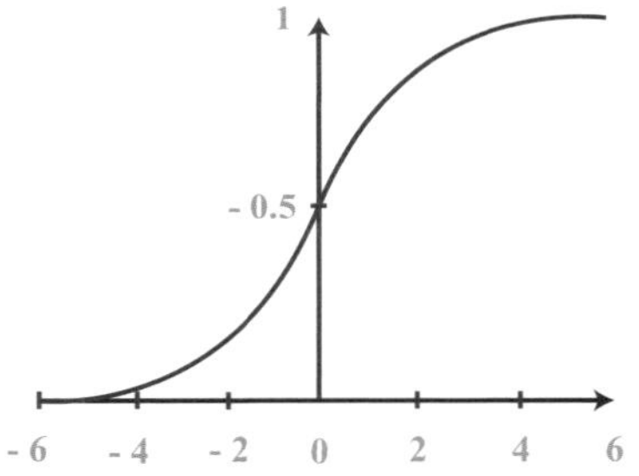

sigmoid function에는 logistic function 외에도 탄젠트 함수의 역함수인 아크탄젠트 함수도 있어요. 탄젠트 함수가 다음 그림과 같이 생겼죠. 그걸 $y = x$축으로 대칭 이동하면 S자 모양을 만들 수 있습니다. 점근선 두 개의 y 값이 $-\pi/2$, $+\pi/2$일 텐데, 상수배와 평행이동을 통해 두 값을 0, 1로 대응시킬 수 있습니다.

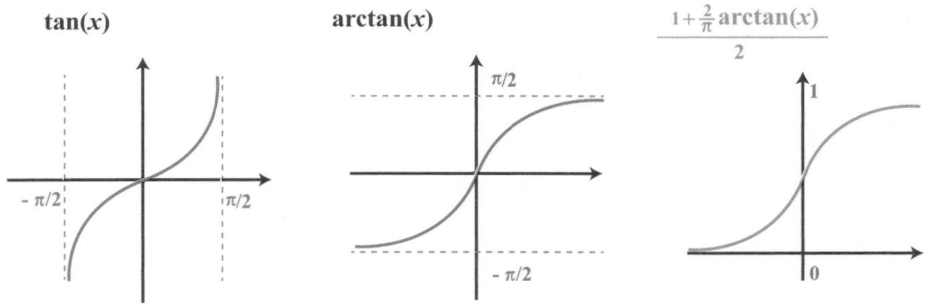

또 다른 sigmoid function으로 하이퍼탄젠트 함수 $\tanh(x) = \frac{e^x - e^{-x}}{e^x + e^{-x}}$도 있어요. 이 함수를 그려보면 -1과 1 사이에서 S자 모양을 그립니다. x가 - 무한대로 가면 분자 분모 앞에 두 텀은 0으로 갈 거라 -1이 될 거고요. x가 + 무한대로 가면 분자 분모 뒤에 두 텀이 0으로 가므로 1이 됩니다.

정규분포에서 - 무한대부터 x 사이에 정규분포를 따르는 확률변수가 있을 확률을 얘기하는 함수인 에러펑션도 시그모이드 함수의 한 종류입니다. 이러한 시그모이드 함수들은 다들 양쪽 점근선을 평행하게 가지고 있어서 미분계수가 양쪽으로 가면 0에 아주 가깝게 되고, 중간에서 기울기가 최대가 된다는 공통점을 지닙니다. 모두 부드러운 함수라고 할 수 있는데 수학에서 부드러운 함수라고 하면 보통 무한 번 미분 가능한 함수를 뜻합니다.

시그모이드 함수들은 적당히 평행이동하고 상수배하면 -1과 1로 위아래를 맞출 수 있습니다. x축 역시 적당히 상수배를 하게 되면 점근선에 접근하는 속도도 조절할 수 있고, $x = 0$에서의 기울기도 조절할 수 있습니다. 둘을 한꺼번에 조절하는 건 어렵지만, 모델링에 있어 원하는 성질이 있다면 맞출 수 있겠죠. 계산상의 편이를 어떤 함수가 많이 주는지도 고려 대상이겠습니다.

이런 시그모이드 펑션들은 x가 0 주변을 조금만 벗어나면 금방 상수함수처럼 됩니다. 거의 1이라고 해도 무방할 정도로 1에 가까운 수가 되고, 미분계수 값도 거의 0이라고 해도 무방할 정도로 0에 가까운 수가 됩니다. 그런데 1에 아주 가까운 수가 아니라 진짜 1이고, 미분계수 값 역시 거의 0이 아니라 진짜 0인 실제 상수함수가 양쪽에 고정되어 있을 때, 그 함수의 가운데를 무한히 미분할 수 있는 부드러운 함수로 적당히 잘 채울 수 있을까요?

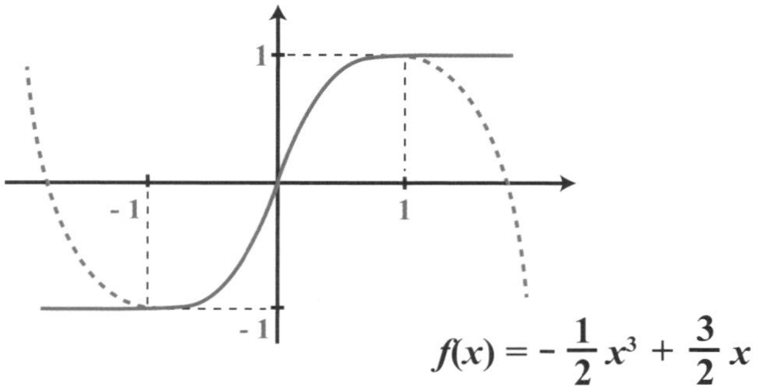

다항함수 중에 3차 함수의 일부분을 떼어다가 붙여볼 생각을 해 볼 수 있겠습니다. (0, 0)에서 변곡점을 가지고, (-1, -1), (1, 1)에서 극솟값과 극댓값을 가지는 3차 함수의 중간 부분을 잘 떼어다가 붙이면 부드럽게 연결이 잘 되어 보이겠죠.

실제 $f(x) = -(1/2)x^3 + (3/2)x$와 같은 3차 함수가 -1과 1 사이에서 -1에서 극솟값 -1, 1에서 극댓값 1을 가집니다. 그런데 이렇게 3차 함수를 붙여놓으면 한번 미분은 가능하지만, 무한 번 미분이 되진 않습니다. 이 함수를 미분해 보면 $f'(x) = -(3/2)x^2 + 3/2$가 되겠죠. $f'(x)$를 그려보면 연속은 하지만 -1과 1에서 첨점이 됩니다. f를 두 번 미분하게 되면 -1과 1에서는 미분계수의 좌극한과 우극한이 다르게 되겠죠.

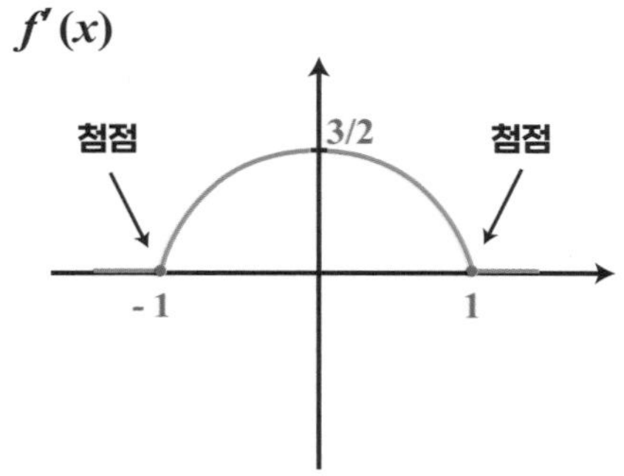

이런 다항함수도 무한 번 미분 가능한 부드러운 곡선은 아니라면 과연 어떤 함수가 가운데를 채울 수 있을까요? 우선 0의 우극한으로 가든 1의 좌극한으로 가든 확실하게 어떤 값으로 수렴해야 합니다. 앞에서 소개해 드렸던 시그모이드 함수들처럼 거의 0에 가깝거나 거의 1에 가까운 수가 되는 것만으로는 불충분해요. 그래서 0이나 1 근처로 갈 때 이미 무한히 가까워져야 합니다. $e^{-\left(\frac{1}{x^2}\right)}$ 같은 함수를 생각해 보면 x가 0 근처로 가면 분모가 0에 아주 가까운 음수이기 때문에 지수에 있는 값이 음의 무한대로 가고 전체값은 0으로 수렴하게 되겠죠.

그리고 0에서 무한 번 미분이 가능합니다. 왜냐하면 미분을 해서 속 미분 자체는 0 근처에서 무한대로 발산하는 형태가 나오더라도 분자에 $e^{-\left(\frac{1}{x^2}\right)}$가 버티고 있으니, 전체값을 0으로 끌어 내려버립니다. 0에서는 몇 번 미분하더라도 0에서의 미분계수 값은 0이 됩니다. 그래서 아까 보았던 3차 함수와 같은 문제는 없겠죠.

왼쪽 끝은 어찌저찌 했는데, 이번에는 오른쪽 끝이 문제죠. $e^{-\left(\frac{1}{x^2}\right)}$은 + 무한대로 가게 되면 1로 수렴하는데, 1로 가까이 갈 때도 정확히 어떤 값으로 수렴하는 것이 필요합니다. 그래서 지수에다가 어떤 걸 곱해서,

(1) x가 0이면 적당히 상수값으로 왼쪽의 부드러움에 영향이 없도록 하면서

(2) x가 1 좌극한에서 0으로 만들어 버리면서

(3) 무한 번 미분이 가능한 상태로 되어버리도록 하면 되겠죠.

방금 살펴본 함수를 x축으로 1만큼 이동시켜 $e^{-\frac{1}{(x-1)^2}}$이라고 하면 1번, 2번, 3번 조건을 다 만족합니다. 그래서 $f(x) = e^{-\frac{1}{x^2}\left(e^{-\frac{1}{(x-1)^2}}\right)}$ 이라고 하면 계단함수(step function)를 이어주는 부드러운 함수의 한 예시가 되겠죠.

수학 겉핥기

math

Dessert

chapter 9

수학적 귀납법

CHAPTER 9-1

귀납법의 본질은 확장이 아닌 축소

유튜브 영상링크

보통 수학적 귀납법은 k번째 스텝에서 수렴한다고 가정하고 $k + 1$번째 단계에서 성립하는 걸 보여서 도미노식으로 확장되는 논리라고 배우죠. 많은 학생이 1부터 n까지의 합이 $n(n + 1)/2$이 되는 이유를 수학적 귀납법으로 증명하는 예시를 통해 수학적 귀납법을 접하게 됩니다. 그런데 이 교육방식에 두 가지 문제가 있다고 생각합니다.

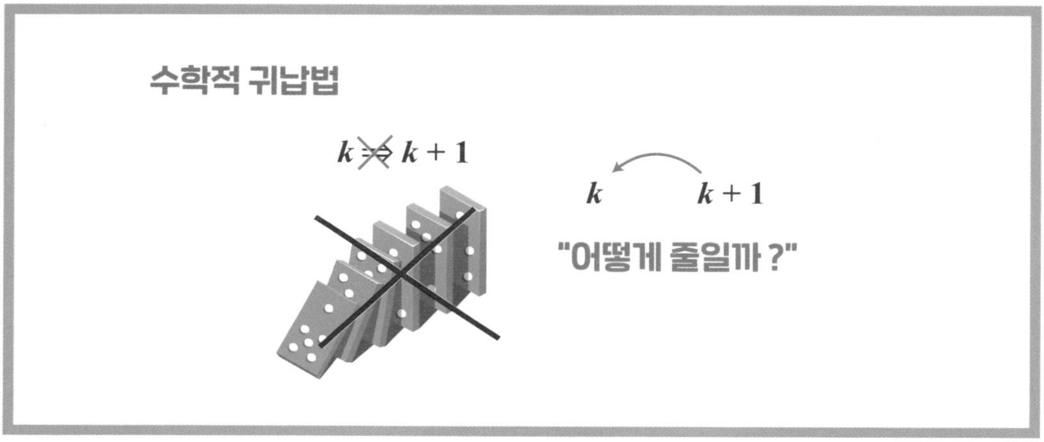

첫째, 수학적 귀납법은 확장 논리가 아니라 오히려 반대로 축소 논리입니다. 수학적 귀납법을 한마디로 설명하면 "어떻게 줄일지를 찾는 방법"이라고 해도 틀린 말이 아닙니다. 수학적 귀납법은 겉으로 드러나는 형태는 전 단계의 귀납 가설을 이용해 다음 스텝의 참을 보이는 것이지만, 그 안에 진정한 핵심은 일반적인 다음 스텝의 경우를 어떻게 줄여서 혹은 어떻게 축소해서 이전 스텝의 귀납 가설을 이용할 수 있을지를 찾는 아이디어에 있습니다. 어떻게 확장할지가 아니라 어떻게 줄일지가 핵심이죠. 도대체 이 두 가지가 뭐가 다른 거야? 비슷한 얘기로 들릴 수도 있어요. 하지만 수학적 귀납법을 확장 논리로 이해하고 있으면 논리 실수를 범하기가 쉽습니다. 그래서 저는 귀납법을 도미노로 비유하는 것이 적절하지 않다고 생각합니다. 도미노를 통해 은연중에 확장하는 개념으로 이해하게 되기 때문입니다.

둘째, 처음 수학적 귀납법을 접할 때 흔히 나오는 1부터 n까지 합을 구하는 문제도 적절한 예시가 아니라고 생각합니다. 이 문제는 난이도가 낮아 활용하게 되었을지는 모르겠으나, 수학적 귀납법의 효용과 그 안에 숨어있는 흥미 요소를 보여주지 못하는 한계가 있습니다. 그 이유에 대해서도 뒷부분에서 얘길 해 보겠습니다.

수학적 귀납법

$$1 + 2 + \dots + n = \frac{n(n+1)}{2}$$

먼저, 축소 논리에 대한 얘기입니다. 예를 하나 들어볼게요. 사장님부터 사원까지 조직체계를 그린 조직도를 그려보면 트리구조입니다. 하드 드라이브 안에 있는 폴더 등이 트리구조이죠. 여기서 트리의 정의는 사이클이 없는 연결된 그래프라고 정의됩니다. 우리 말로는 수형도라고 합니다. 한자로 나무 수에 형태 형자를 써서 나무 모양이라는 의미인데, 편의상 나무라고 표현하겠습니다. 이 나무에는 점과 선들이 있습니다. 나무에서 점의 개수를 n이라고 하면 선의 개수는 항상 $n - 1$개가 됩니다. 모든 나무에서 항상 그렇다는 걸 증명하고 싶은데 이때 수학적 귀납법을 활용하게 됩니다.

앞서 말씀드린 것처럼 도미노식 확장 논리로 이해한 학생들의 잘못된 증명 방법을 먼저 보여드리겠습니다. 어디가 틀린지 잘 한번 살펴보세요.

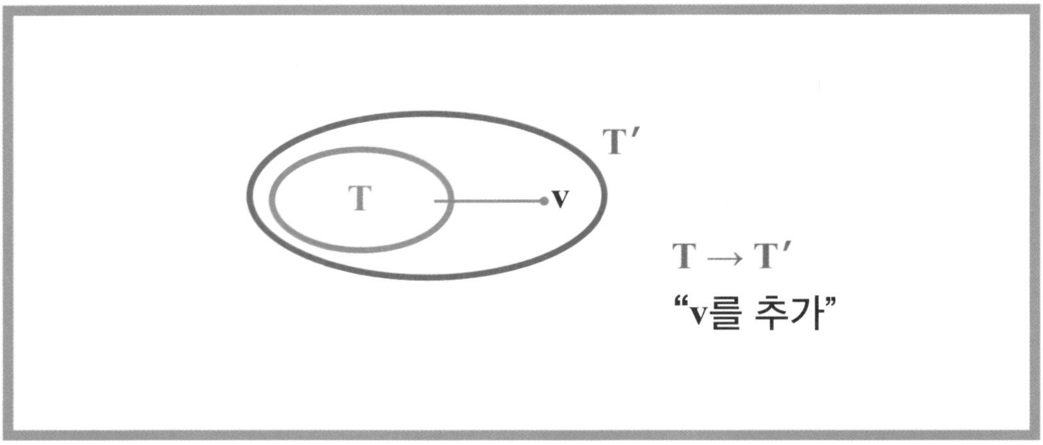

• **증명 1-1**(확장 관점, 틀린 논리)

점의 개수에 대해 수학적 귀납법을 사용하자. 점이 1개이면 선은 0개이므로 명제가 참이다. 어떤 $k(> = 1)$에 대해 점의 개수가 k개 일 때 명제(점이 k개인 나무 T는 선의 개수가 $k - 1$개이다.)가 참이라고 가정하고, 점의 개수가 $k + 1$일 때 명제의 참을 증명하자. 점의 개수가 k인 나무 T의 특정 점 u에 잎사귀 v를 하나 연결해 점이 $k + 1$개인 나무 T′을 만들게 되면 u와 v 사이의 선이 하나 추가 되었으므로, 선의 개수는 총 k개가 된다. 따라서 나무 T′역시 점의 개수가 선의 개수보다 하나 더 많다. 따라서 점이 $k + 1$개인 나무의 선의 개수가 k개임을 보였으므로 수학적 귀납법에 의해 증명이 되었다.

어떤가요? 어느 맥락에서 논리가 부실한지 오류를 발견했나요? 이번엔 제대로 된 증명을 보여드리겠습니다. 제대로 된 증명을 위해서 다음의 두 가지 성질을 먼저 보여야 하는데 우선 참으로 받아들이고 증명해 보겠습니다.

(A) 나무에 점이 두 개 이상이라면 잎사귀(연결된 선이 단 하나 있는 점)는 항상 존재한다.

(B) 나무에서 잎사귀와 함께 잎사귀에 연결된 선 하나를 제거해도 여전히 나무이다.

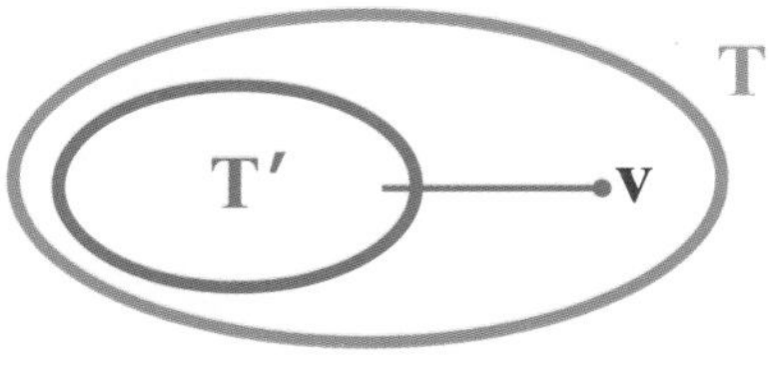

· **증명 1-2** (축소 관점, 맞는 논리)

점의 개수에 대해 수학적 귀납법을 사용하자. 점이 1개이면 선은 0개이므로 명제가 참이다. 어떤 $k(>=1)$에 대해 점의 개수가 k개 일 때 명제가 참이라고 가정하고, 점의 개수가 $k+1$일 때 명제의 참을 증명하자. 점이 $k+1$인 나무 T가 있다고 가정하자. $k+1$은 2 이상이므로, T에 잎사귀 v가 존재한다. (A. 사용) v를 T에서 제거한 T′은 나무이고, (B. 사용) 점이 k개 이다. 따라서 귀납 가설에 의해 T′은 선의 개수가 $k-1$개 이다. T의 선의 개수는 T′의 선의 개수보다 하나 많으므로, T의 선의 개수는 k개이다. 따라서 점의 개수가 $k+1$일 때의 명제가 참이고, 수학적 귀납법에 의해 증명이 되었다.

차이가 보이나요? 우리가 증명하려고 하는 명제는 "점이 $k+1$개인 나무의 선의 개수가 k개"라는 사실이죠. 그래서 증명의 대상인 점의 개수가 $k+1$인 "임의의 나무"를 잡는 것에서 시작해야 합니다. 점이 $k+1$개인 나무는 여러 가지가 있을 수 있고, 우리는 그중 어떠한 나무를 가지고 오더라도 그 나무의 선이 k개라는 사실을 증명해야 하는 거죠. 따라서, 증명 1-2처럼 증명의 대상인 점이 $k+1$개인 나무를 임의로 설정하는 데에서부터 논리의 전개가 출발해야 합니다. 그렇지 않고 증명 1-1처럼 점이 k개인 나무를 설정해 놓고 시작하면 어떤 식으로든 점이 $k+1$개인 나무로 확장했을 때의 방법 자체가 점이 $k+1$개인 임의의 나무 모두를 커버할지 어떨지 모르는 것이죠.

증명 1-2에는 A와 B 두 가지 사실을 이미 참으로 받아들이고, 이 사실들이 증명에 필요했었죠. 하지만 증명 1-1에는 잎사귀의 존재성이나, 제거해도 여전히 나무를 유지하는 성질들을 사용하지 않았습니다. 같은 증명을 하는데 한 증명에서는 자명하지 않은 어떤 사실을 이용하지 않아도 증명이 된다는 것 자체가 그 증명에 논리적 비약이 숨어있다는 것을 의심해 봐야 하는 거죠. 이와 같이 수학적 귀납법은 일반적인 $k+1$번째의 경우를 상정하고, 다음의 두 가지를 고민해야 합니다.

(1) 일반적인 $k+1$번째의 경우를 k번째의 경우로 어떻게 축소할까?

(2) 축소한 경우에 대해 k번째의 가정을 어떻게 적용할까?

이 명제에서는 축소하는 방법으로 점을 줄였을 때 나오는 작은 그래프가 여전히 나무이기 위해서 잎사귀를 없앴죠. 그러기 위해서는 잎사귀의 존재성이 필요했고요. 거듭 언급하지만 어떻게 줄일까가 수학적 귀납법의 핵심이라 할 수 있어요.

다음으로 처음 수학적 귀납법을 배울 때 부적절한 예시라고 했던 1부터 n까지 더하는 문제를 보죠. 1부터 n까지 자연수의 합은 $n(n+1)/2$이다. 이 명제의 증명을 확장 관점이나 축소 관점에서 바라보면 이번엔 사실 확장 관점의 증명이 틀렸다고 말하기는 애매합니다.

- **증명 2-1**(확장 관점)

$n=1$일 때, 명제가 참임은 자명하다. 임의의 $k(>=1)$에 대해, $n=k$일 때 명제의 참을 가정하고, $n=k+1$일 때, 명제의 참을 증명하자. $1+2\cdots+k=k\times(k+1)/2$가 참이므로, 양변에 $k+1$을 더하면 $1+2+\cdots+k+(k+1)=k\times(k+1)/2+(k+1)=(k+1)(k+2)/2$가 성립한다. 따라서, $n=k+1$일 때의 명제도 참이다.

• 증명 2-2(축소 관점)

$n = 1$일 때, 명제가 참임은 자명하다. 임의의 $k(>= 1)$에 대해, $n = k$일 때 명제의 참을 가정하고, $n = k + 1$일 때, 명제의 참을 증명하자. $n = k + 1$일 때의 명제 좌변인 $1 + 2 + \cdots k + (k + 1)$에서 마지막 $k + 1$을 빼면 $1 + 2 + \cdots + k$인데, 이는 $n = k$일 때 명제를 가정했으므로, $(k) \times (k + 1)/2$와 같다. 따라서 $1 + 2 + \cdots + k + (k + 1) = (k) \times (k + 1)/2 + (k + 1) = (k + 1)(k + 2)/2$가 성립한다. 따라서, $n = k + 1$일 때의 명제도 참이다.

두 가지 증명 모두 본질적으로 같은 증명이고, 틀린 곳이 없죠. 하지만 미묘한 관점의 차이가 있습니다. [증명 2-1]에서는 논리 전개의 출발점으로 $n = k$일 때의 명제를 잡았고, 이를 $n = k + 1$일 때의 명제로 확장하려고 시도하고 있습니다. 그에 비해 [증명 2-2]에서는 논리 전개의 출발점으로 $n = k + 1$일 때의 명제를 잡았고, 이를 $n = k$일 때의 명제로 축소하려고 시도하고 있어요. 이 경우에는 도미노가 한 줄이어서 논리에 문제가 없어요. $n = k$일 때 보이는 명제와 대상이 하나고, $n = k + 1$일 때 보이는 명제와 대상이 하나죠. 그래서 사실 확장관점으로 논리전개를 해도 오류가 없습니다.

그래서 이 예시가 부적절한 예시입니다. 오류가 없으니 확장 관점으로 익히게 되고, 앞에서 보여드렸던 나무 예시와 같은 문제에 적용하려고 하니 오류가 있는지도 모르고 논리 전개를 하게 되는 거죠. 이 예시가 부적절한 또 다른 이유가 있습니다. 이 문제는 가우스의 독창적인 풀이로 잘 알려진 문제죠. 1부터 n까지의 합을 n부터 1까지의 합으로 보고 그 둘을 더한 것이 $n + 1$이 n개 있는 꼴과 같으니 결국 한 덩이는 $n(n + 1)/2$과 같다. 이 천재적인 풀이에는 식이 왜 $n(n + 1)/2$이어야만 하는지, 그리고 n과 $n + 1$과 2를 어떻게 해석할 수 있는지 등에 대한 통찰력까지 포함이 되어 있습니다. 수학적 귀납법을 사용하게 되면 그런 게 없죠. 답이 주어져 있을 때 그게 답이 맞는지 확인하는 방법처럼 여겨지죠. 기계적으로 왜 $n(n + 1)/2$이어야 하는지 증명은 되고 납득은 되지만, 아무것도 없는 상태에서 이런 수식을 어떻게 찾아낼 수 있을지 통찰력을 주지 못합니다. 그래서 수학적 귀납법이 재미 없고 별 쓸모없이 보이기도 하죠.

하지만 사실 잘 생각해 보면 정확히 그와 반대입니다. 왜냐하면 동일한 명제의 참을 증명하기 위해서 수학적 귀납법에서는 특별히 대단한 아이디어를 사용한 게 없고, 가우스의 방법에선 반짝이는 아이디어를 사용했어야 했다는 것 자체가 수학적 귀납법이 엄청나게 강력한 툴이라는 얘기입니다.

수학적 귀납법이 빛을 발하는 순간들은 수학적 귀납법을 제외하고는 다른 어떠한 방법으로도 증명할 묘수가 없을 때입니다. 위의 예처럼 수학적 귀납법이 아닌 다른 방법으로도 증명이 되는 비교적 쉬운 명제들은 수학적 귀납법 자체가 너무 강력한 나머지 동일한 난이도의 문제를 해결하는 다른 방법에 있는 아이디어가 더 뛰어나 보이기 마련이죠.

수학적 귀납법을 활용해야만 하는 난해한 문제들을 보면 엄청난 통찰력이 필요하고 반짝이는 아이디어들이 숨어있는 문제가 많습니다. 그런 문제들은 보통 수학적 귀납법을 이용하지 않고는 도저히 풀어낼 방법이 없는 문제들이죠. 대부분의 사람이 위와 같이 1부터 n까지 더하는 수식을 구하는 방법으로 수학적 귀납법을 처음 접하게 됩니다. 그리고 자연스럽게 수학적 귀납법의 참 묘미를 느껴보지 못하게 되죠. 수학적 귀납법을 절묘하게 사용하는 방법이 어떤 것들이 있는지에 대해 계속 더 살펴보겠습니다.

CHAPTER 9-2

두칸씩 뛰는 귀납법 : 홀수명 눈싸움에 안맞는 사람이 생기는 이유

유튜브 영상링크

수학적 귀납법은 반드시 한 칸씩 뛸 필요가 없습니다. $P(k) \rightarrow P(k+1)$로 알고 있는 수학적 귀납법의 스텝을 꼭 한 칸이 아니라 세 칸씩 뛰거나 $P(k) \rightarrow P(k+3)$ 혹은 두 배씩 뛰거나 $P(k) \rightarrow P(2k)$하는 식으로 활용할 수도 있습니다. 이번엔 두 칸씩 뛰는 문제를 살펴보겠습니다.

n명이 눈싸움을 한다고 해 볼게요. n명이 모두 눈을 뭉친 다음에 자신과 가장 가까이에 있는 사람한테 눈을 던져서 맞춘다고 해 봅시다. (서로서로의 거리는 다 달라서 가장 가까운 사람이 두 명 이상이라 누구를 맞춰야 할지 모르는 상황은 없다고 가정해 봅시다.) 이런 상황에서 항상 눈에 맞지 않는 사람이 적어도 한 명은 있다는 명제를 증명할 수 있습니다.

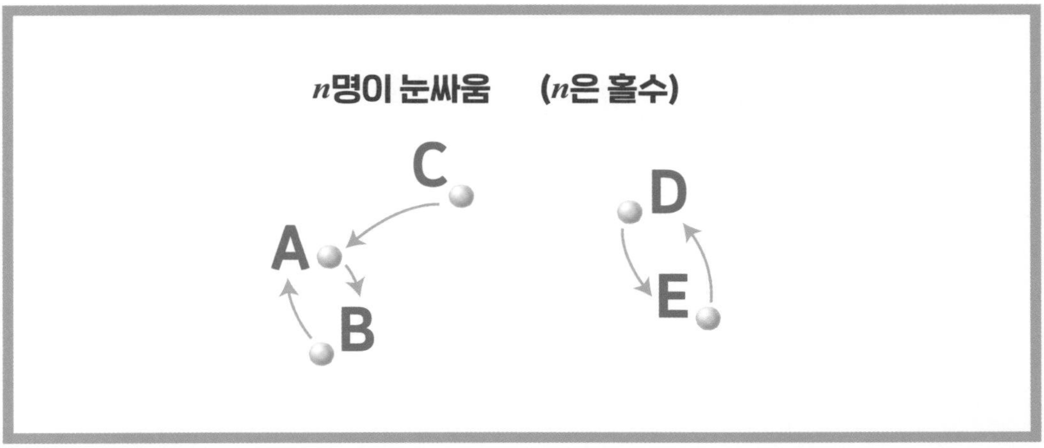

$n = 3$, 즉 3명이 있다고 해 볼게요. 이 경우 A, B, C가 어떤 삼각형을 이루고 서 있을 테고, AB, BC, CA 거리 중에 가장 짧은 거리인 페어가 있겠죠? 편의상 AB가 가장 짧다고 해 봅시다. A는 B한테 눈을 던질 테고, B 입장에서도 가장 가까운 A한테 눈을 던지겠죠? C는 A와 B 중 가까운 상대에게 눈을 던지게 됩니다.

그런데 C는 아무에게서도 공격받지 않겠죠? 이렇게 3명일 때는 쉽게 공격을 당하지 않는 사람이 한 명 있다는 걸 알 수 있어요. AB, BC, CA 각각의 길이는 다 다르다고 문제에서 가정했으니 가장 짧은 길이가 있을 것이고, 그 둘이 서로 던지니 나머지 사람은 눈에 안 맞겠죠.

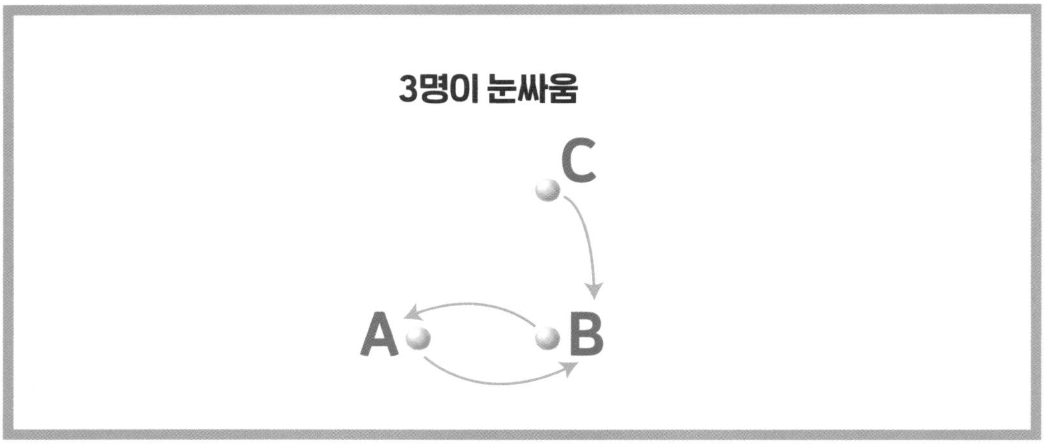

n = 4이면 얘기가 좀 다릅니다. 4명이면 때에 따라 모두가 눈에 맞을 수도 있습니다. AB끼리 붙어있고, 한참 떨어져서 CD가 붙어있으면, AB는 서로에게 던지고 CD도 서로에게 던져서 모두가 눈에 맞는 상황이 나올 수 있겠죠.

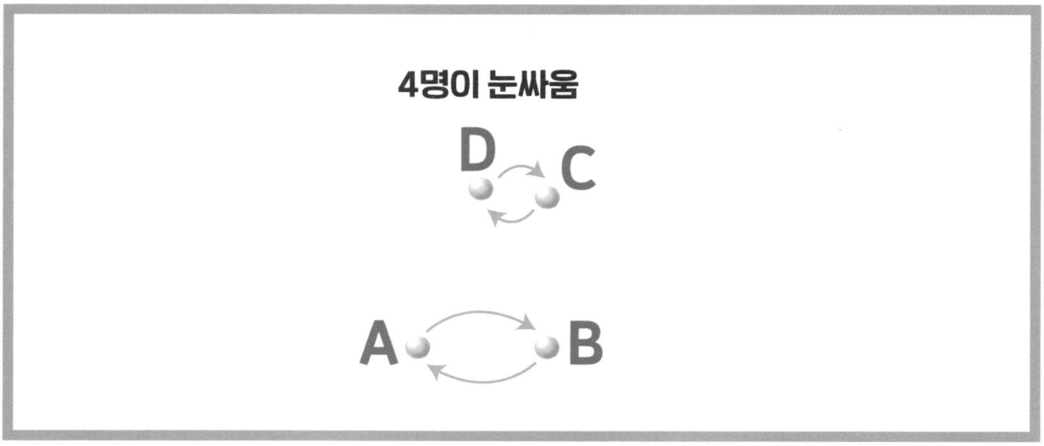

n = 5명이면 어떨까요? 5명이라면 모두가 눈에 맞는 상황이 과연 나올 수 있을까요?

5명의 사람이 있다고 해 보죠. ABCDE라고 하면, 두 사람의 거리는 AB, AC, AD, AE, BC, BD, BE, CD, CE, DE 총 ${}_5C_2$개인 10개의 거리가 있습니다. 그중에 가장 짧은 거리가 있겠죠? 편의상 AB라고 해보죠. 그렇다면 A는 B에게 B는 A에게 눈을 던지겠죠. 여기서 CDE를 한번 보죠. 두 가지 경우로 나눠서 생각해 볼 텐데, 먼저 CDE 중에 적어도 한 명이 A나 B를 조준하고 있다고 해 보죠. 편의상 C가 B를 조준하고 있다고 해 봅시다.

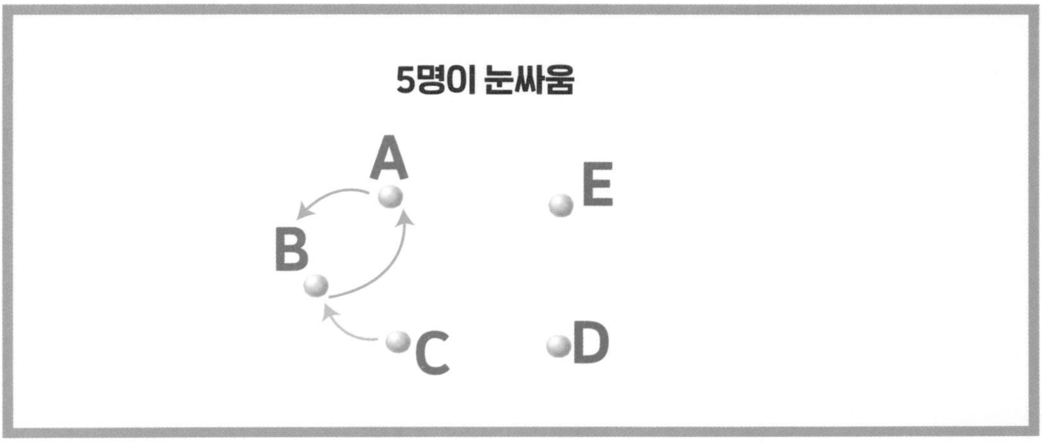

그리고 CDE 집합에서 CDE 집합으로 가는 눈덩이들을 생각해 봅시다. 그런 눈덩이는 많아 봐야 2개죠. 왜냐하면 이미 C는 CDE가 아닌 다른 데다 던지고 있기 때문이죠. 그럼, D나 E가 가지고 있는 눈덩이 2개가 CDE 중의 한 명으로 떨어질 가능성이 있는 눈덩이이기 때문에 CDE 집합에서 CDE 집합으로 가는 눈덩이는 3보다 작은 수입니다.

그런데 CDE는 세 명이죠. 다시 말해 눈을 맞을 수 있는 사람 세 명 중에 그들을 때릴 수 있는 눈덩이는 최대 두 개인 상황입니다. 이제 사람 수보다 눈덩이 수가 적으니, 적어도 한 명은 눈덩이를 안 맞게 되겠죠. 그래서 이 경우엔 눈을 안 맞는 사람이 반드시 존재합니다.

두 번째 경우는 CDE 중에 A나 B를 조준하고 있는 사람이 없는 경우입니다. CDE에서 CDE로 가는 눈덩이가 정확히 3개인 상황이죠. 이 경우는 눈싸움하는 사람이 총 3명일 때인 $n = 3$일 때의 문제와 같게 됩니다. CDE 세 명이 눈싸움을 하는데, 가장 가까운 사람에게 던질 때 눈에 안 맞는 사람이 있겠느냐 하는 문제와 동일한 문제가 되죠. 그런데 우리는 앞에서 이미 3명이 눈싸움할 때 안 맞는 사람이 항상 존재한다는 사실을 확인했습니다. 따라서, 이 경우에도 눈에 안 맞는 사람이 항상 있다는 결론을 도출할 수 있겠죠. (CD, DE, CE 세 길이 중에 가장 짧은 길이를 CD라고 한다면 C와 D가 서로에게 눈을 던지고, E는 눈을 안 맞는 사람이 되겠습니다.)

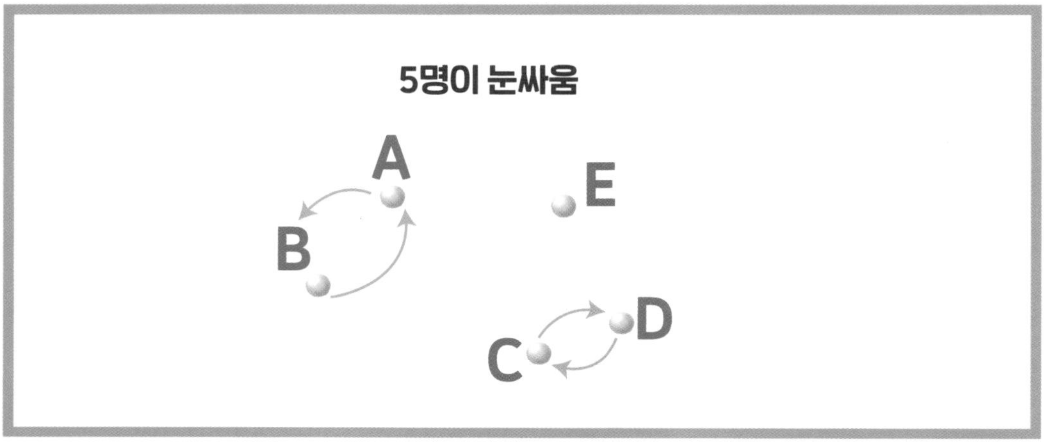

그래서, 5명이 눈싸움을 하는 경우에도 항상 눈에 안 맞는 사람이 생깁니다.

여기까지 생각해 보면, 수학적 귀납법을 활용하여 $n =$ 홀수일 때는 항상 눈에 안 맞는 사람이 반드시 있다는 명제도 증명할 수 있습니다. $n = 3$일 때를 베이스 케이스로 해서 $n = 2k - 1$일 때의 명제를 참으로 가정하고, $n = 2k + 1$일 때의 명제의 참을 증명하는 것이죠. $n = 2k + 1$명일 때 가장 가까운 거리의 사람을 A, B라 하고, A가 B에게 그리고, B가 A에게 던질 테니 나머지 $2k - 1$명의 사람들을 보는 것이죠. 그중 어떤 한 명이 A나 B에게 던진다고 하면, $2k - 1$명에서 $2k - 1$명에게 가는 눈덩이의 개수가 눈을 맞출 대상인 $2k - 1$보다 작으니 그중에 적어도 한 명이 눈을 안 맞을 것이고, 그 중 어떤 사람도 A나 B에게 안 던진다고 하면 $2k - 1$일 때의 문제가 되니, 귀납 가설에 의해 그 중 눈덩이를 맞지 않는 사람이 존재하는 것이죠.

보통은 $n = 1$일 때의 참을 체크하고, $n = k$일 때의 명제를 가정한 다음 $n = k + 1$일 때 명제의 참을 보이는 것으로 잘 알려져 있는데, 이렇게 두 칸씩 뛰는 명제에 응용할 수도 있어요. 수학적 귀납법은 활용할 수 있는 변형이 많습니다. $n - 1$일 때의 명제만이 아니라 $n - 2$, $n - 3$ 등 n보다 작은 모든 명제를 다 귀납 가설로 활용할 수도 있고, 변화하는 인덱스를 n 하나만이 아닌 n과 m 두 개의 인덱스를 활용할 수도 있고, 귀류법과 혼합해 사용해서 일반적인 명제의 가장 작은 반례를 상정하며 그 반례의 성질을 살펴보면서 모순을 이끌어내는 방법도 있습니다.

CHAPTER 9-3

세칸씩 뛰는 귀납법

유튜브 영상링크

3만 원과 5만 원짜리 상품권들이 있어요. 이걸로 101만 원을 조합해서 만들 수 있을까요? 혹은 998만 원을 조합해서 만들 수 있을까요? 일반적인 자연수 n에 대해서 n만 원 조합을 언제나 만들 수 있을까요? 다음 문제를 한번 생각해 보죠.

먼저 1, 2만 원은 못 만들고 4만 원도 못 만들겠죠. 6만 원은 3만 원 두 장으로 만들 수 있을 텐데, 7만 원은 만들지 못 할거에요. 8만 원은 3만 원하나 5만 원 하나로 만들 수 있죠. 9만 원은 3만 원짜리 3장, 10만 원은 5만 원짜리 2장으로 만들 수 있습니다.

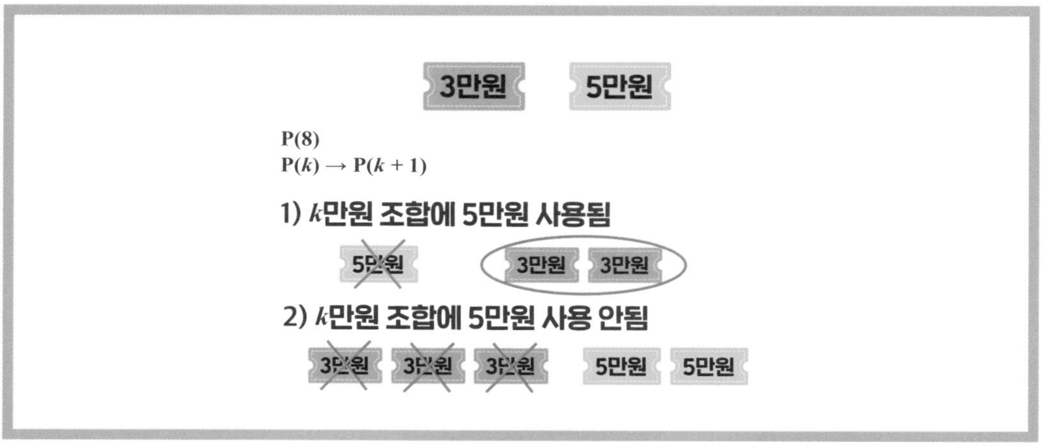

정답은 n이 8 이상이면 n이 어떤 수이든 조합할 수 있다는 것인데요. 이번에도 수학적 귀납법으로 증명해 보려고 합니다.

원래 우리가 알고 있던 귀납법 방식이라면 P(8)이 참이라는 걸 초기 조건으로 체크하고, 8 이상의 k에 대해서 P(k)가 참이면 P(k + 1)이 참이라는 걸 보이면 되겠죠. P(k)가 참일 때 P(k + 1)이 참이라는 걸 어떻게 보일 수 있을까요? 만약 k만 원을 조합하는 과정에서 5만 원짜리가 사용되었다면, 그 조합에서 5만 원 한 장을 빼고 3만 원 2장을 추가한다면 전체를 k + 1만 원으로 만들 수 있겠죠. 만약 그렇지 않다면, 즉 k만 원을 조합할 때 5만 원짜리를 한 장도 사용하지 않았다면, 3만 원짜리만을 사용했을 테고, k가 8 이상이니까 3만 원짜리 적어도 3장은 썼겠죠. 그래서 이 경우엔 3만 원 3장을 빼고 5만 원 2장을 추가한다면 9를 빼고 10을 더하는 것이니 전체를 k + 1만 원으로 만들 수 있겠습니다. 그래서 어떤 경우든 k만 원을 구성한 조합을 활용해서 k + 1만 원 조합을 만들 수 있습니다. 어떤가요? 별로 어렵진 않게 증명이 되었죠?

3만원 5만원

P(8), P(9), P(10)

P(k) → P(k + 3)

8 → 11, 14, 17

9 → 12, 15, 18

10 → 13, 16, 19

그런데 이것보다도 더 간단하게 증명할 수도 있어요. 초기 조건으로 P(8)을 체크하는 대신 P(8), P(9), P(10)을 초기 조건으로 체크하고, P(k)가 성립할 때 P(k + 3)이 성립함을 보이는 방식인데요.

8에서 성립하니 11, 14, 17 등이 성립할 테고, 9에서 성립하니 12, 15, 18 등이 성립하고, 10에서 성립하니 13, 16, 19 등이 성립하게 되겠죠. 그래서 결국 8 이상의 모든 자연수에서 성립한다고 얘길 할 수 있습니다. 8, 9, 10만 원 조합이 된다는 건 체크하기 어렵지 않습니다. $P(k) \rightarrow P(k + 3)$은 좀 전과 같이 경우의 수를 나눌 필요 없이 그냥 3만 원짜리 한 장 추가해서 $k + 3$만 원을 만든다고 하면 끝이죠. 논리가 훨씬 간단해졌습니다.

이렇게 귀납법을 쓰는 방법은 반드시 한 단계씩 가야 한다는 고정관념을 버려도 됩니다. 모든 자연수 n을 다 커버할 방법이기만 하면 되는 것이죠.

CHAPTER 9-4

두 배씩 뛰는 귀납법

유튜브 영상링크

"모든 자연수 n에 대해서 n을 소인수분해했을 때, 2의 승수는 $\log_2 n$보다 작거나 같다." 라는 걸 증명해 보고 싶다고 해 볼게요.

n을 소인수분해했을 때, n이 홀수면 n을 소인수분해했을 때 2에 붙은 승수는 0이겠죠. 짝수일 때 언제 2의 승수가 클지를 생각해 보면 아마 2의 거듭제곱꼴일 때가 2의 승수가 크지 않을까 하는 생각이 듭니다. 실제로 n이 2의 거듭제곱꼴이라고 할 때 2에 붙은 승수를 계산해 보면 $\log_2 n$이니까 명제는 참인 것으로 보입니다. 이걸 증명하기 위해 귀납법을 쓰려면, $P(k) \rightarrow P(k+1)$ 방식을 쓰기가 어렵습니다. k가 홀수일 때의 귀납 가설이 별로 증명에 도움이 되지도 않고요. 이럴 땐 두 배씩 뛰면서 모든 자연수를 커버할 수도 있습니다.

$P(k) \rightarrow P(k+1)$ 대신에 $P(k) \rightarrow (P(2k)$ and $P(2k+1))$을 보이는 거죠. $P(1)$을 초기 조건으로 체크한 후에, $P(k) \rightarrow (P(2k)$ and $P(2k+1))$을 증명하면 모든 자연수에 대해 커버를 하니 충분하겠죠.

P(1)이 참이니, P(2)와 P(3)이 참이 되고,

P(2)가 참이니 P(4)와 P(5)가 참이 됩니다.

P(3)이 참이니 P(6)와 P(7)이 참이 되죠.

$P(k) \rightarrow P(2k)$는 논리가 간단합니다. $2k$를 소인수분해 했을 때 2의 승수는 k를 소인수분해했을 때 2의 승수에 1을 더한 것인데, 앞의 항이 $\log_2 k$ 보다 작다는 것이 귀납 가설이죠. 그래서 $2k$를 소인수분해했을 때 2의 승수는 $\log_2 k + 1$ 보다 작거나 같다고 할 수 있습니다. 그런데 $\log_2 k + 1 = \log_2 (2k)$와 같기 때문에 $P(2k)$가 참입니다.

$P(2k + 1)$ 역시 참이 되죠. $2k + 1$은 홀수이기 때문에 소인수분해했을 때 2의 승수가 0이며, $\log_2 (2k + 1)$은 양수이기 때문에 부등식이 성립합니다. 이렇게 수학적 귀납법은 문제에 따라서 여러 가지 형태로 변형해서 사용할 수 있어요. 똑같이 오류가 없는 증명이라도 논리가 심플하고 깔끔하면 더 좋은 증명이라 할 수 있겠죠. 어떤 방법을 써야 할지 감이 오지 않는다면 k 이하의 모든 자연수에 대해서 $P(k)$가 참일 때, $P(k + 1)$도 참이라는 strong induction을 생각하는 것도 좋은 방법입니다.

CHAPTER 9-5

귀류법과 귀납법이 만나면 : COGRAPH

유튜브 영상링크

귀류법이라고 하면 명제를 부정하고, 모순을 찾는 거죠?

귀납법과 귀류법을 함께 쓰는 전략은 "가장 작은 반례를 잡고 모순을 보인다"라는 말로 이해할 수 있습니다. 모든 n에 대해서 P(n)이 성립한다는 걸 부정하면 어떤 n에 대해서 P(n)이 성립하지 않는다는 말이겠죠. 어떤 n에 대해 P(n)이 성립하지 않으면 P(n)이 거짓이 되는 가장 작은 자연수 n이 있을 것입니다. 그럼 P(n)은 거짓인데, P(n - 1)은 참인 상황이 되겠죠. P(n - 1)이 참이면서 P(n)이 거짓이라는 것을 가정으로 활용할 수 있습니다. 여러 가지 활용해서 쓸 수 있는 사실들이 많아지면 그 퍼즐 조각들을 활용해서 끼워맞추다 보면 모순을 찾기가 쉽습니다. 그리고 문제에 따라서는 그냥 수학적 귀납법을 활용하는 것보다 논리가 명료해질 수 있어요.

보통 이런 방식의 증명을 검색해 보면 모든 자연수 n의 소인수분해는 유일하게 결정된다는 것과 같은 누구나 수긍할만한 당연한 명제의 증명을 보여주어서 재미가 없습니다. 딱히 귀류법과 섞어 쓰지 않아도 수학적 귀납법만으로도 간단하게 증명하게 되는 경우를 억지로 귀류법과 같이 섞어서 얘기하는 경우들도 많고요.

그래서 약간의 난이도가 있을지라도, 조금은 재미를 붙일 수 있는 명제임과 동시에 비교적 쉽게 설명이 가능한 명제를 하나 예시로 들어보겠습니다.

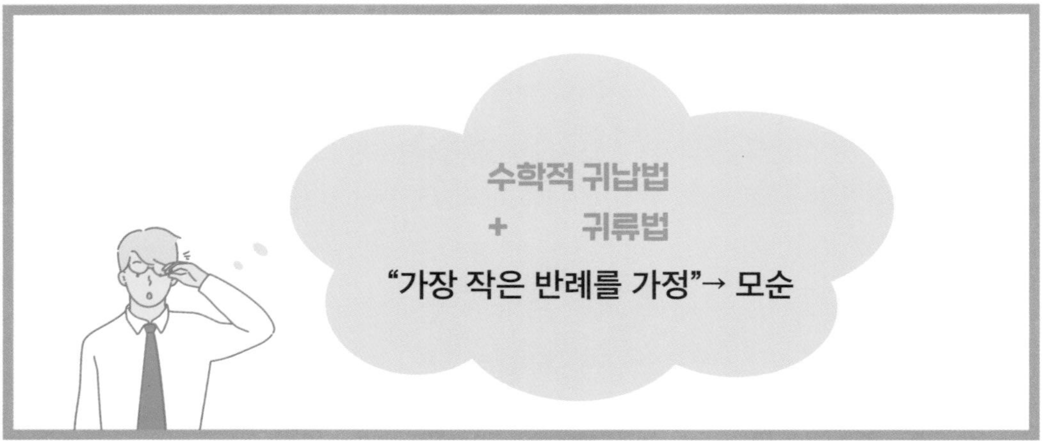

1이라는 숫자에서 출발해서 덧셈연산을 다뤄보면 1 + 1 해서 2가 나오죠. 2에 1을 더하면 3이 나오고 그 다음 4가 이어지듯 1이라는 빌딩블록으로 출발해서 덧셈이라는 연산 부호를 가지고 구조체를 만들어 나가 보면 자연수 집합으로 확장이 되죠. 거기다 뺄셈을 추가하면 1에서 -1이라는 연산을 해서 0이라는 새로운 수가 나오고, 동일한 방식으로 이어 나가면 -1이 나오죠. 자연수 집합에서 정수 집합으로 확장이 됩니다. 곱셈·나눗셈을 추가하게 되면 유리수 집합으로 확장이 되고요. 초기에 작은 빌딩블록에서 시작해서 연산을 통해 구조를 확장해 나가는 그림을 상상해 볼 수 있습니다.

점과 선으로 이루어진 그래프에서도 비슷한 작업을 할 수 있습니다. 그래프라고 하면 점과 점을 잇는 선들로 이루어진 구조체라고 할 수 있어요. 점이 하나인 그래프는 하나 있고, 점 두 개인 그래프는 두 개가 있고, 점을 세 개 가진 그래프는 4개가 있습니다. 점을 네 개 가진 그래프는 선이 0인 게 하나, 1인 게 하나, 2인게 둘, 3인 게 셋, 4개인 게 둘, 5개인 게 하나, 6개인 게 하나, 총 1 + 1 + 2 + 3 + 2 + 1 + 1 = 11개가 있어요.

이런 그래프에서 작은 그래프 두 개를 합집합 하듯이 더한 그래프 연산을 생각할 수 있고, 그래프 하나에 반전을 취한, 즉 있는 선은 없애고, 없는 선은 더하는 그래프 연산을 생각할 수 있습니다. 이렇게 점 하나로부터 시작해서 위와 같은 연산을 계속해 나가면서 얻을 수 있는 그래프를 코그래프(cograph)라고 불러요.

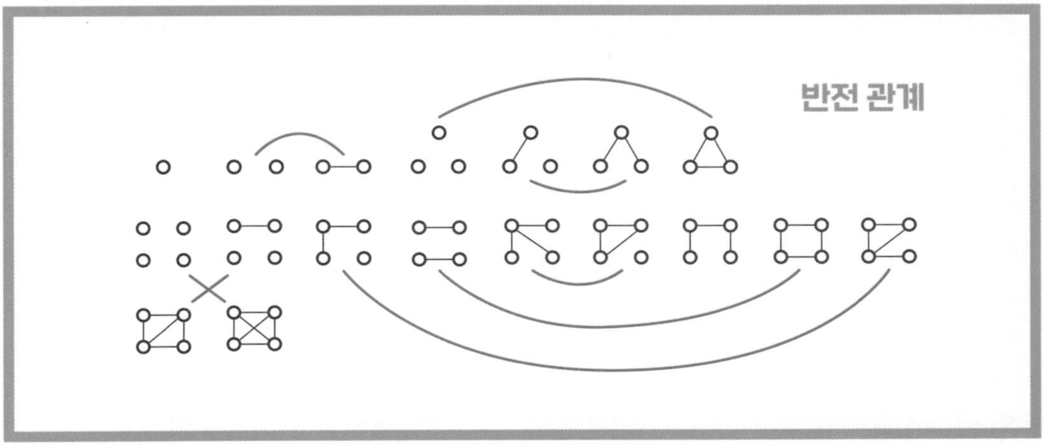

코그래프는 작은 코그래프의 서로소 유니온(두 작은 그래프를 단순 합집합 하듯이 더한 그래프)이거나 코그래프의 서로소 유니온의 반전이라는 것이죠. 그래서 코그래프이면 G가 disconnected(어떤 점에서 다른 점으로 선을 통해 연결이 불가능)이거나 G의 반전이 disconnected입니다. 반대로 얘기하면, G가 connected이면서 G의 반전도 connected이면 코그래프가 아니겠죠.

점이 4개인 그래프들까지 쭉 보고 코그래프를 찾아봅시다. 점 두 개인 그래프는 점 하나씩을 합집합해서 구할 수 있고, 반전을 취해서 구할 수 있습니다. 점 두 개인 그래프는 모두 코그래프이고요. 점 세 개인 그래프 역시 모두 코그래프입니다. 점 네 개인 그래프도 살펴보면 모두 코그래프가 될 것 같은데, P_4라 불리는 그래프 하나가 작은 그래프를 합하거나 합하고 반전을 취해서 구할 수가 없기 때문에 코그래프가 아닙니다.

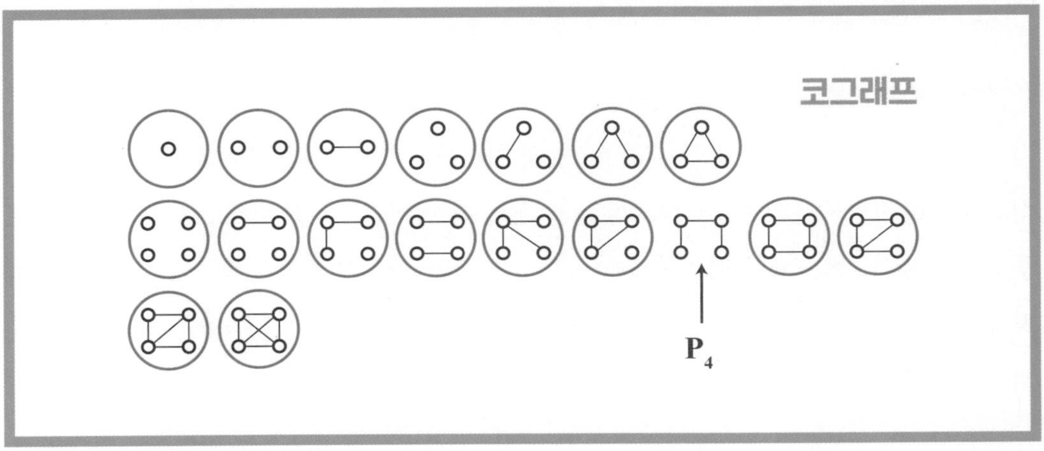

'어떤 그래프가 코그래프이다'라는 것과 이 그래프에 무작위로 네 점을 취하더라도 그 네 점으로 이루어지는 인듀스드 부분그래프(점의 부분집합을 취하고, 그 부분집합에 속한 점들끼리 연결된 선은 모두 취한 부분그래프)가 P_4가 아니라는 것이 필요충분조건이 됩니다. 두 명제가 필요충분조건임을 보이기 위해서는 한쪽을 가정하고 다른 쪽의 참을 증명하고, 반대로 다른 쪽을 가정하고 한쪽의 참을 보이면 되죠. 대부분의 경우 한쪽 방향의 증명이 쉽고, 다른 방향의 증명이 어렵습니다. 쉬운 증명을 먼저 살펴보죠.

'어떤 그래프가 코그래프면 P_4를 포함하지 않는다.' 이건 정의를 잘 떠올려 보면 쉽게 증명이 됩니다. 어떤 그래프가 코그래프면 작은 두 코그래프의 서로소 유니온이이거나 작은 두 코그래프의 서로소 유니온의 반전이겠죠. 전자라고 하면 귀납 가설에 의해 P_4가 없겠죠. 왜냐하면 P_4가 있으려면 A에 있거나 B에 있거나 A와 B에 걸쳐있어야 해요, 그런데 A와 B가 disconncected이니까 안되고, A나 B에 없는 건 귀납 가설이 말해줍니다. 후자라고 해도 마찬가지죠.

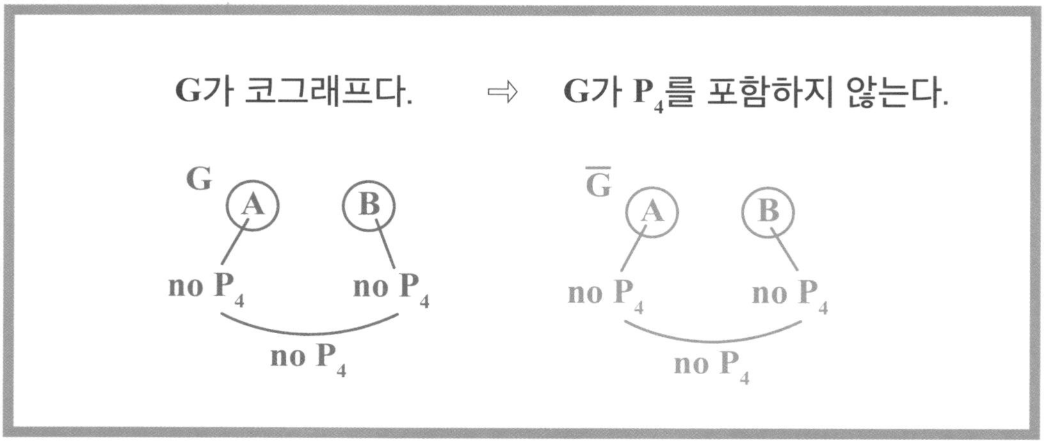

반대 방향인 P_4를 포함하지 않으면 코그래프다. 이번에는 다소 어려운 증명이 될 텐데요. 마찬가지로 귀납법으로 증명할 수 있는데, 귀납법과 귀류법을 함께 사용하면 논리가 굉장히 명쾌해집니다. P_4를 포함하지 않으면서 코그래프가 아닌 그래프가 있다고 해 보죠. 그리고 그런 그래프 중 점의 개수가 가장 작은 예를 G라고 합시다. G는 가장 작은 반례이기 때문에 G에서 아무 점 하나만 지우면 코그래프가 되겠죠. 어떤 점 v에 대해서도 그래서 G-v는 서로소 유니온 이거나 서로소 유니온의 반전이겠죠. 서로소 유니온이라고 해 봅시다.

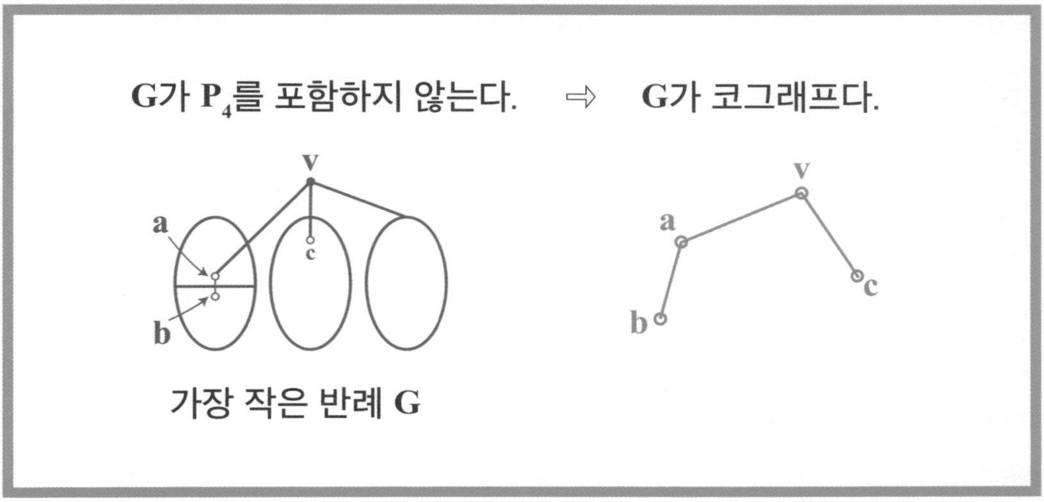

각 컴포넌트에 v가 연결되어 있겠죠. 왜냐면 만약 연결이 안 된 컴포넌트가 있다면 G가 코그래프가 되기 때문이죠. 그리고 어떤 컴포넌트에는 v가 연결이 안된 점이 있는 컴포넌트가 있습니다. 왜냐면 아니라고 하면 G가 코그래프가 되어 모순되기 때문이죠. 그래서 그 어떤 컴포넌트에는 v와 선으로 연결된 점도 있고 그렇지 않은 점도 있습니다. 그런 이웃과 이웃이 아닌 점들 중에 연결된 점들이 있겠죠. a와 b를 잡으면 a와 b 사이에 선이 있으나 v와 a에 선이 있고 v와 b에는 선이 없습니다.

그런데 다른 컴포넌트가 존재하며 그곳에 v의 이웃이 있습니다. 그걸 c라고 했을 때, b-a-v-c가 P_4를 이루게 됩니다. 그런데 G에는 P_4가 없다는 가정이 있었죠. 모순이 발생했습니다. 그 이유는 우리의 가정 중에 뭔가 하나 잘못된 것이겠죠. 우리 가정 중 임의로 정한 가정은 반례가 있다는 것 하나뿐이었습니다. 따라서 이게 거짓이라는 얘기가 되죠. 반례가 없다는 말은 명제가 참이라는 말입니다. 이제 귀납법과 귀류법을 합한 증명이 완성되었습니다. 귀납법에 귀류법을 쓰니 축소 논리가 깔끔해지죠.

CHAPTER 9-6

2차원의 귀납법 : 왕의 길

유튜브 영상링크

체스에 킹(왕)이라는 기물이 있죠. 주변 8칸 중 어디로도 이동할 수 있는데 한 번에 한 칸씩만 이동할 수 있는 기물이죠. 하얀 왕과 검은 왕이 있다고 해볼게요.

체스판에서 하얀 왕은 왼쪽 끝에서 오른쪽 끝으로 가고 싶어 하고, 검은 왕은 위쪽 끝에서 아래쪽 끝으로 가고 싶어 합니다. 그런데 하얀 왕은 하얀 칸으로만 검은 왕은 검은 칸으로만 이동해야 한다고 해 보겠습니다.

예를 들어, 체스판이 위 그림과 같이 흑백으로 번갈아 칠해져 있다고 하면, 하얀 횡단 길이든 검은 종단 길이든 쉽게 만들어집니다. 지그재그 방식으로 이동하면 검은 왕이 위에서 아래로 종단하는 것과 하얀 왕이 왼쪽에서 오른쪽으로 횡단하는 것도 쉽게 가능하죠.

문제는 체스판에 칠해져 있는 하얀색과 검은색이 마치 QR 코드처럼 바닥의 흑백 칠이 랜덤하게 주어져 있다고 가정해 봅시다. 극단적으로 모든 칸이 흰색으로 칠해져 있을 수도 있고, 전부 검은색으로 칠해져 있을 수도 있습니다.

모든 칸이 흰색이라면 검은 왕은 위에서 아래로 갈 방법이 없겠지만, 하얀 왕은 왼쪽에서 오른쪽으로 갈 수 있습니다. 반대로 모든 칸이 검은색이라면 하얀 왕은 왼쪽에서 오른쪽으로 갈 방법이 없겠지만, 검은 왕이 위에서 아래로 갈 방법은 있습니다. 어떠한 경우에서도 하얀 왕과 검은 왕 둘 중 적어도 하나는 왕의 길을 완성할 수 있겠죠. 과연 체스판의 색 패턴이나 크기와는 상관없이 둘 중 적어도 하나는 왕의 길을 완성할 수 있다고 말할 수 있을까요?

이 문제의 정답이 뭘지 고민해 보죠. 항상 간단한 문제일수록 작은 데서 먼저 감을 잡아보는 게 좋습니다. 체스판의 크기가 $m \times n$이라 하고, m이 1이라고 해보죠. (즉 한 행으로만 이루어진 보드)

모든 칸이 하얀색이라면 하얀 횡단 길이 만들어집니다. 그렇지 않다고 하면 검은 칸이 적어도 하나 있을 텐데 이 경우 검은 종단 길이 한 개 이상 생깁니다. 그래서 하얀 횡단 길이나 검은 종단 길 적어도 하나는 있다고 할 수 있습니다.

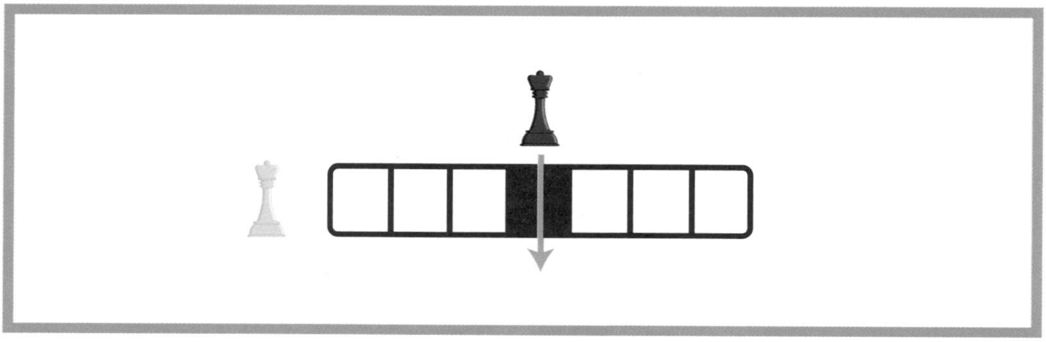

n이 1인 경우도 비슷하겠죠. 한 열로만 이루어진 보드라고 하면 모든 칸이 검은색일 때 검은 종단 길이 만들어집니다. 역시 반대로 그렇지 않다고 하면 하얀 칸이 적어도 하나 있을 텐데 그 칸 하나를 통해 하얀 횡단 길이 생깁니다.

2줄이면 어떨까요? 두 행에서도 비슷하게 특정 한 열의 컬러링으로 가능한 조합이 흰흰, 흰검, 검흰, 검검 네 가지가 있죠. 검검 조합이 있다고 하면 검은 종단길이 생깁니다. 그래서 모든 열이 흰흰, 흰검 또는 검흰이라고 가정해도 됩니다. 즉 모든 열에 흰색 칸이 있는 것이죠. 그럼, 왼쪽에서 오른쪽 끝까지 흰색 칸으로만 필요하면 지그재그식으로 횡단할 수 있겠습니다. 2행이어도 비슷한 논리를 적용할 수 있겠죠.

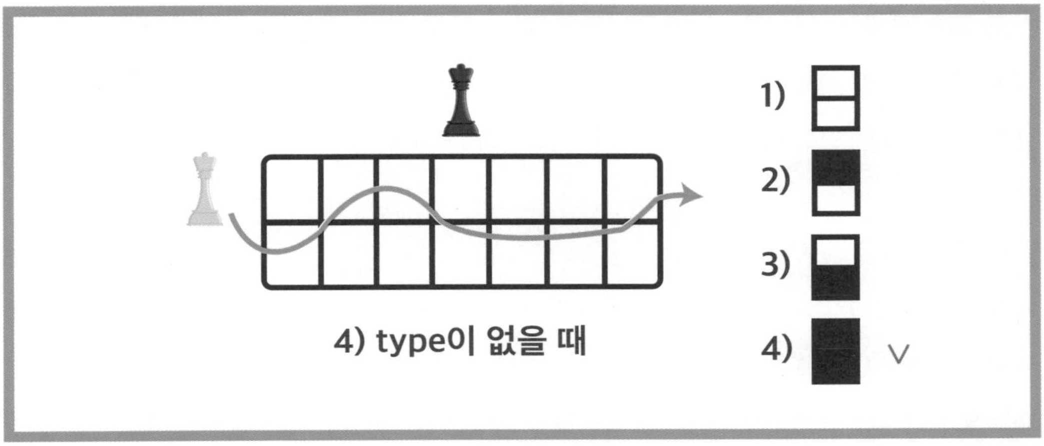

3줄이 되면 참인 것 같긴 한데 막상 모든 조합에 대해 하얀 횡단 길이나 검은 종단 길이 있다는 것을 증명하는 논리는 쉽지 않아 보입니다. 체스판의 크기나 색과는 상관없이 적어도 한 왕은 언제나 왕의 길을 완성할 수 있다는 명제를 어떻게 증명할 수 있을까요?

먼저 체스판을 m by n이라고 할 때, 수학적 귀납법을 m과 n 두 가지 변수에 대해서 사용하는 전략을 활용할 수 있습니다. 보통 수학적 귀납법을 P(1)에 대해 증명하고, $P(k) \rightarrow P(k+1)$을 증명하는 것으로 알고 있지만, 변수가 하나인 경우가 아니라 변수가 두 개일 때에도 수학적 귀납법을 사용할 수 있습니다. $P(m, n)$의 참을 증명하기 위해서 초기 조건으로 $P(1, n)$과 $P(m, 1)$을 증명한 뒤에, $P(m-1, n), P(m, n-1) \rightarrow P(m, n)$으로 증명할 수도 있습니다.

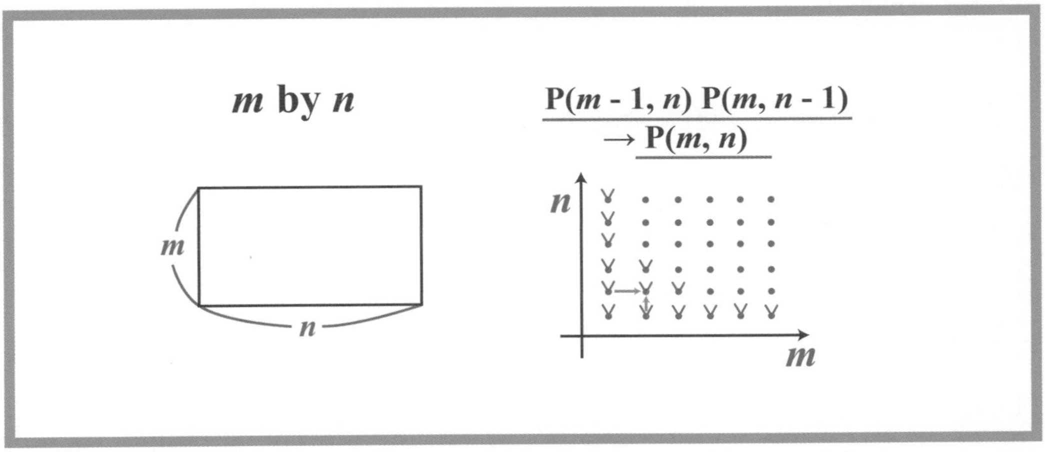

각 격자점들에 명제들이 하나씩 있다고 할 때, 더 왼쪽 명제나 아래쪽 명제의 참이 가정된 상태에서 본 명제를 증명할 수 있다면, 그리고 왼쪽 명제나 아래쪽 명제가 없는 경우엔 별도로 참을 체크해준다면, 모든 격자점에서 명제가 참이라고 할 수 있겠죠.

변수가 하나일 때도 초기 조건의 참을 별개로 체크해주는 이유가 왼쪽이 없는 경우에 대해서는 별개로 체크해주는 것으로 간주할 수 있습니다. 마찬가지로 두 라인에 대해서 명제들의 참을 별개로 체크한 다음, 왼쪽과 아래쪽 명제들의 참을 가정하고 명제를 증명할 수 있을 거예요. 그리고 또 하나 관찰할 수 있는 사실은 $P(m, n)$을 m by n인 임의의 보드에서 하얀 왕이 횡단할 수 있거나 검은 왕이 종단할 수 있다. 라고 정의하고 $P'(m, n)$을 m by n인 임의의 보드에서 하얀 왕이 종단할 수 있거나 검은 왕이 횡단할 수 있다. 라고 정의한다면, (즉 하얀 왕과 검은 왕의 종단 횡단을 바꿔서 명제를 세우면) $P(m, n)$와 $P'(m, n)$이 동일한 명제는 아니지만, 두 명제가 필요충분이 됩니다.

왜냐하면 $P(m, n)$의 참이 가정되어 있다고 하면, 임의의 m by n 보드에서 하얀 횡단 길이 있거나 검은 종단 길이 있다는 말이고, 이 보드를 90도 회전해서 보면 보드의 사이즈는 m by n에서 n by m으로 바뀌고 하얀 횡단 길은 하얀 종단 길이 되고 검은 종단 길은 검은 횡단 길이 되기 때문에 $P'(n, m)$도 참이 됩니다. 90도 돌려서 보는 것이 P 대신 P'으로 바꾸고 동시에 m과 n을 스위치하는 효과죠. 그런데 $P'(n, m)$에서 이 임의의 n by m보드에 대해서 각 보드의 색을 검은색은 흰색으로 흰색을 검은색으로 바닥 색을 반전시킨다면 그 반전시킨 보드도 여전히 n by m 보드니까 거기에서도 $P'(n, m)$이 참이니 하얀 종단 길이 있거나 검은 횡단 길이 있겠죠.

그런데 그 얘길 다시 색을 반전시켜서 얘길 해보면 흑백이 바뀌어서 검은 종단 길이나 하얀 횡단 길이 있다는 말이에요. 그걸 다시 90도 회전시켜 보면 n과 m이 바뀌어서 m과 n으로 되고 종단은 횡단으로 횡단은 종단으로 바뀌어서 m by n 보드에서 하얀 종단 길이나 검은 종단 길이 있다는 말과 같아집니다. 바로 $P'(m, n)$이 되는 거죠. 그리고 다시 90도 회전 논리를 적용하면 $P(n, m)$의 참도 유도가 됩니다. 그래서 $P(m, n)$, $P(n, m)$, $P'(n, m)$, $P'(m, n)$이 모두 필요충분조건입니다. 하나만 참이면 네 개 명제 모두 참이 되는 것이죠.

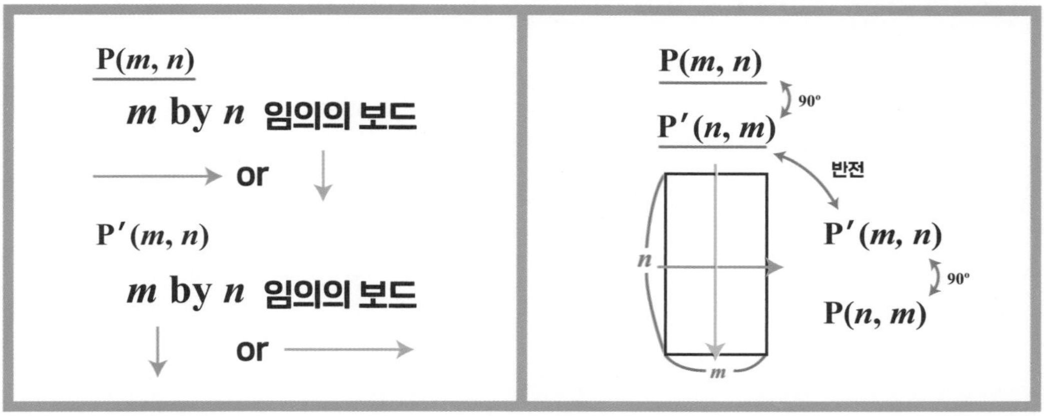

우리 목적은 모든 m, n에 대해서 P(m, n)을 증명하는 것입니다. 여기서 초기조건을 P(1, n), P(m, 1) 만이 아닌 P(2, n), P(m, 2)도 별개로 체크를 해 줄 겁니다. 그리고 2보다 큰 임의의 m, n에 대해서 P(m - 1, n)을 두 번, P(m, n - 1)을 두 번, 그리고 P′(m - 2, n - 2)를 한 번, 총 다섯 번의 귀납 가설을 사용할 것입니다. 왼쪽이나 아래에 있는 격자점들의 명제의 참을 가정하고 명제를 증명할 건데 P(m - 2, n - 2)도 왼쪽 아래에 있는 격자점이니 참이라고 가정할 수 있고, P(m - 2, n - 2)가 참이면 P′(m - 2, n - 2)도 참이 된다고 했으니 그것도 가정할 수 있겠죠.

초기 조건을 m이나 n이 2일 때까지도 체크해야하는 이유도 그래서입니다. 2개씩 뺀 것에 대해서도 참임을 활용해야 해서죠. 초기 조건이 참인 것은 그렇게 어렵지 않습니다. 먼저 P(1, n)을 보시면 보드가 한 행으로 이루어져 있죠. 모든 칸이 하얀색이면 하얀 횡단 길이 있을 것이고, 그렇지 않다고 하면 어떤 검은 칸이 있을 텐데 그럼 그 칸 하나를 통해 검은 종단 길이 생기죠. 그래서 P(1, n)이 참이고, m과 n을 바꾼 것이 필요충분조건이라 했으니 P(m, 1)도 참입니다. 다음으로 P(2, n)을 보시면 두 행이죠. 두 행에서도 비슷하게 특정 한 열의 컬러링으로 가능한 조합이 흰흰, 흰검, 검흰, 검검 네 가지가 있죠. 검검 조합이 있다고 하면 검은 종단 길이 생깁니다. 그래서 모든 열이 흰흰, 흰검 또는 검흰 이라고 가정해도 됩니다. 즉 모든 열에 흰색칸이 있는 것이죠. 그럼 왼쪽에서 오른쪽 끝까지 흰색 칸으로만 필요하면 지그재그식으로 횡단할 수 있겠습니다. 그래서 P(2, n)이 참이고 따라서 P(m, 2)도 참입니다.

P(*m*, *n*)

① P(1, *n*), P(*m*, 1), P(2, *n*), P(*m*, 2)

② P(*m* - 1, *n*), P(*m*, n - 1), P(*m* - 2, *n* - 2),
→ P(*m*, *n*)

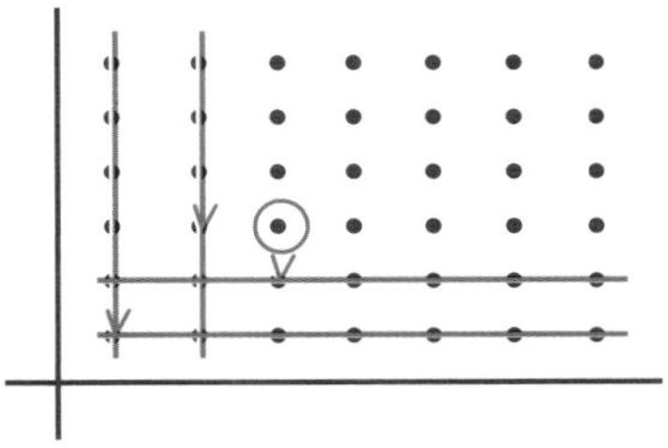

초기조건 체크는 다 되었고, 이제 *m*과 *n*이 둘 다 2보다 크다고 하고. 임의의 *m* by *n* 보드를 가져옵니다. 검은색 하얀색이 어떻게 칠해져 있든 상관없이 하얀 왕이 횡단하거나 검은 왕이 종단하는 것이 가능한 걸 증명하고 싶은 거죠. 먼저 가장 오른쪽 열을 제거한 뒤에 귀납 가설 P(*m*, *n* - 1)을 사용할 수 있고, 가장 왼쪽 열을 제거한 뒤에 귀납 가설 P(*m*, *n* - 1)을 사용할 수 있으며, 가장 아래쪽 행을 제거한 뒤에 귀납 가설 P(*m* - 1, *n*)을 사용할 수 있고, 가장 위쪽 행을 제거한 뒤에 귀납 가설 P(*m* - 1, *n*)을 사용할 수 있습니다.

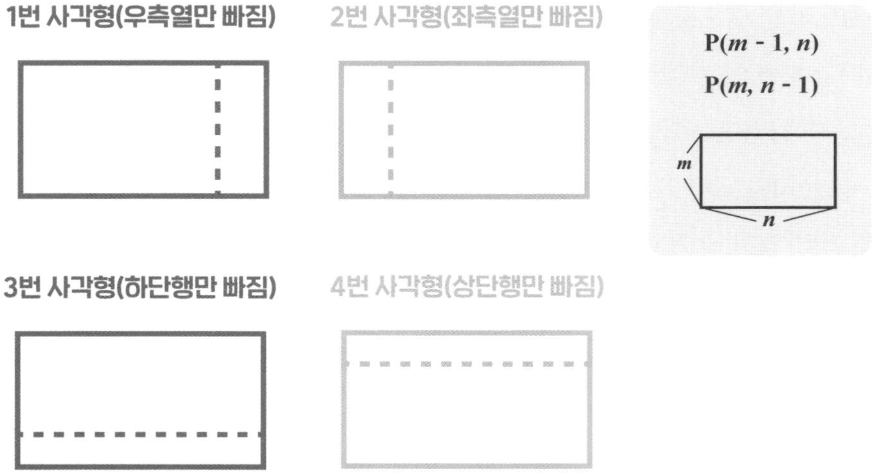

각각을 1, 2, 3, 4번 사각형이라고 해 봅시다. 첫 번째 귀납 가설을 통해 1번 사각형에서 하얀 왕이 횡단하거나 검은 왕이 종단할 수 있겠죠. 만약 검은 왕이 종단할 수 있다면, 그 종단 길은 전체 보드에서의 종단 길이기도 합니다. 그 경우엔 문제가 쉽게 해결되겠죠. 우리가 원하는 건 전체 보드에서 검은 종단 길의 존재 혹은 하얀 횡단 길의 존재입니다. 이미 검은 종단 길이 구해졌다면 뭘 더 할 필요가 없겠죠. 그래서 1번 사각형 안에서 검은 왕이 종단할 수 없는 경우만 생각해도 됩니다. 1번 사각형에서 검은 왕이 종단할 수 없다는 말은 하얀 왕이 1번 사각형에서 횡단이 가능하다는 말이겠죠. 그 횡단 길은 아쉽게도 전체 보드에서 하얀 횡단 길로 확장이 된다는 보장이 없습니다. 하얀 길이 왼쪽에서 시작해서 쭉 이어지긴 하지만, 마지막 열에서 검은색으로 막혀 있을 가능성도 있는 거죠. 오른쪽의 거의 끝까지 가는 길의 존재성은 가정을 할 수 있을 거예요. 그래서 거의 오른쪽 끝까지 간 하얀 횡단 길을 1번 길이라고 합시다.

마찬가지로 2번 사각형에서도 검은 왕이 종단할 수 있다면 전체 보드에서의 종단 길이기도 하므로 그 경우엔 전체 문제가 해결됩니다. 결국 2번 사각형 안에서 검은 왕이 종단할 수 없다고 가정해도 됩니다. 그 얘기는 2번 사각형에서도 하얀 왕은 횡단할 수 있다는 말이겠죠. 이 때의 횡단 길을 2번 길이라고 합시다. 2번 길도 오른쪽 끝에서 거의 왼쪽 끝까지 닿아있긴 하지만, 마지막 왼쪽에서 막혀있을 가능성이 있기 때문에 아직 왼쪽 끝까지 간다고 말할 수는 없습니다.

만약 1번 길과 2번 길이 중간에 이렇게 만나거나 한 칸 사이로 스쳐 지나간다면, 1번 길과 2번 길을 이어서 하얀 횡단 길을 만들 수 있겠죠. 그렇게만 된다면 문제가 해결이 되겠지만, 그 둘이 만날지 어떨지는 모르는 거죠. 하지만, 1번과 2번 길의 존재성은 가정해도 되겠습니다.

비슷하게 3번 사각형에서도 귀납 가설을 활용해 보죠. 하얀 횡단 길이 있으면 전체 보드에서 하얀 횡단 길이 되니 문제가 해결됩니다. 그래서 하얀 횡단 길이 없다고 가정해도 되고, 검은 종단 길이 가장 아래 행만 빼고 위에서부터 연결되어 있다고 해도 됩니다. 이걸 3번 길이라고 하죠. 4번 사각형에서도 비슷하게 해 보면 아래에서부터 거의 위쪽까지 연결된 검은 종단길을 가정할 수 있겠습니다. 이번에는 4번 길이라고 해 볼게요.

마찬가지로 3번과 4번이 만나거나 한 칸 사이로 스쳐 지난다면, 3번과 4번을 이어서 검은 종단 길을 만들 수 있겠습니다. 역시 만난다는 보장은 아직 없죠. 어떤 경우엔 전체 문제가 해결되는데, 해결이 안 된다면 이런 특성들이 있다고 하는 것들이 많이 나오죠. 지금까지 우리는 1, 2, 3, 4번 길의 존재성을 확보해 두었습니다.

그리고 이제 마지막 귀납 가설로 1, 2, 3, 4번 사각형의 교집합인 가운데 사각형에서 $P'(m-2, n-2)$를 사용해 보죠. 그럼 이 작은 사각형에서 검은 횡단 길이 있거나 하얀 종단 길이 있습니다. 주목해야 할 것은 P가 아니라 P′이기 때문에 검은색이 횡단이고 하얀색이 종단입니다. 만약 검은 횡단 길이 있다면 3,4번 검은 종단 길과도 만날 수밖에 없겠죠. 그래서 3번으로 위에서 내려오다가 중간에 검은 횡단 길을 만나면 그 길을 따라 이동하다가 4번 길을 만나서 아래까지 내려올 수 있겠죠. 이제 전체 보드에서 검은 종단 길이 됩니다. 바로 우리가 원하던 길이죠.

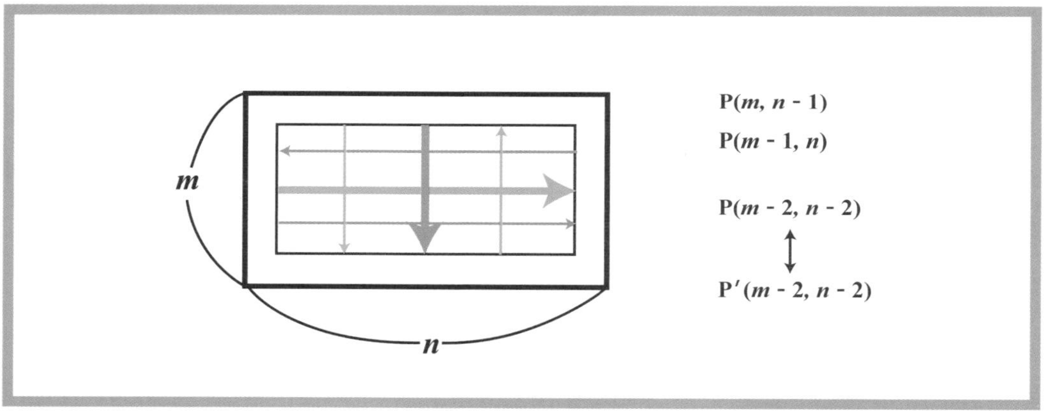

만약 작은 사각형에서 하얀 종단 길이 있다면. 1, 2번 하얀 횡단 길과 만날 수밖에 없습니다. 그래서 1번으로 왼쪽에서 이동하다가 하얀 종단 길을 만나면 그 길을 따라 이동하다 2번 길을 만나서 오른쪽까지 갈 수 있겠죠. 그럼, 전체 보드에서 하얀 횡단 길이 됩니다. 이 또한 우리가 원하던 길이죠. 그래서 $P(m, n)$이 증명이 되었습니다.

math

Dessert

chapter 10

이산수학 / 그래프 이론

CHAPTER 10-1

오일러 포뮬러

유튜브 영상링크

오일러 포뮬러라고 하면 $e^{i\pi} + 1 = 0$으로 알고 계신 분들이 많은데요. 세상에서 가장 아름다운 수식으로도 알려져 있죠. 그것과는 다른 이 수식만큼 중요한 또 다른 오일러 포뮬러가 있습니다. 오일러가 이룬 수학적인 업적이 그만큼 많다는 의미겠죠. 바로 V - E + F = 2라는 식인데요. 연결된 평면그래프에 대해서 점의 개수 - 선의 개수 + 면의 개수가 항상 2가 된다는 공식입니다. 이번 장에서는 오일러 포뮬러를 증명한 후에 이 포뮬라를 이용해서 해결할 수 있는 재밌는 이산수학 문제들을 다뤄 보겠습니다.

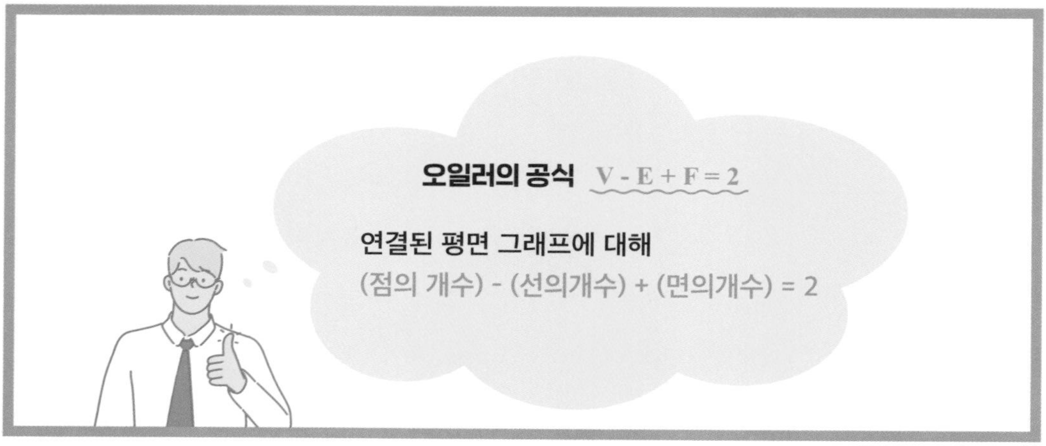

간략하게 용어부터 짚고 넘어가겠습니다.

그래프라고 하면 수학에서는 점과 점들을 연결한 선으로 이루어진 수학적인 구조를 의미합니다. 점은 영어로 vertex, 선은 edge로 점의 집합이나 개수를 보통 V라고 표현하고 선의 집합이나 개수를 보통 E라고 표현합니다. 연결된 그래프라고 하면 그래프상 임의의 점인 (u, v)가 있고, 어떤 점을 잡아도 u에서 v로 가는 경로가 존재한다는 말입니다.

평면 그래프는 평면에 선끼리 겹치지 않게 그래프를 그릴 수 있다는 뜻입니다. 다음장에서 살펴볼 5개의 점이 있고 서로 연결이 다 되어 있는 K_5가 평면 그래프가 아닌 예제이고요. 평면 그래프를 그렸을 때 나타나는 영역의 개수를 F로 표기합니다. (face의 이니셜) 아래 그림 예시에서는 F=8이 됩니다.

평면에 그래프를 그리고 바깥에 있는 영역도 영역의 갯수로 포함합니다. 그리고 모든 점의 순서쌍 u,v에 대해 u에서 v로 선을 따라 가는 경로가 존재할 때, 그래프를 연결된 그래프라고 합니다. 연결된 평면 그래프일 경우 언제나 V - E + F가 2일 수밖에 없다고 하는 것이 공식입니다. 연결된 평면그래프의 예로는 path, tree, cycle 같은 것들이 있습니다. path에 대해서는 점의 수가 n, 선의 수가 n - 1 그리고 영역은 1개 이기 때문에 V - E + F = 2가 나오고요. 나무 그래프에 대해서도 점의 개수는 n, 선의 개수는 n - 1, 면의 개수는 1 그래서 V - E + F 하면 2가 나옵니다. 사이클에 대해서는 점의 개수가 n, 선의 개수가 n 영역이 2개이고 그래서 V - E + F 하면 마찬가지로 2가 나옵니다. 입체도형들도 모두 평면 그래프라고 할 수 있죠. 정사면체, 정육면체, 정팔면체, 정십이면체, 정이십면체 등이 모두 평면 그래프입니다. 우리가 잘 아는 정사면체에 점 선 면의 개수는 4, 6, 4여서 V - E + F는 역시 2가 나오고요.

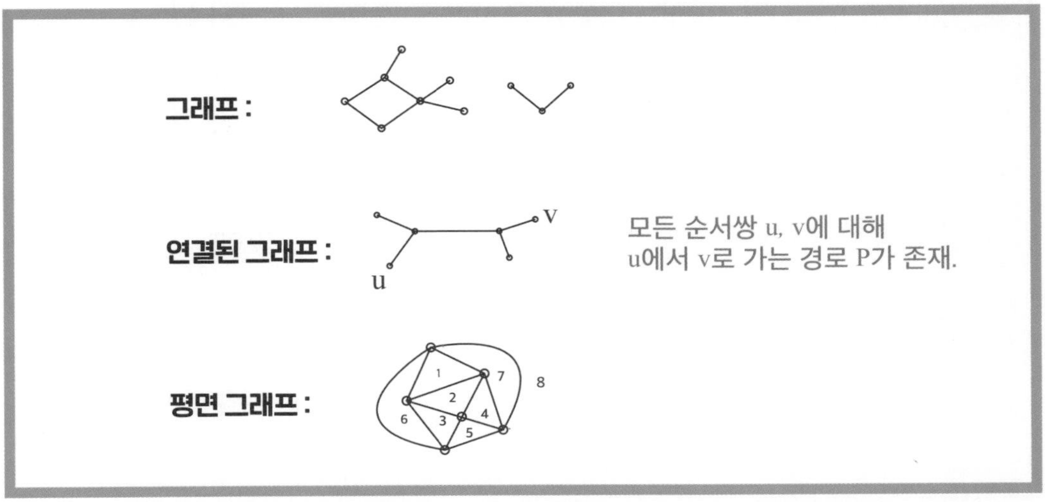

정사면체를 그린 그림도 평면 그래프입니다. 꼭짓점을 연결하는 선분의 연결 구조를 평면에 선끼리 겹치지 않고 그릴 수 있죠. 정육면체도 마찬가지입니다. 일반적인 방식으로 정육면체를 그리면 선끼리 겹칠 수밖에 없지만, 그래프에서는 연결 구조만 중요하기 때문에 하나의 면을 잡고 쭉 늘려서 바깥 영역에 놓고 보면 모든 선분이 그 안으로 들어와서 평면의 선끼리 겹치지 않고 그릴 수가 있습니다. 역시 V - E + F를 하면 2가 나오고요. 정팔면체도 마찬가지입니다. 정육면체와 점의 개수와 면의 개수가 바뀌어 있죠.

정이십면체도 마찬가지로 V - E + F가 2가 나오고요. 선과 면의 개수가 서로 뒤바뀐 걸 알 수 있죠. 정육면체와 정팔면체는 듀얼 그래프이고, 정십이면체와 정이십면체 또한 듀얼 그래프입니다. 그리고 이러한 입체들이 앞에서 설명드린 것처럼 모두 평면그래프에 해당됩니다. 하나의 면을 잡고 그 면을 확장해서 바깥 영역에 놓으면 모든 선이 겹치지 않고 평면에 그릴 수 있습니다. 임의의 입체에 대해서 V - E + F가 2라는 사실도 이 명제를 증명하면 알 수 있습니다. 이런 입체에 대한 식을 특히 오일러 폴리히드론 포뮬러라고 얘기를 하기도 해요.

자, 그러면 왜 점의 개수 - 선의 개수 + 면의 개수가 2일 수밖에 없는지 알아보겠습니다.

연결된 평면 그래프의 예

	V	E	F	V-E+F
Path 	n	n−1	1	2
Tree 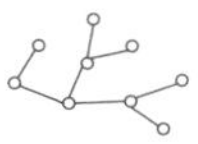	n	n−1	1	2
Cycle 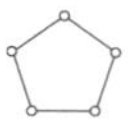	n	n	2	2
Tetrahedron 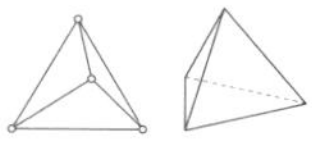	4	6	4	2

	V	E	F	V-E+F
Cube 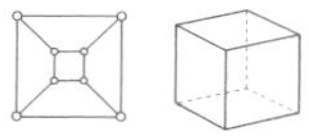	8	12	6	2
Octahedron 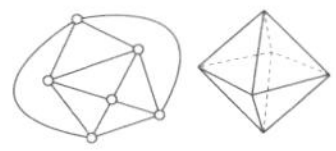	6	12	8	2
Dodecahedron 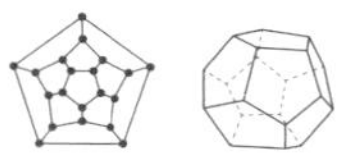	20	30	12	2
Icosahedron 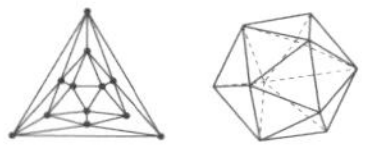	12	30	20	2

수학적 귀납법을 사용할 텐데요. 선에 개수 E에 대한 귀납법을 사용해 보겠습니다. 먼저 선의 개수가 0인 케이스에 대해서 살펴보면, '연결된 평면 그래프에 선의 개수가 없다.' 라고 하면 점의 개수가 하나일 수밖에 없습니다. 점의 개수가 2개 이상이 되는 순간 선이 없기 때문에 연결되지 않겠죠. 그래서 점은 하나인 그래프 그리고 선은 없고 평면은 하나인 그래프 이므로 1 - 0 + 1 = 2가 성립하는 것을 알 수 있습니다.

선의 개수 E에 대한 귀납법

사고의 흐름

1. E < k인 연결된 평면 그래프에 대해서 V - E + F = 2임을 가정하고 (귀납가설)
2. E = k인 임의의 연결된 평면그래프 G를 가정하고 V - E + F = 2임을 보이자.
3. 귀납가설을 활용하기 위해 G에 있는 edge(선)의 개수를 어떻게 줄일 수 있을지 고민
4. Edge e를 하나 선택하여 삭제한 그래프 G - e를 상상
5. G - e가 "연결된 평면그래프" 여야 귀납가설을 활용할 수 있음
6. G - e는 여전히 평면그래프이긴 하나, 연결성 보장이 안됨
7. 연결성이 보장되는 경우와 그렇지 않은 경우로 나눠서 생각

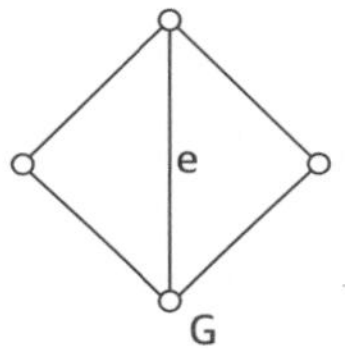

어떤 k > 1 에 대해 E < k인 모든 평면그래프에 대해서 V - E + F = 2를 가정합니다. (귀납 가설) E = k인 "임의의" 연결된 평면 그래프 G를 가정하겠습니다. E = k인 연결된 평면 그래프는 매우 많을 수 있기 때문에 그중에서 임의의 그래프 G를 하나 잡고 그 G에 대해서 V - E + F = 2 임을 증명해야 합니다. 귀납 가설을 활용하기 위해 그래프 G 위에 있는 선의 개수를 어떻게 줄일 수 있을지 고민해 봅니다. 가장 쉽게 생각할 수 있는 선을 줄이는 방법이 선을 하나 삭제하는 거겠죠. 그래프에서 선 e를 하나 잡고 그걸 삭제한 그래프를 상상해 보겠습니다. 원래 그래프 G가 연결된 평면그래프인데 거기에서 선을 하나 잡고 이를 삭제하면 여전히 평면 그래프겠죠. G가 평면 그래프였으니까 e를 하나 지운다고 해서 선이 서로 겹치지 않습니다. 그래서 G-e도 여전히 평면그래프인데요. 그런데 e를 아무거나 잡으면 e를 지웠을 때 G-e가 더 이상 연결된 그래프가 아니게 될 수도 있습니다.

귀납 가설을 활용하기 위해서는 작아진 그래프가 연결된 평면그래프여야 하죠. 그래서 연결성이 보장되는 경우와 그렇지 않은 경우로 나눠서 생각해 봐야 합니다. 이를 위해, G에 사이클이 존재하지 않는 경우와 그렇지 않은 경우로 나누어 생각해 보겠습니다. G는 연결 그래프였죠 그리고 사이클이 없으면 G는 나무(tree)가 됩니다. G가 나무라고 하면 점의 개수는 n, 선의 개수는 n - 1, 면의 개수는 1이므로 V - E + F = 2라는 사실을 알 수 있습니다. 그래서 이 경우엔 문제가 없습니다.

이번엔 사이클이 있는 경우를 생각해 보겠습니다. 예를 들어서 G상에 사이클 C가 있다고 하고 C상에 어떤 선 e를 잡아 봅시다. 그리고 G에서 e를 지운 그래프를 생각해 보면 G-e는 여전히 '연결된 평면그래프'입니다. G-e가 왜 연결이 되어있다고 얘기를 할 수 있을까요? 연결되어있다의 정의는 임의의 점 u, v에 대해서 u에서 v로 가는 경로가 있어야 한다는 건데 G-e에서도 여전히 임의의 점 u, v에 대해서 u에서 v로 가는 경로가 있는지를 살펴보면 여전히 경로가 있습니다. 기존 G에서 u에서 v로 가는 경로가 있었기 때문에 그 경로가 e를 사용하지 않았으면 전혀 문제가 없습니다. 왜냐하면 여전히 그 경로를 G-e에서 사용할 수 있으니 그렇습니다. 그런데 만약 그 경로가 e를 사용했다고 하면 e 대신에 C의 다른 선을 사용해 경로를 우회할 수 있습니다. 그래서 G-e는 여전히 연결되어 있다고 얘기를 할 수 있습니다. 따라서 G-e에 대해서 귀납 가설을 사용할 수 있습니다.

Case1) G에 cycle이 없다.

그럼 G는 Tree (connected acyclic graph) 이므로,

V - E + F = n - (n - 1) + 1 = 2

Case2) G에 cycle이 있다.

그럼 cycle C 위에 있는 edge e를 지운 G - e에 대해

귀납가설을 사용. (G - e는 연결된 평면그래프. Why?)

V′ = V, E′ = E - 1, F′ = -1

따라서 V - E + F = V′ - E′ + F′ = 2

G-e라는 그래프의 점의 개수를 V′, 선의 개수를 E′, 면의 개수를 F′이라고 하면 V′ - E′ + F′ = 2라는 사실을 귀납 가설로 활용할 수 있습니다. 왜냐하면 E′이 k보다 작기 때문이죠. 그리고 다시 원래 그래프 G에 대해서 V - E + F를 살펴보면 G-e와 점의 개수를 비교해 보면 같고요, 선의 개수를 비교해 보면 G-e가 하나 작고, 면의 개수 F를 비교해 보면 e를 지우기 전에는 e가 2개 영역에 접하고 있었는데, e가 사라지면서 그 2개 영역의 하나로 합쳐지고 이 때문에 영역의 개수도 하나 줄어들게 됩니다. 그래서 V - E + F를 계산해 보면 V′ - E′ + F′과 같게 됩니다. 귀납 가설에 의해 그 값이 2가 되므로 귀납법에 의해서 증명이 됩니다.

CHAPTER

10-2

K_5는 왜 평면그래프가 아닐까?

유튜브 영상링크

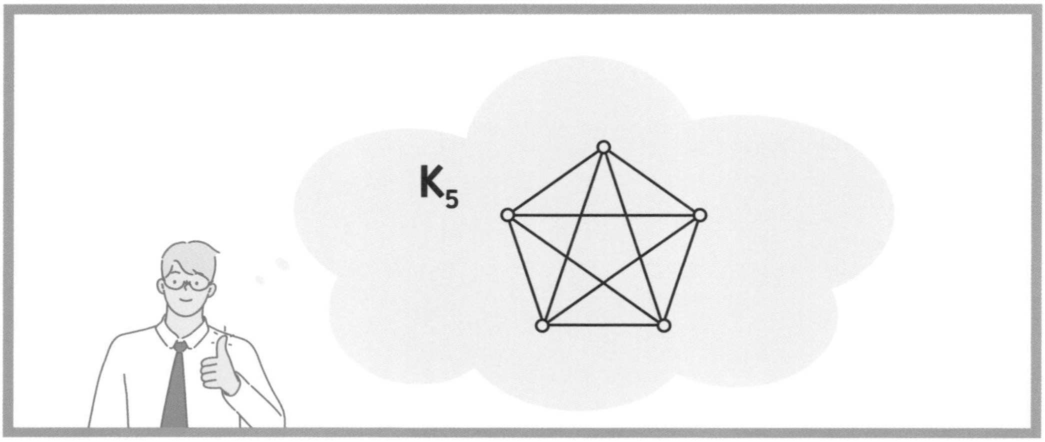

이 그래프에는 점이 5개 있고, 점끼리 모두 연결되어 있어 선이 총 10개가 있습니다. 이 그래프의 선을 잘 풀어서 서로 겹치지 않게 할 수 있을까요? 선 9까지는 겹치지 않게 잘 그리겠는데, 10번째 선을 그리려고 하니까 어떻게 해도 겹치는 점이 생깁니다. 시도를 해봤는데 잘 안된다고 해서 선끼리 겹치지 않게 그릴 방법은 없다고 결론을 낼 수 있을까요? 누군가 어떻게 잘 하면 될 수 있을지 알아? 라고 물어보면 반박하기가 어렵죠. 이때, 완벽하게 반박할 수 있는 논리를 살펴보겠습니다.

그래프에서 점에 비해 선이 너무 많으면 점점 겹치지 않게 그리는 게 어렵습니다. 그래서 평면그래프면 선이 아주 많을 수는 없다는 것이 잘 알려져 있습니다. 구체적으로는 평면 그래프의 점의 개수를 V라고 하고, 선의 개수를 E라고 할 때 E가 3V - 6보다 클 수 없다는 것이 잘 알려져 있습니다. 즉 평면그래프면 $E \leqq 3V - 6$이 성립합니다.

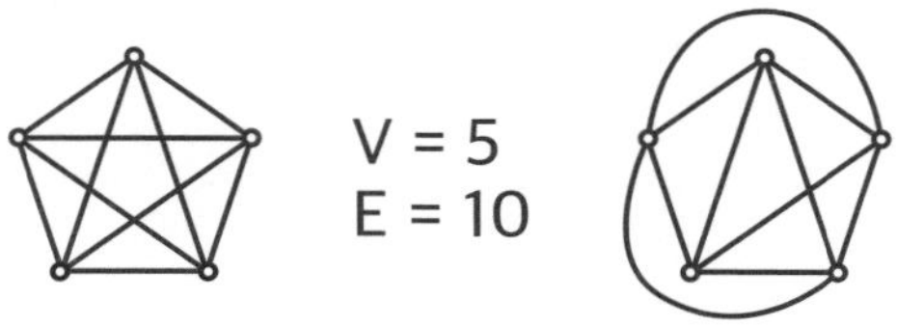

평면그래프 planar graph

$E \le 3V - 6$

$10 > 3 \times 5 - 6 = 9$

만약 이걸 증명할 수 있다면 그래프 K_5에는 점이 5개 있고 선이 10개 있으니까 좌변은 10, 우변은 9이므로 부등식이 성립하지 않죠. 그래서 우리의 그래프는 평면에 그릴 수 없다는 결론을 낼 수 있습니다. 선을 겹치지 않고 평면에 그릴 수 없다는 사실을 이렇게 간단하게 증명할 수 있는 것입니다.

그럼 왜 평면그래프에서는 E가 3V - 6보다 작거나 같을 수 밖에 없는지에 대해서 한번 살펴보겠습니다. 평면 그래프를 보면 영역이 있죠. 영역을 둘러싸고 있는 선을 한번 세어 보도록 합시다. 어떤 영역은 삼각형일 수도 있고, 어떤 영역은 사각형일 수도 있겠죠. 어찌 됐든 한 영역을 둘러싸고 있는 선의 개수는 3개보다 크거나 같습니다. 각 영역에 대해서 그 영역을 둘러싸고 있는 선의 개수를 다 더해봅니다.

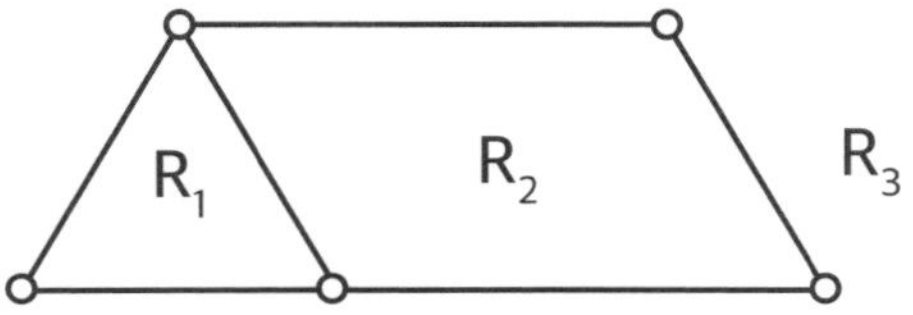

$3 + 4 + 5 \ge 3 \times 3$

예를 들어서 이런 평면 그래프가 있다고 하면 R_1에 대해서는 3, R_2에 대해서는 4, R_3에 대해서는 5를 더하는 겁니다. 각 영역에 대해서 그 영역을 둘러싸고 있는 선의 개수를 다 더한 수를 한번 생각해 보겠습니다. 이 수는 3배에 영역의 개수 보다는 크거나 같겠죠. 왜냐하면 영역의 개수를 F라 하고, F개의 수를 더하는데 각 수들이 모두 3보다는 크거나 같기 때문에(다 더하면) 3 × F 보다는 크거나 같기 때문이죠.

그런데 우리가 센 선의 수를 각 선이 몇 번씩 세어졌는지의 관점으로 봤을 때, 각 선은 2개보다 많은 영역에 걸쳐 있을 수 없기 때문에 많아 봐야 2번씩 카운트가 됐습니다. 따라서 2E 보다는 작거나 같습니다. 그래서 두 부등식을 연결하면 $3F \leqq 2E$라는 사실을 알 수 있습니다. 그런데 앞에서 살펴본 오일러 포뮬러에 의하면 연결된 평면그래프는 $V - E + F = 2$가 성립합니다. 부등식을 이 오일러 포뮬러에 넣어 정리하면 $E \leqq 3V - 6$이 됩니다.

CHAPTER 10-3

토러스에 7색이 필요한 이유

유튜브 영상링크

점 다섯 개가 서로 연결이 다 되어있는 그래프는 평면에 선을 겹치지 않고 그릴 수 있는 방법이 없다는 사실을 살펴보았습니다. 그런데 도넛(토러스)모양의 표면에서는 K_5가 선을 겹치지 않고 그려집니다. 선을 돌려서 보낼 수 있기 때문이죠. 그래서 지도를 그리면 토러스 상에서는 4색이면 불충분하고, 다섯 개의 색이 반드시 필요한 지도를 만들 수 있습니다. 4색 정리가 토러스 표면에서는 더 이상 성립하지 않는 것이죠. 토러스 곡면에서는 임의의 지도에 대해 색이 몇 개 필요할까요? 과연 몇 개의 색이면 어떤 지도를 가져오더라도 칠할 수 있다고 말할 수 있을까요? 5색이면 충분할까요?

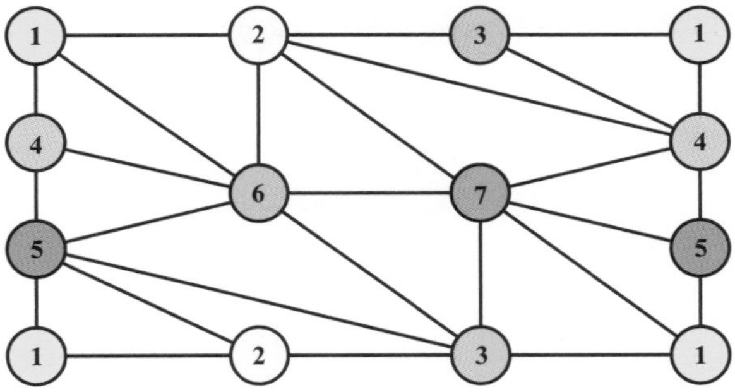

위 그림을 보시죠. 직사각형의 윗변과 아랫변을 말아서 붙여 원기둥 모양을 만들고, 원기둥의 밑면과 윗면을 붙여 도넛 모양을 만든다고 상상해 볼 수 있습니다. 예를 들어, 직사각형의 네 꼭지점이 한 점으로 모입니다. 그림을 보면 토러스에서는 무려 K_7이 선을 겹치지 않고 그려진다는 사실을 알 수 있습니다.

이 점들 7개가 서로 모두 다 연결이 되어 있습니다. 모든 점에서 선이 6개가 나가고 각 선은 자신 외의 모든 점으로 연결이 됩니다. 평면에서는 점 5개도 선을 안 겹치고 못 그리는데 이런 점 7개의 복잡한 그래프를 토러스에서는 선끼리 안 겹치게 다 풀어서 그릴 수가 있다는 사실이 놀랍습니다.

이걸 지도 형태로 변환하면 아래 그림이 나오게 됩니다. 7가지 색깔 보이죠. 윗면과 아랫면이 각각 이렇게 칠해져 있고, 하나의 색깔을 가진 영역은 연속적입니다. 그리고 그 영역은 모든 다른 색깔 영역과 경계를 접하고 있죠.

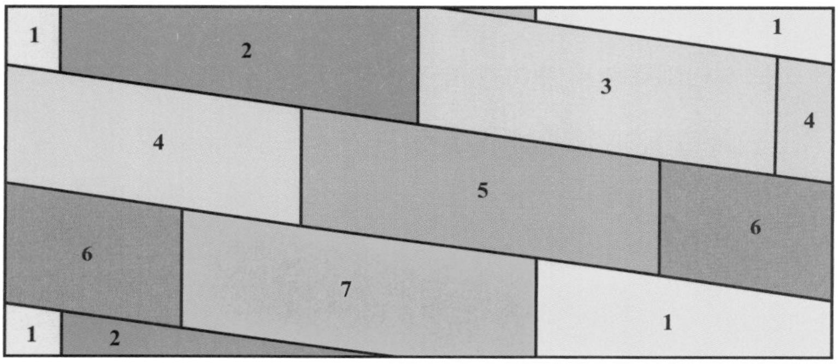

7개 국가가 서로서로 다 경계를 접하고 있는 상황을 상상해 보고, 그들 간에 21쌍의 국경이 있습니다. 정치적으로 얼마나 혼란스러울까요? 우리가 지구에 살고 있는 걸 다행으로 생각해야 할 지도 모르겠습니다.

그럼, 토러스에서 7가지 색이면 충분할까요? 7색으로 충분하다는 사실은 히우드 넘버(Heawood number)를 통해 알 수 있습니다. g는 도넛의 구멍 개수라고 생각하시면 되는데 히우드 넘버 이하의 색깔이면 모든 지도를 칠할 수 있다는 것이 이미 19세기에 증명이 되었습니다. g가 0일 때만 제외하고요. g가 0인 경우가 바로 구표면이나 평면이죠.

$$H(g) = \left\lfloor \frac{7 + \sqrt{1 + 48g}}{2} \right\rfloor$$

4색 정리가 20세기에 컴퓨터를 통해 증명되었는데 그보다 복잡해 보이는 곡면들에서는 이미 한참 전에 몇 색이면 충분한지가 증명이 되어있었던 거죠. 히우드 넘버에 g = 1을 넣으면 정확하게 7이 나오죠. 그래서 토러스 표면에서 7색 이하면 충분하다는 것은 19세기에 이미 증명된 사실입니다.

4색 정리와 관련해서 인류가 아직 답을 모르는 문제들도 많아요. 예를 들어 Earth-Moon 문제 같은 경우가 있습니다. 달에 식민지가 있다고 생각하면 달에도 영토들에 있겠죠. 지구에서는 국경을 공유하지 않는 미국과 독일이 달에서는 국경을 공유할 수도 있겠죠. 그렇다면 미국과 독일은 다른 색으로 칠해져야 합니다. 그럼 몇 개의 색이면 충분할까요? 지구에서 4색으로 칠하고 달에서 또다른 4색으로 칠해서 16색이면 충분하다는 것은 알겠는데 정확히 몇 개면 충분할까요? 아직 9 이상 12 이하라는 것만 밝혀져 있습니다. 정답은 과연 몇일까요? 인류최초로 이 정답을 밝히는 것에 도전해 보시는 것은 어떨까요?

CHAPTER 10-4

축구공에 오각형이 12개인 이유

유튜브 영상링크

축구공은 오각형과 육각형으로 이루어진 입체죠. 축구공에 오각형의 개수는 항상 12개일 수밖에 없는데요. 그 이유에 대해 한번 알아보겠습니다.

오각형의 개수를 a, 육각형의 개수를 b라고 하겠습니다. 더블 카운팅이라는 조합론의 방법을 사용해 볼 텐데요. 먼저 이 축구공이라는 입체의 꼭짓점의 개수를 세어 보겠습니다. 각 오각형의 면에 대해서 오각형의 각 꼭짓점을 하나씩 세어보고 육각형의 면에 대해서 육각형의 각 꼭짓점을 하나씩 세어보겠습니다. 그럼 오각형에는 5개의 꼭짓점이 있고, 육각형에는 6개의 꼭짓점이 있으니 $5a + 6b$ 만큼이 세어지겠죠.

그런데 이렇게 세면 한 꼭짓점을 중복해서 센 결과가 됩니다. 한 꼭짓점을 고정해 두고, 이 꼭짓점이 몇 번이나 중복해서 세어졌는지 한번 생각해 보죠. 모든 꼭짓점에서 3개의 면이 접하기 때문에 이 꼭짓점은 접하는 면에서 카운트 할 때 한 번씩 세어졌기 때문에 정확히 3번이 세어졌습니다. 그래서, $(5a + 6b)$는 모든 꼭짓점을 3번씩 카운트를 한 숫자가 됩니다. 그래서 꼭짓점의 개수는 $(5a + 6b)/3$과 같게 됩니다.

a = ⬠ 개수
b = ⬡ 개수

V - E + F = 2

$V = (5a + 6b) / 3$

$E = (5a + 6b) / 2$

$F = (a + b)$

비슷하게 선의 개수를 세어보죠. 오각형마다 선을 세고, 육각형마다 선을 세면 총 $5a + 6b$ 만큼의 선을 세게 됩니다. 여전히 한 선을 중복해서 세었겠죠. 한 선을 고정해 두고, 몇 번이나 중복해서 세어졌는지 한번 생각해 보면, 모든 선에서 2개의 면이 접하기 때문에 각 선은 접하는 면에서 카운트를 할 때 한 번씩 세어져서 정확히 2번이 세어졌습니다. $5a + 6b$는 모든 선을 2번씩 카운트를 한 숫자가 됩니다. 그래서 선의 개수는 $(5a + 6b)/2$와 같게 됩니다. 면의 개수는 $a + b$가 되겠죠.

입체에서 꼭짓점의 개수, 선의 개수, 면의 개수를 V, E, F라고 두면 오일러 포뮬러를 통해 V - E + F = 2라는 사실을 앞에서 살펴보았습니다. V, E, F를 각각 a와 b에 대해 나타낸 식을 오일러 포뮬러에 넣어보겠습니다.

$$V - E + F = (5a + 6b)/3 - (5a + 6b)/2 + (a + b)$$

$$= (5/3 - 5/2 + 1)a + (6/3 - 6/2 + 1)b$$

$$= \frac{(10 - 15 + 6)a}{6} + \frac{(12 - 18 + 6)b}{6}$$

$$= (1/6)a$$

따라서, $a = 12$

그래서 축구공에서 오각형의 개수는 12개가 될 수 밖에 없습니다.

CHAPTER 10-5

가운데 조각 마지막에 먹기

유튜브 영상링크

생쥐가 27조각 난 정육면체 모양의 치즈를 하루에 하나씩 27일 동안 먹습니다. 여기서 한 가지 조건은 생쥐가 오늘 먹는 치즈는 전날 먹은 치즈와 면이 맞닿아 있는 치즈를 먹어야 합니다. 예를 들어, 상단 모서리에서 시작해서 3층을 다 먹은 후 2층으로 내려와서 또 먹고, 1층으로 내려와 나머지를 먹을 수 있겠죠?

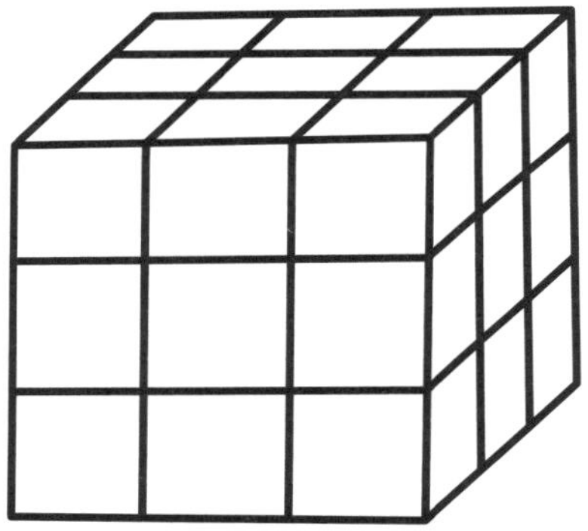

여기서 문제는 둘러싸여 있는 가운데 있는 치즈를 마지막 날에 먹을 수 있을까? 하는 거죠. 온갖 궁리를 해 보아도 쉽지 않죠? 아주 간단한 방법으로 왜 안된다고 하는지 보여드리겠습니다.

이렇게 치즈를 체스판처럼 칠해서 검은 치즈, 하얀 치즈로 나눠봅시다. 검은 치즈에 인접한 치즈는 항상 하얀색이고 하얀 치즈에 인접한 치즈는 언제나 검은색이죠?

따라서 생쥐는 검은 치즈를 먹으면 바로 다음 날 하얀 치즈를, 하얀 치즈를 먹으면 바로 다음 날 검은 치즈를 먹을 수 밖에 없습니다.

그런데 검은 치즈는 총 14개, 하얀 치즈는 총 13개가 있습니다. 검은색, 하얀색을 번갈아 가면서 먹으려면 검은색으로 시작해서 검은색으로 끝날 수밖에 없겠죠? 그런데 가운데 있는 치즈는 하얀색이기 때문에 가운데 치즈로 끝날 수가 없다는 사실을 알 수 있습니다. 이렇게 증명이 어려울 것 같은 명제들이 컬러링을 잘 하면 쉽게 풀리는 경우가 있습니다.

CHAPTER 10-6 테트리스 I자 만으로 10줄을 채우는 것이 불가능한 이유

유튜브 영상링크

테트리스 게임을 하다 보면 한 번에 4줄씩 터트릴 수 있는 I자를 기다려 본 경험이 있나요?

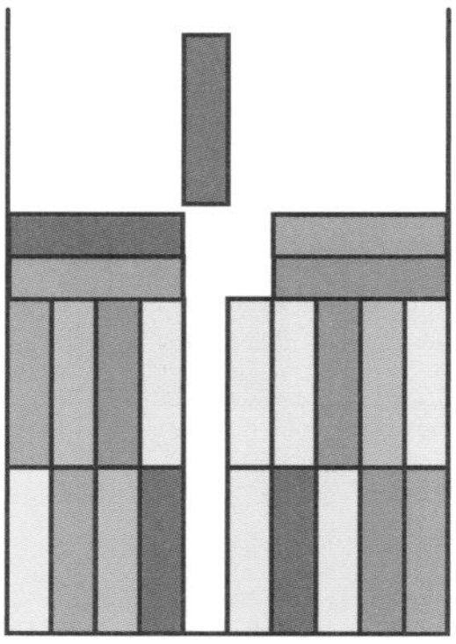

테트리스에서 I자만 나온다고 가정해 보죠. 가로와 세로가 10줄인 테트리스 총 100칸을 I자 만으로 꽉 채우는 게 가능할까요? I자 하나가 4칸이니, 총 100칸을 채우기 위해서는 25개의 I자가 필요합니다. I자 25개로 과연 꽉 채우는 게 가능할까요?

위 그림에서 보는 것처럼 I자를 두 번 내려서 8줄을 다 채우고 나면 2 × 2 모양이 남아서 I자가 한 번 더 내려오더라도 딱 10줄을 채우는 건 불가능하겠죠? 이런 모양이 아니라 재배치를 잘해서 10줄을 채우는 게 가능할까요? 답을 먼저 말씀드리자면 불가능합니다. 그 이유가 무엇일지 한번 생각해 보세요.

가로세로 10**줄의** 100**칸을 각각 다른** 4**개의 색깔로 칠했다고 해 봅시다. 그리고** 25**개의** ㅣ**자로** 100칸을 다 커버할 수 있었다고 가정해 보고 모순이 없는지를 살펴보죠. 만약 모순을 발견할 수 있으면 다 커버 가능하다는 가정이 틀린 게 되겠죠?

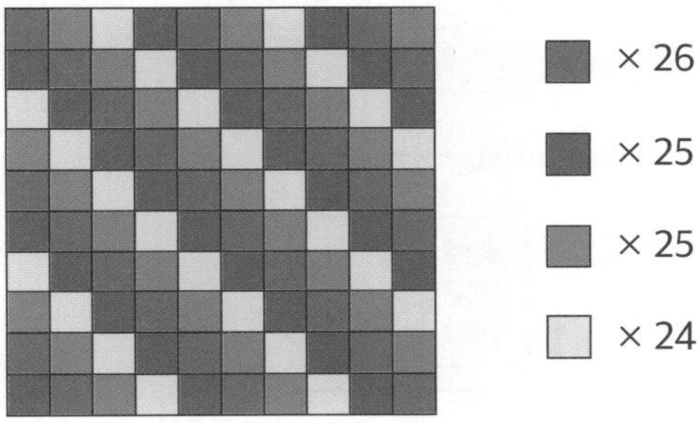

이 모양을 잘 보시면 ㅣ자 모양 하나를 세로 든 가로 든 어떤 배치로 위에 놓는다고 해도 빨강, 파랑, 초록, 노랑 딱 하나씩만 커버가 되겠죠? 그래서, 25개의 ㅣ자로 100칸을 다 커버했다고 가정하면 우리가 커버한 빨강, 파랑, 초록, 노랑 타일은 각각 25칸을 커버하게 될 것입니다.

그런데, **실제 빨강, 파랑, 초록, 노랑 타일을 세 보면 파란색과 녹색은** 25**칸이지만, 빨간색과 노란색은 각각** 26**개와** 24**개에요. 그래서 모든 색깔의 타일이** 25**개라는 사실에 모순이 됩니다. 그 얘기는,** 즉 25개의 ㅣ자로 100칸을 다 커버할 수 있었다는 가정이 틀린 가정이라는 얘기입니다.

그래서 10 × 10은 ㅣ자만으로 다 채우는 것이 불가능하다라는 결론을 낼 수 있습니다.

SET 게임에 숨겨진 수학

유튜브 영상링크

보드게임, 카드게임 좋아하시는 분들이라면 SET라는 게임 들어보셨을 것 같아요. 규칙은 간단합니다. 진입장벽이 낮은 게임이라 SET를 안 해보신 분들도 금방 아실 수 있어요. 모든 카드에는 아래 그림과 같은 도형이 그려져 있고요.

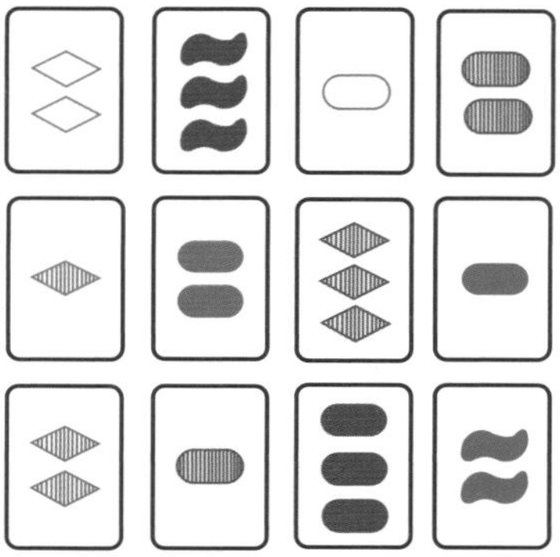

모양이 총 3개 / 색깔이 총 3개 / 개수가 총 3개 / 명암이 총 3개

도형의 속성이 모양, 색깔, 개수, 명암 4가지가 각각 3종류씩 있어서 총 3의 4제곱인 81개의 서로 다른 카드로 덱이 구성되어 있습니다. 딜러는 총 81장의 카드를 무작위로 섞어서 12장의 카드를 보드에 하나씩 내려놓아요. 참가자들은 이 12장의 카드에서 set를 찾아야 하는데요.

- **3장의 카드가 다음을 만족할 때 set라고 합니다.**

  (1) 카드의 모양이 전부 같거나 달라야 한다.

  (2) 카드의 색깔이 전부 같거나 달라야 한다.

  (3) 카드의 개수가 전부 같거나 달라야 한다.

  (4) 카드의 명암이 전부 같거나 달라야 한다.

예를 들어볼게요. 아래 그림에서 ①번은 모양, 색깔, 개수가 모두 같고, 명암은 다 다르기 때문에 set가 됩니다. 직관적으로 바로 들어오지는 않지만 ②번 또한 set가 되죠. 모양, 색깔, 개수, 명암이 전부 다릅니다. 하지만 ③번의 경우는 set가 아닙니다. 모양과 색깔이 다 같고, 개수는 다 다르지만, 명암을 보면 두 개가 같고 하나는 다릅니다. 어떤 속성도 두 개가 같고 하나가 다르지 않으면 됩니다. ④번은 당연히 세트가 아니겠죠?

아래의 것들은 '세트'입니다.

① 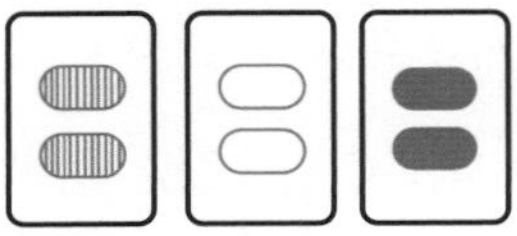

모두 빨간색입니다. 모두 타원형입니다. 모두 그림이 두 개입니다. 한편 각각의 음영은 모두 다릅니다.

② 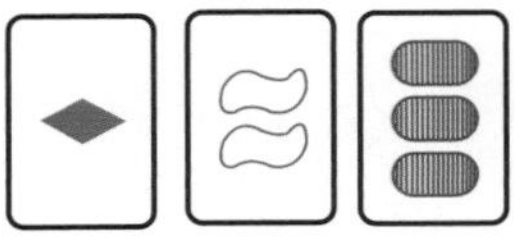

모두 색깔이 다릅니다. 모두 모양이 다릅니다. 모두 그림의 개수가 다릅니다. 모두 음영이 다릅니다.

아래의 것들은 '세트'가 아닙니다.

③ 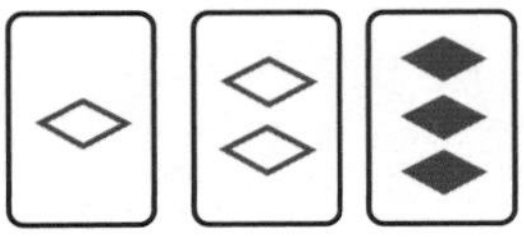

모두 색깔이 같습니다. 모두 다이아몬드 모양입니다. 모두 그림의 개수가 다릅니다. 하지만 두 장은 테두리만 있는데 한 장은 완전히 색이 칠해져 있습니다.

④ 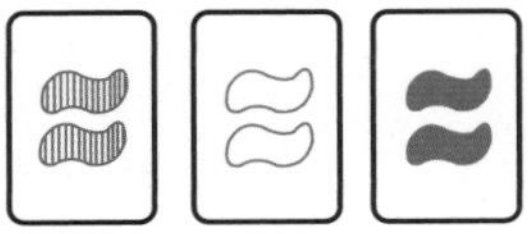

모두 구불구불한 모양입니다. 모두 음영이 다릅니다. 모두 그림이 두 개 입니다. 하지만 두 장만 빨간색이고 하나는 색깔이 다릅니다.

게임의 진행은 딜러가 무작위로 카드를 바닥에 깔기 시작합니다. 게임 참가자 중 진열된 카드에서 set를 발견한 사람은 "세트"를 외치고 set인 3장의 카드를 가져갑니다. 바닥에 카드가 12장이 될 때까지 계속해서 딜러는 카드를 내려 놓습니다. 보드에서 3장이 없어지면 딜러는 다시 12장까지 덱에서 수급해 넣습니다. 이렇게 덱이 모두 소진될 때까지 게임이 진행 되고, 카드를 많이 모은 사람이 이기게 되는 게임이에요.

그런데 중간에 12장의 카드를 깔아도 그 안에 set가 없는 경우가 간혹 존재하게 됩니다. 그럴 때 딜러는 3장의 카드를 더 깔아 15장을 만듭니다.

임의의 두 장을 선택하면 그 두 장과 함께 set를 이루는 세 번째 카드는 유일하게 결정이 되겠죠. 두 장의 모양을 보고 같다면 세 번째 카드의 모양도 그와 같아야 하고 두 장의 모양이 다르다면 세 번째 카드의 모양도 그들과 다른 세 번째 모양이어야 합니다. 그래서 두 장의 모양에 따라 세 번째 모양이 정해지죠. 색깔, 개수, 명암에 대해서도 마찬가지입니다.

그래서 전체 set 조합이 몇 개인지도 알 수 있죠. 총 81장 중에 임의로 2장을 선택하게 되면, 그 2장을 포함하는 set가 유일하게 결정되므로 ${}_{81}C_2$를 해서 set를 셀 수 있겠죠. 이렇게 단순하게 세면 하나의 특정한 set를 정확하게 3번씩 센 꼴이 됩니다. 특정 set 하나를 보면, ${}_{81}C_2$개의 조합들 중 3개의 조합이 이 set를 지칭하고 있으니까요. 따라서 총 ${}_{81}C_2$를 3으로 나눈 81 × 80/2/3 = 1080개의 set가 있습니다.

1080개의 set도 다 똑같다고 볼 수는 없는데요. 세 가지 속성은 다 똑같고 한 가지 속성만 다른 set가 있죠. 이런 set는 비교적 눈에 잘 들어오는 편입니다. 두 가지 속성이 다 똑같고 나머지 두 가지 속성이 다른 set도 있죠. 첫 번째 사례에 비해서는 다소 어렵긴 하지만 그래도 쉬운 편이고요. 하나의 속성이 같고 세 속성이 다른 set이나 네 가지 속성이 다 다른 set의 경우엔 처음 게임해 보시면 눈에 잘 안 들어올 수 있어요.

계산해 보면 총 1080개 set 중에 1개만 다른 조합이 10%, 2개가 다른 조합이 30%, 3개가 다른 조합이 40%, 4개가 다 다른 조합이 20% 정도가 됩니다. 경우의 수 계산을 연습 삼아 한번 해 보시는 것도 좋을 것 같아요. 3개가 다른 조합이나 4개가 다른 이렇게 눈에 잘 안 들어오는 set가 전체 set 중에 60% 가까이나 되어서 보통 눈에 잘 안 들어옵니다.

12장의 카드 안에 실제로 set가 있는데도 불구하고 그 set를 발견하지 못하고 딜러에게 카드를 더 요구할 수도 있죠. 임의로 3장을 선택했을 때, 그 3장이 set일 확률은 1/79입니다. 왜냐하면 2장까지 임의로 선택한 후 나머지 3번째 카드는 남은 79장의 카드 중 정확히 목적한 하나가 나와야 할 테니까요.

12장이 보드에 처음 깔리게 되면 set가 적을 때는 0개일 수도 있고 많을 때는 4~5개가 될 때도 있겠죠. 계산을 해 보면 set 조합의 기댓값은 2.78개 정도 됩니다. 0개가 나올 확률은 대략 1/30이라서 30판을 해야 첫 보드에서 set가 없는 경우가 한 번 정도 나와요. 처음 12장을 깔았는데 다들 못 찾고 있다고 하면, 실제로 없어서라기보다는 있는데 못 찾는 경우일 가능성이 더 클 겁니다. 누군가 set를 찾아서 set 하나를 보드에서 제거한 9장을 보면 그냥 랜덤하게 9장을 깔았을 때보다는 상대적으로 set가 없을 가능성이 높겠죠. 그래서 거기에 3장을 추가해서 만든 12장의 조합 안에는 최초의 12장에서보다는 set의 개수가 상대적으로 적을 수 있습니다.

12장 안에 set가 없을 확률도 점점 높아지는데요. 처음에 1/30 정도였던 이 확률은 4번 정도 set를 찾고 나면 1/14 정도로 높아집니다. 계속해서 게임을 진행하면 1/13~1/14 정도가 되어요. 게임을 계속해도 12장 안에 set가 없는 상황 자체는 그렇게 흔히 발생하는 경우는 아니라는 거죠.

라운드가 많다 보니 1/13이 확률이 낮은 확률은 또 아닙니다. 3장씩 계속 set를 찾아나가다 보면 이론상 27라운드까지 갈 텐데요. 마지막에 보통 9장이나 6장이 남으면서 끝나기 때문에 24, 25라운드 정도까지 진행되는 편이에요. 참고로 26라운드까지 가는 경우는 절대 존재할 수 없습니다. 26라운드까지 간단 얘기는 마지막에 3장이 남는다는 건데, 26개의 set 조합이 이미 나온 상황에서 마지막 남은 3장은 set가 될 수밖에 없어요. 이걸 증명해 보는 것도 재밌는 수학 연습이 될 수 있겠습니다.

24라운드 중 12장 중 항상 set가 있어서 15장을 깔 필요가 없는 게임일 가능성이 30% 정도 됩니다. 그럼, 나머지 70%의 게임에서는 라운드 중간에 어디에선가 12장 안에 set가 없어서 딜러가 15장을 놓는 경우가 있다는 거죠.

게임의 규칙을 조금 바꿔서 처음부터 15장을 깐다고 하면 어떨까요? 처음 랜덤한 15장 안에 set가 없을 확률은 1/2700 정도 됩니다. 아까 12장이었을 때 1/30인 것에 비하면 매우 작은 확률이 되죠. 15장 랜덤하게 깔았는데 set가 없다고 하면 2,700번 중에 한 번 나올까 말까 한 엄청 희귀한 경우가 나왔다고 보시면 됩니다. 그리고, 15장으로 계속해서 라운드를 진행해서 끝까지 간다고 하면 중간에 15장으로 부족해서 더 깔아야 하는 상황이 나오는 건 1/88 정도의 확률이 됩니다. 아까 12장으로 했을 땐 70%의 확률로 3장을 더 깔아야 했었죠. 15장으로 하면 그럴 일이 거의 없다고 보시면 됩니다.

그렇다면 18장이면 항상 set가 있다고 보장이 될까요? 이 수가 커지다 보면 분명히 어느 순간에는 set가 반드시 존재할 수밖에 없는 수가 있을 텐데 그 경계가 어딘지 궁금할 수 있겠습니다. 어렵지 않게 set가 없는 16개의 카드 조합을 만들 수 있습니다. 바로 4개의 각각 속성에 대해 2개씩을 골라서 그 속성들에 해당하는 16($=2^4$)개 카드를 골라서 내려놓으면 그 16개 카드 안에는 set가 없다는 것을 쉽게 확인할 수 있어요.

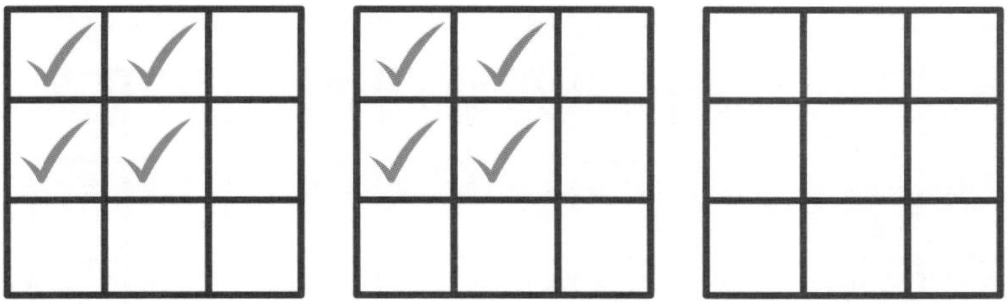

그래서 16개의 조합을 놓으면 나머지는 81 - 16 해서 65장이 남죠. 이 65장 중 어떤 카드를 하나 추가하더라도 17장의 카드에는 새로 더해진 카드와 함께 set가 생기게 됨을 알 수 있습니다. 그런데 그렇다고 해서 임의의 17장이면 항상 set가 있다고 얘기할 수는 없습니다.

이와 같은 최대의 개념의 구분을 위해 맥시멀, 맥시멈과 같은 표현을 통해 구분해서 씁니다. 맥시멀이라는 것은 더 무엇을 추가하지 못하는 상태라는 의미에요. 비슷한 개념이지만 맥시멈이라고 하면 16장이 맥시멈이라 17장이 불가능하다는 얘기에요.

위에서 예시로 든 16장 조합은 맥시멀이지만 맥시멈이라고 할 수 있을지 없을지는 아직 모르는 거죠. 마치 극댓값이라고 해서 최댓값일 필요는 없는 것입니다. 극댓값 주변에서는 극댓값이 최고이지만, 멀리 다른 곳으로 가면 더 큰 값이 있을 수도 있는 거죠. 비슷한 개념입니다.

이 문제를 3개의 속성만 있는 27장짜리 문제로 간소화해서 생각해 보죠. 3개의 각각 속성에 대해 2개씩을 골라서 그 속성들에 해당하는 2^3개 즉 8개 카드를 골라서 보면 맥시멀 상태라는 것을 알 수 있습니다.

그런데 조합을 조금 다르게 바꿔보면 어떨까요?

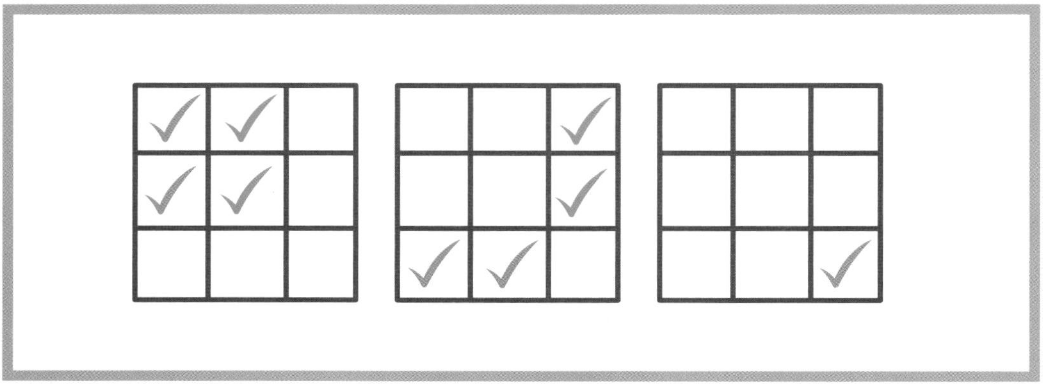

위 그림의 형태로 구성하면 왼쪽 두 속성에 8개의 카드가 맥시멀이 아닙니다. 한 장을 더 추가해서 9장 조합을 만들어도 여전히 set가 없도록 할 수 있죠. 9장이 맥시멈인지 알기 위해서는 컴퓨터를 통해서 모든 10장 조합을 다 검사하는 방식으로 확인할 수 있고, 실제 9장이 맥시멈이 됩니다.

다시 속성이 4개인 원래 set 문제로 돌아가 보죠.

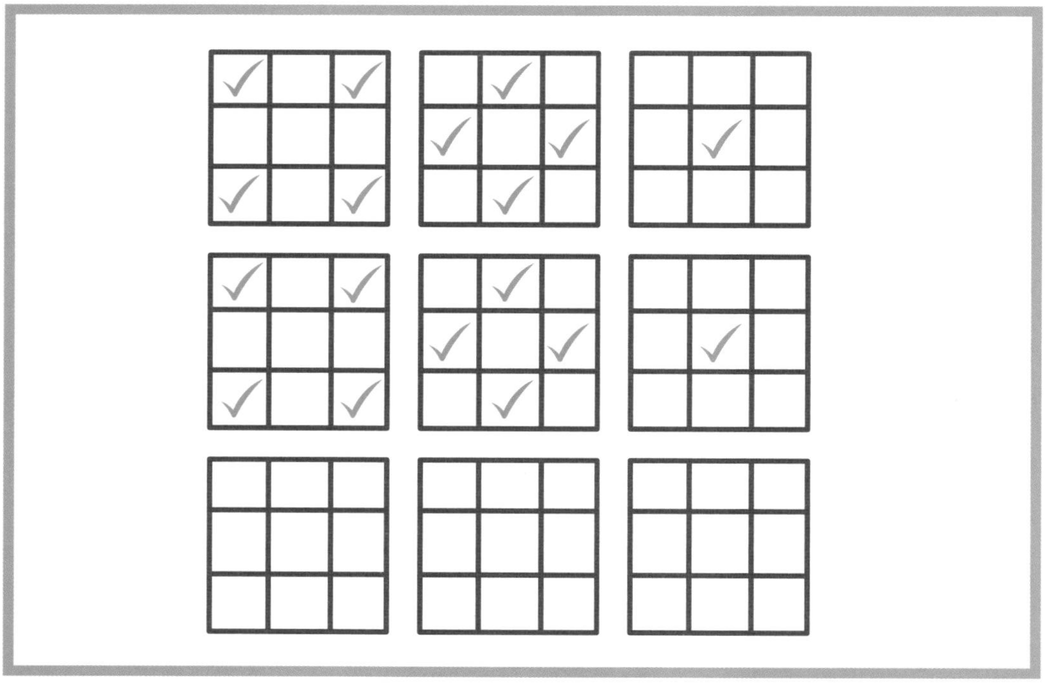

속성 3개 버전에서 9장 맥시멈인 상태를 이용해 속성 4개 버전에서 18장의 맥시멀인 경우를 쉽게 만들 수 있습니다. 따라서, 룰북에 정의된 15장으로도 set가 없는 경우가 있는 것은 물론이고, 18장이어도 set가 없는 경우가 있는 것이죠.

조금 더 생각해 보면, 아래와 같은 20장 조합에서도 set가 없을 수 있다는 사실을 알 수 있습니다.

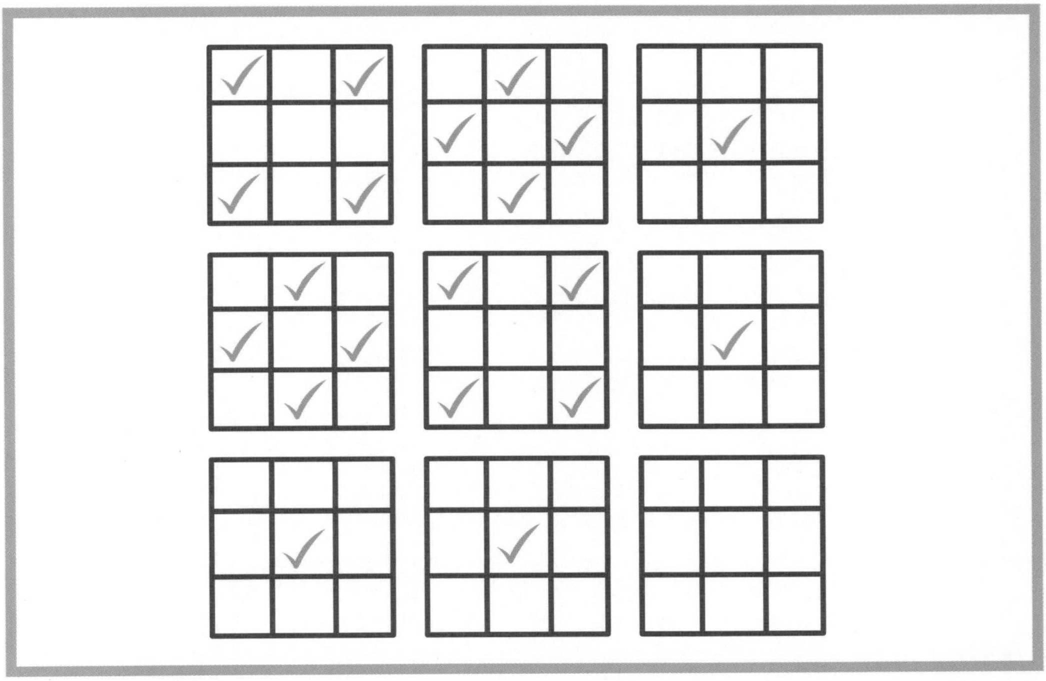

21장 조합에 set가 항상 있다는 것을, 컴퓨터를 이용해 체크해봄으로써 20장이 맥시멈이라는 사실을 도출할 수 있습니다. 이번엔 3개 속성에서 10장이 맥시멈인 것을 컴퓨터로 체크해 봤던 것과는 차원이 다르게 어려운 문제가 됩니다. 체크해야 하는 경우의 수가 폭발적으로 증가하기 때문이죠.

속성의 개수가 4개를 넘어 5개 6개 커짐에 따라 동일한 문제의 맥시멈이 무엇일까 하는 문제는 매우 어려운 문제가 됩니다. 이 최댓값의 수열이 과연 n이 커짐에 따라서 어떤 증가패턴을 그릴까 하는 문제가 Cap Set라고 합니다.

2개의 속성들만 골라서 2^n개를 취하면 거기엔 set가 없다고 했었죠. 그렇게 2^n이라는 수열의 하한값은 쉽게 도출할 수 있습니다. 현재 알려진 결과는 적어도 2.2202^n보다는 크다는 것이 증명이 되어 있습니다. (2023년 구글의 딥마인드) 상한값은 2019년에 2.756^n이라는 것이 증명되었어요.

이렇듯 조합론 분야에서는 특정 성질을 가지는 수열의 값을 찾아내거나 수열의 상한이나 하한값을 좁혀나가는 연구를 수행 하면서 진리에 가까워지려 노력합니다.

CHAPTER 10-8

동전으로 주어진 10개의 점을 다 덮어보자.

유튜브 영상링크

평면에 점들이 아무렇게나 흩어져 있다고 해볼 게요. 그 점들을 100원짜리 동전으로 덮고 싶다고 가정해 봅시다. 동시에 동전들이 서로 겹치지 않아야 하고요. 점이 하나만 있을 때는 어떨까요? 점이 하나라면 동전을 하나만 놓으면 충분하겠죠.

점이 두 개일 때는 어떨까요? 이 경우 두 점간 거리가 100원짜리의 지름보다 작다면 두 점의 중점에 100원의 중심을 놓으면 100원짜리 한 개로 커버가 가능하고, 100원짜리 지름보다 멀리 떨어져 있다고 한다면, 100원짜리 두 개로 하나씩 커버하면 되겠죠.

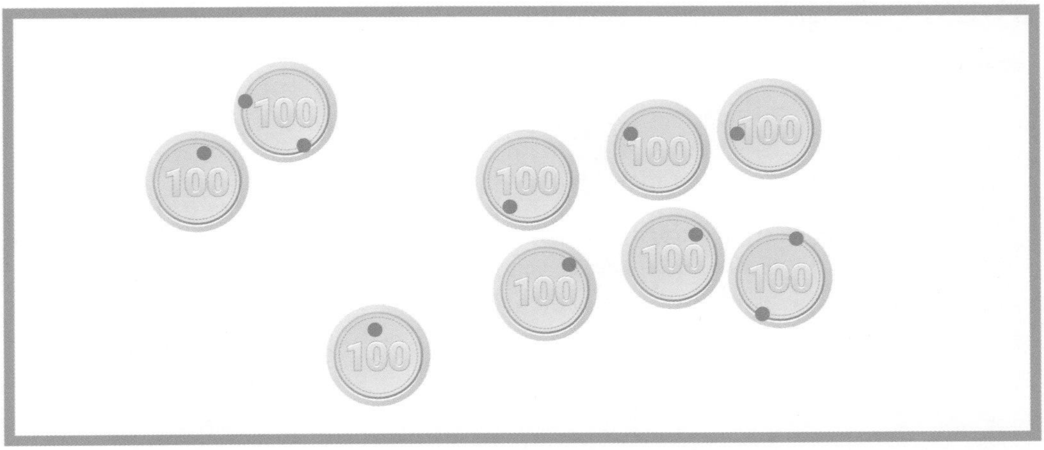

점이 세 개나 네 개면 어떨까요? 무한정 많아지더라도 100원짜리들을 적당히 겹치지 않게 놓아서 모든 점들을 다 커버할 수 있을까요? 점이 너무 많으면 불가능할 수도 있습니다.

예를 들어 이런 식으로 점이 100원짜리 크기에 비해 촘촘하게 격자점을 그리면서 배열이 되어 있다면 100원짜리를 어떻게 옮기더라도 모든 점을 다 커버하기 어렵겠죠.

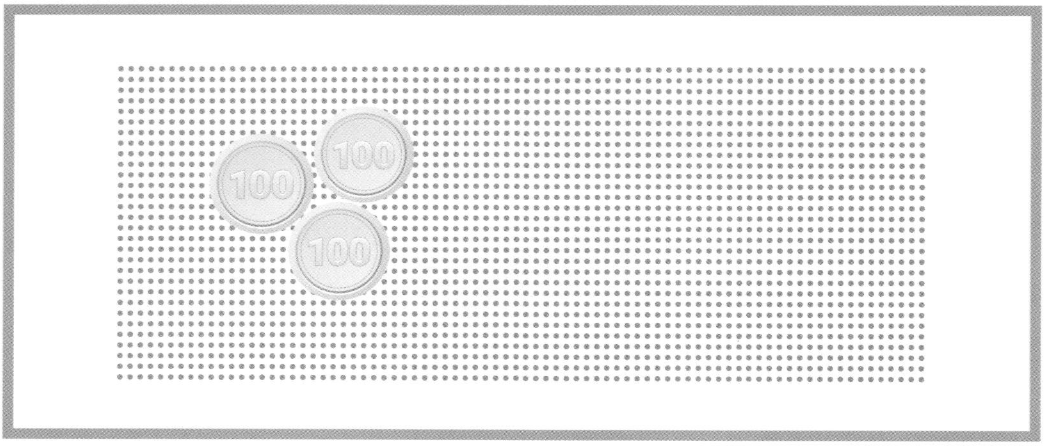

과연 몇 개까지 커버가 가능할까요? 2012년에 발표된 논문[1]에 따르면, 12개까지는 어떻게 점이 분포되어 있어도 동일한 크기의 동전으로 다 커버가 가능합니다. 그리고 45개의 점이 다음과 같이 분포되어 있으면 동전을 겹치지 않고 커버하는 것이 불가능합니다.

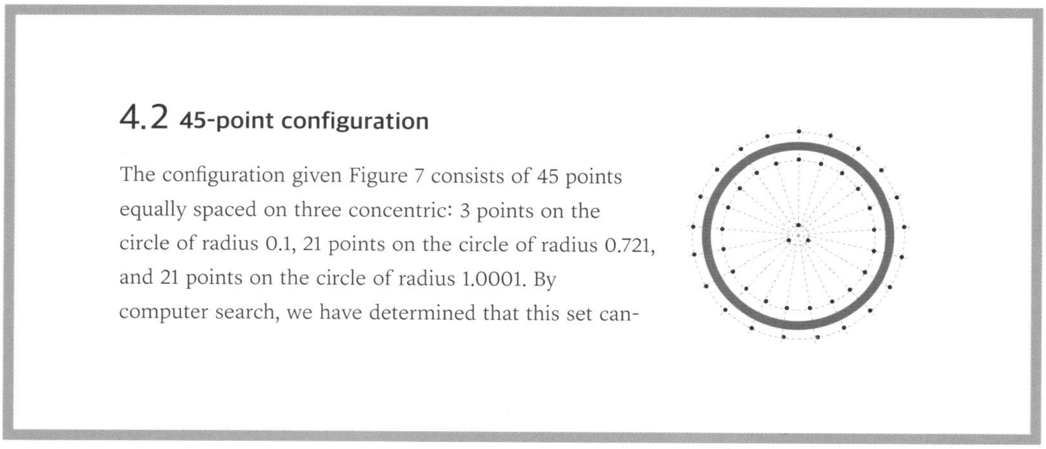

4.2 45-point configuration

The configuration given Figure 7 consists of 45 points equally spaced on three concentric: 3 points on the circle of radius 0.1, 21 points on the circle of radius 0.721, and 21 points on the circle of radius 1.0001. By computer search, we have determined that this set can-

논문 링크

1 Covering Points with Disjoint Unit Disks

13과 45 사이에 경계가 어떤 수인지는 아직 아무도 모릅니다. 여기서 살펴볼 얘기는 점이 10개일 때의 이야기인데요. 점이 10개일 때 과연 그 점들이 어떻게 분포가 되어있다고 하더라도 겹치지 않는 동일한 크기의 동전으로 10개의 점을 다 커버할 수 있다는 걸 간단한 논리로 증명해 보겠습니다.

이렇게 100원짜리 동전의 중심을 평면 원점에 놓고, 100원을 둘러싼 외접하는 정육각형을 생각해 봅시다. 그리고 그 정육각형을 외부로 확장해서 전체 평면을 위 그림과 같이 타일링해 볼 수 있겠죠. 100원이 각 정육각형에 다 들어가 있는 그림을 상상해 보죠.

다음으로 이 정육각형들을 한꺼번에 x축과 y축으로 이동시켜 봅시다. 물론 100원짜리 동전들도 함께 움직일 거고요. x축과 y축이 각각 평행이동 하는 정도는 랜덤하게 선택한다고 합시다.

10개의 점이 아무렇게나 평면에 흩뿌려져 있는 상태로 주어져 있고, 우리는 x와 y를 아무렇게나 선택해서 동전들을 평면에 둔다고 해 봅시다. 이때 과연 평균 몇 개의 점이 커버가 될까요?

이 타일링을 통해 동전들이 평면 대부분의 영역을 커버하고 있습니다. 평면 전체를 몇 퍼센트나 차지하고 있는지를 계산해 보면 이 외접하는 정육면체의 면적대비 동전의 면적이 되겠죠. 어차피 비율이니까 동전의 반지름을 1이라고 가정하면, 동전의 면적은 π가 될 거고요. 육각형의 면적은 높이가 1인 정삼각형 6개의 면적이니까 높이가 1이면 한 변의 길이가 $2\sqrt{3}$이 되겠죠. 그래서 정삼각형 하나의 면적은 $1/\sqrt{3}$이 되고, 정육면체의 면적은 거기에 6배를 한 $6/\sqrt{3}$이 됩니다. 유리화 시켜주면 $2\sqrt{3}$이 되고요.

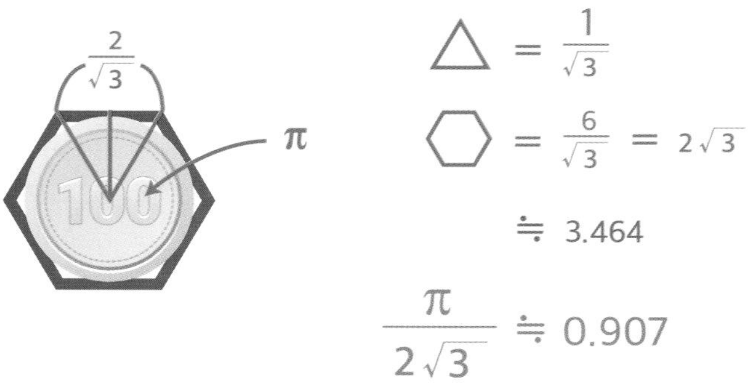

$2\sqrt{3}$은 계산해 보면 3.464 ⋯ 정도 되는 값입니다. π값 보다 조금 크죠? $\pi/2\sqrt{3}$를 계산해보면 90.7% 정도 되어요. 동전들이 전체 평면의 90.7% 정도를 차지하고 있다고 보면 됩니다.

주어진 점 하나가 있고, 임의로 평행 이동된 동전들에 의해서 이 점이 커버될 확률은 90.7%라고 봐도 됩니다. 그래서 이 확률공간에 커버되는 점의 개수 기댓값을 구해보면 0.907개라고 할 수 있겠죠.

점이 10개면 어떨까요? 점이 10개면 각 점들의 위치가 어떻게 분포가 되어있다고 하더라도 마찬가지로 각 점이 커버될 확률은 90.7%입니다. 확률변수 X_1을 점 1이 커버되면 1, 점 1이 커버되지 않으면 0, 확률변수 X_2를 점 2가 커버되면 1, 점 2가 커버되지 않으면 0, 이런 식으로 정의하면, 각 i에 대해서 X_i의 기댓값은 0.907이 됩니다.

$E[X_i] = 0.907$

$Y = X_1 + \cdots + X_{10}$

= "동전에 의해 커버된 점 개수"

$Y = X_1 + \cdots + X_{10}$이라는 확률변수가 커버되는 총 점의 개수가 되겠죠. 그리고 Y의 기댓값을 구하면 $E[X_1 + \cdots + X_{10}]$인데, 기댓값의 속성에 의해 이 값은 $E[X_1] + \cdots + E[X_{10}]$과 같습니다. 그런데 각 $E[X_i]$ 값이 모두 0.907이기 때문에 이들을 다 더하면 10배가 되어서 9.07이라고 할 수 있습니다.

총 커버되는 점 개수의 기댓값을 구했더니 9보다 큰 값이 나왔어요. 그런데 그 점의 개수라고 하는 것은 0부터 10까지 정숫값을 가지는 확률변수입니다. 이 확률변수가 기댓값이 9보다 크다고 하는 것은 어떤 이벤트에 대해서는 10이 나온다는 것이겠죠. 그 얘기를 잘 해석해 보면, x, y를 잘 선택하면 어떤 x, y에 대해서는 모든 10개의 점이 다 커버가 된다는 말입니다.

이제 증명이 되었죠. 실제 어떻게 커버하는지를 보여주진 않았지만, 간단한 확률론적 방법론을 통해서 10개의 점의 분포가 어떻게 되건 상관 없이 항상 커버할 수 있는 방법이 있다는 것을 보였어요. 같은 논리로 11개 커버를 할 수 있다는 걸 얘기할 수는 없겠지만, 조금 더 효율적으로 커버할 수 있는 방법에 대해 더 고민해 보면 12개까지는 커버할 수 있다고 얘기할 수 있습니다. 13개가 언제나 가능할지 가능하지 않을지는 아직 그 누구도 풀지 못한 문제이고요. 45개일 때 불가능한 상태가 있다는 것은 앞서 소개드린 논문에서 증명이 되었습니다.

13개의 하한값을 높이거나 45개의 상한값을 낮추는 부분에 대해 도전해 보는 것은 어떨까요?

수학 겉핥기

김일희

| 약력 및 경력

- 現 Fint(디셈버앤컴퍼니) CPO(최고제품책임자)
- 美 프린스턴 대학 응용수학박사(이산수학, 그래프이론)
- KAIST 수학과(현 수리과학과) 최우등 졸업
- 유튜브 수학채널 12math 운영

발행일 2024년 11월 30일(2쇄)

발행처 인성재단(종이향기)

발행인 조순자

저 자 김일희

편집·표지디자인 서시영

정 가 30,000원 **ISBN** 979-11-93686-49-2